가보자, 해보자
달려보자

가 보자, 해 보자, 달려보자

지 은 이 | 김성덕 · 이영애
펴 낸 이 | 김원중

편　　집 | 우승제
디 자 인 | 현정수
제　　작 | 최은희
펴 낸 곳 | DDK(주)
　　　　　 도서출판 선미디어

초판인쇄 | 2005년　6월　20 일
초판발행 | 2005년　6월　25일
출판등록 | 제2-2576(1998.5.27)

주　　소 | 서울시 마포구 상수동 324-11
전　　화 | (02)325-5191
팩　　스 | (02)325-5008
홈페이지 | http://smbooks.com

ISBN 89-88323-70-X 03980

값 14,500원

가 보자, 해 보자
달려보자

책을 펴내면서…

인터넷에서 싱가포르 에어라인의 세계일주 티켓을 발견한 게 화근이었다.
단돈 1,300달러에 유효 기한은 1년. 서울-샌프란시스코,
뉴욕-프랑크푸르트-싱가포르-서울 이렇게 4번 탑승.
이참에 전부터 해 보고 싶었던 자동차 여행을 이 세계일주 티켓과 합치면?
진짜, 환상이다! 하고 무릎을 쳤다. 마침 국제 운전면허도 1년이 기한이고….

우선 자동차로 여행하기 좋은 미국에서 6개월, 유럽에서 6개월로 정하고 가
는 곳마다 좋은 계절에만 찾아 갈 수 없어서 1월 추운 때 떠난 우리는 따뜻한
미국의 남부지방부터 시작하여 점차 북쪽으로 가는 코스를 잡아 미국 내에서
최대한으로 많은 국립공원을 찾아보기로 하고 7월에 시작한 유럽 여행은 먼
저 북부의 스칸디나비아 쪽부터 갔다가 내려오기로 했다.
사실 가려하는 모든 곳을 미리 공부하고 가 보는 것은 불가능해서 때론 수박
겉핥기식 구경일 때도 있었지만 그래도 그냥 보기만 하는 것은 의미가 없다
는 생각이 들어 어릴 때 했던 방학숙제의 '그림일기' 처럼 '사진일기'를 인터
넷 홈페이지(www.gabozahaeboza.com)에 올리며 다니기로 하고 준비했다.
그래도 가끔은 딸리는 컴퓨터 실력 때문에 서울의 둘째아들과 컴 선생 친구
에게 S.O.S 하기로 했다.
자동차는 렌트비가 무척 비싸다고 해서 중고차를 미국과 유럽에서 두 번 사
서 쓰다 팔았으며 비용절감을 위해 밥솥 등을 싣고 다니며 최대한 밥을 해 먹
으려 애썼다.
하루 종일 운전하고 숙소를 정하고 나서 따끈한 밥에 포도주나 맥주 한 잔 곁
들이면 여지없이 곯아떨어진다.

집사람은 내가 껠세라 화장실에 불 밝히고 일기를 쓰기도 했고 여의치 않은 인터넷 사정 때문에 여러 날 일기를 못 올릴 때도 있어 우리와 함께 여행하다 시피 했던 온 세상의 친지들 걱정을 사기도 했었고….

처음에는 24시간 좁은 공간에서 두 사람이 같이 생활하려니 많은 인내심이 필요했었으나 점점 익숙해져 여행이 끝날 무렵엔 두 사람 사이가 더 가까워 진 것 같이 느껴져 자칭 '환상의 2인조'.

막상 여행 다니면서 뒤돌아 볼새 없이 휘갈겨 쓴 어쭙잖은 글로 책을 내려 하니 짧은 글 솜씨가 한탄스럽기도 하지만 이 작은 책 안에 전문여행가나 작가가 아닌 우리들이 보고 느낀 것이 진술하게 담겨져서 여행을 좋아하는 혹은 여행이야기를 좋아하는 분들에게 부디 작은 즐거움을 줄 수 있다면 하는 마음이다.

이 여행이 가능하도록 배려해 주신 한국철강신문의 배정운 회장님을 비롯하여 베이스캠프 역할을 톡톡히 해 준 막내동생 성주 내외와 친구 황인영 부부, 그리고 신철준 와인박사, 이영민 음악박사, 정호영 컴퓨터박사, 또 경제신문의 이영란 기자님, 유스호스텔 한국총연맹의 이동식 선생님, 그 외 미국과 캐나다, 유럽 각지의 친구, 친지 여러분들 감사드리는 바이다.

—2005년 6월—

김 성 덕

차 례
Contents

January ● 12

특별 주문해 만든 생일 케이크
시험 운전을 해 보다
방갈로 내에서 취사로 벌금 내다
초장에 박살나다-조슈아트리국립공원

February ● 28

눈 오는 그랜드캐니언국립공원
브라이스, 자이언캐니언국립공원
내바다, 니바다, 피바다 - 라스베가스
라스베가스를 떠나며 - 캘리코 은광촌
눈이 덮여 더욱 멋진 요세미티국립공원
샌프란시스코와 금문교
맛이 간 햇님과 게티센터
세 사람 합계 190살이 30살이 된 하루 - 유니버설스튜디오
자! 일주일 여행 출발이다 - 태고사
이렇게도 다양한 풍경이 - 데스밸리국립공원
체인 감고 올라간 세쿼이어국립공원
천길만길 낭떠러지 - 킹스캐니언국립공원
애리조나 주 짱이다
분화구와 인디언 유적지

Contents

March ● 96

나무가 보석되어-패트리파이드 포레스트국립공원

산타페에 눈이 올 때

타오스 푸에블로 인디언 촌

사와로국립공원

「OK목장의 결투」 촬영장-투산

눈밭인가 모래밭인가-화이트샌즈국립기념지

칼스배드 동굴국립공원

과달루페국립공원

뉴올리언스-프렌치 쿼터

마가렛 미첼과 「바람과 함께 사라지다」-애틀랜타

그레이트 스모키마운틴국립공원

로레타 린의 목장-테네시 주

엘비스의 그레이스랜드-멤피스

미국 넘버원 위스키 잭 대니얼-린치버그

April ● 166

헤밍웨이의 집 - 키 웨스트

악어 세상 에버글레이드국립공원

비스케인 수중국립공원

데이토나 자동차 경주장

차 례
Contents

멕시코 국민 화가 디에고 리베라-워싱턴 국립미술관

브루클린 브리지, 드디어 걸어 건너다

휘트니 미술관의 비엔날레

아카디아국립공원

캐나다 이민 역사의 현장, 피어 21

대포 소리 요란한 할리팍스 요새

파도가 끊임없이 철썩대는 페기스 코브

안개+눈+안개:케이프브레튼국립공원

전화의 발명가 알렉산더 그라함 벨-배덕

May .226

캐나다 토론토의 맥마이클 미술관

튤립이 한창인 시카고 거리와 아트 인스티튜트

루즈벨트국립공원

대통령 얼굴조각이 있는 러쉬모어 산

인디언의 영웅-크레이지 호스 메모리얼

바람동굴국립공원

배드랜즈국립공원

존 덴버가 사랑에 빠진 록키마운틴

산 속의 예술 도시 아스펜

Contents

겁나는 블랙캐니언국립공원

돌로 된 아치가 무려 2,000개! 아치스 국립공원

캐니언, 캐니언, 캐니언… 캐니언랜즈국립공원

캐피탈리프국립공원

솔트레이크시티의 몰몬 교회

비바람 속의 그랜드티턴국립공원

미 국립공원 제 1호 옐로우스톤국립공원

아이다호 감자와 트윈 폴스

드디어 수잔을 만나다! 포틀랜드 미술관

June   •304

당나귀 귀 같은 산-골든 이어스 지방공원

경치, 죽여줘요!-노스캐스케이드국립공원

끝없이 이어지는 흰 봉우리, 봉우리, 봉우리-올림픽국립공원

활화산 레이니어-마운트 레이니국립공원

미국의 백두산 천지-크레이터레이크국립공원

키다리 레드우드 나무들-레드우드국립공원

미국 오리건에 웬 셰익스피어 페스티발?-애쉬랜드

이번 여행의 마지막 33번째 국립공원-라센볼케닉국립공원

말로만 듣던 나파 밸리-과연…

바하 캘리포니아 낚시 여행

할리우드 보울 음악회

햇님이야기   달님이야기

미 대륙여행 6개월간의 여정

크로프튼
밴쿠버
CANADA
VANCOUVER ISLAND
빅토리아
포트엔젤스
시애틀
N. CASCADES N.P.
OLYMPIC N.P.
WA
MOUNT RAINIER N.P.
포틀랜드
5월
MT
THEODORE ROOSEVELT N.P.
래피드시
6월
OR
애쉬랜드
CRATER LAKE N.P.
REDWOOD N.P.
트윈폴스
ID
YELLOWSTONE
GRAND TETON N.P.
잭슨 홀
WY
WIND CAVE N.P.
CA
LASSEN VOLCANIC N.P.
솔트레이크 시티
샌프란시스코
나파밸리
NV
UT
덴버
ROCKY MTN. N.P.
CO
YOSEMITE N.P.
리지크레스트
아스펜
콜로라도스프링스
몬트레이
KINGS CANYON N.P.
라스베가스
BRYCE CANYON N.P.
CANYONLANDS N.P.
ARCHES N.P.
프레즈노
2월
SEQUOIA N.P.
DEATH VALLEY N.P.
ZION CANYON N.P.
CAPITOL REEF N.P.
Lake Powell
MESA VERDE
타오스
솔뱅
산타페
로스앤젤스(LA)
GRAND CANYON N.P.
PETRIFIED FOREST N.P.
앨버커키
베이커스필드
플래그스태프
NM
오션사이드
JOSHUA TREE N.P.
모뉴먼트밸리 N.M.
샌디에이고
피닉스
AZ
앨러모고도
투산
SAGUARO N.P.
화이트샌즈 N.M.
CARLSBAD CAVERNS N.P.
1월
산 퀸틴
BAJA CALIF.
MEXICO
GUADALUPE MTS. N.P.
3월

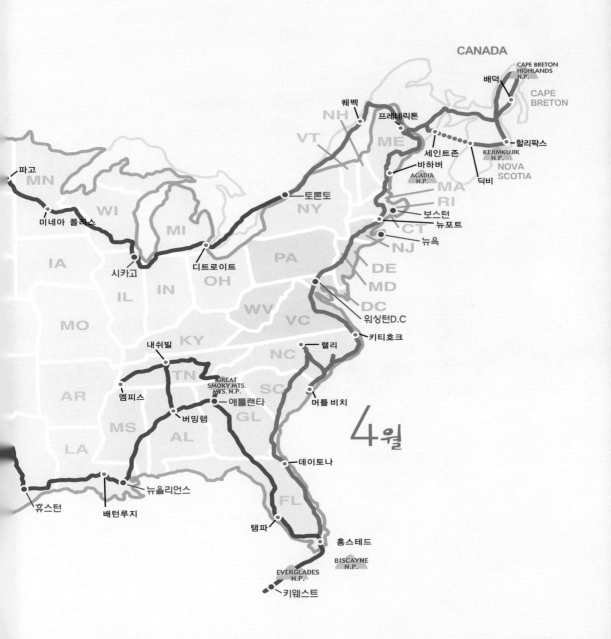

CANADA

CAPE BRETON
HIGHLANDS
N.P.
배덕
CAPE
BRETON

퀘벡
프레더릭톤
할리팍스
NH
세인트존
KEJIMKUJIK
N.P.
ME
바하버
ACADIA
N.P.
딕비
NOVA
SCOTIA
VT
토론토
NY
보스턴
뉴포트
CT
파고
MN
NJ 뉴욕
미네아 폴리스
WI
MI
DE
MD
IA
워싱턴D.C
시카고
디트로이트
PA
OH
DC
IL
IN
키티호크
MO
KY
WV
랠리
내쉬빌
VC
NC
TN
GREAT
SMOKY MTS.
MTS. N.P.
SC
AR
멤피스
머틀 비치
애틀랜타
버밍햄
GL
4월
MS
AL
LA
데이토나
뉴올리언스
FL
휴스턴
배턴루지
탬파
홈스테드
BISCAYNE
N.P.
EVERGLADES
N.P.
키웨스트

January

....

6개월간의 미국여행의 시작

가장 중요하다고 생각했던 중고자동차도 운좋게 잘 샀고

미국 내 베이스캠프인 막내동생 집 근방을 연습게임으로 돌아다녀 보았다.

....

조슈아국립공원에는 마음의 준비없이 갔다가 곤욕도 당하고….

....

드디어 그동안 꿈꾸던 1년간의 세계여행을 떠나는 날이다. 아침부터 진눈깨비가 오다가 함박눈으로 변한다. 이사나 결혼하는 날에 비나 눈이 오면 좋다는 이야기를 그대로 믿고 싶다. 2004년 1월 18일 오후 5시 25분에 인천공항을 떠나서 미국의 샌프란시스코, 산호세를 거쳐 LA에 도착하니 현지 시각으로 2004년 1월 18일 오후 5시 25분! 날짜변경선을 거슬러 왔기 때문에 하루를 번 셈이다.

그리고 보니 인천공항에 서서 '수리수리 마하수리' 하고 주문을 외우니 바로 LA 공항에 와서 서 있는 상태로 된 마술 같은 일이 생겨난 것이다.

이곳에 도착하고 보니 비가 오고 있다. 비가 잘 내리지 않는 LA에 우리가 올 때마다 여러 번 비를 몰고 왔는데. 우리더러 여행을 잘하라고 격려해 주는 비인가?

여행 에피소드

먼 길 떠난다니

떠난다는 건 차라리 슬픈 일일 수도 있다. 왜냐하면 헤어짐 없이 떠남이 있을 수 없기 때문이다. 호들갑 떨며 헤어짐이라 슬퍼할 일도 아니지만 이제 나이가 이만큼 들고 보니 젊었을 때와 다르게 '이제 헤어지면 다시 못 볼지 모른다'는 생각이 밑에 깔리게 된 것 같다.

2003년 11월 21일
헤럴드 경제신문 기사 사진

먼길을 이렇게 오래 떠난다는 것은 곧 내가 사랑하는 이들과 오래 헤어져 있음이다.
아이들, 친구들, 아침마다 운동하러 가서 만나는 이들, 7,000원에 내 머리 대충 잘 깎아 주는 아줌마, 우리 아들 영화 감독 데뷔 신문 기사를 아직도 가게 거울에 붙이고 있는 정육점 아줌마, 아파트 경비아저씨, 청소아줌마. 강의 시간에 내가 사 준 떡볶이, 순대, 오뎅을 맛있게 먹던 아이들, 지긋지긋하게 힘들었지만 때로는 행복하게 해 주었던 판화작업, 내 집 창 밖으로 보이는 아름다운 한강 풍경.

언제나 배고픈 나를 행복하게 해 주던 맛있는 음식들, 순두부, 아구찜, 매운탕 등과도 이별이고 그 많은 빨래를 묵묵히 잘도 말려주던 가스 건조기와도 당분간 이별이다.

아마 나는 엉덩이가 무거워 한번 앉으면 일어나기 싫어서 이렇게 느끼는지도 모른다.

20일
특별 주문해 만든 생일 케이크
'성주야 고맙구나'

동생이 특별
주문해 만든
생일 케이크

LA로 마중 나와 준 동생 성주의 집이자 미국여행 중의 베이스캠프가 될 오션사이드(Oceanside)에서 편안히 하룻밤을 지내고 나니 1월 19일, 나의 생일이다.

동생이 아침 일찍부터 부엌에서 무언가 분주히 준비하더니 생일상을 한 상 가득 차렸다.

'Happy Birthday 오라버니' 라고 쓴 케이크도 테이블 위에 자리하고, 촛불을 약간 돌리면 해피 버스데이 음악이 나오는 귀여운 케이크다.

'오라버니' 라는 말을 너무 오랜만에 들으니 가슴이 짠~해 온다.

미국의 마틴 루터 킹 목사도 오늘이 생일로 미국의 공휴일이다. 마치 내 생일도 같이 축하해 주는 것 같다!

21일
중고자동차와 전화기 구입

아침부터 서둘러 LA로 올라갔다. 중고자동차 가게에 여기저기에 들러서 열 대도 넘는 자동차를 시운전해 보고, 가격 등을 비교해 보고, 거의 기진맥진해 가던 때에 만난 '혼다 어코드 97년식'으로 정했다. 엔진상태도 좋고 자동차 내부 및 외부가 모두 좋은 상태이며 가격도 비싸지 않아 구입하고 책임보험도 들었다.

또 1개월에 약 60달러에 1,000분간 사용료가 무료인 휴대전화도 하나 구입하였다. 준비해야 하는 것들 중에 제일 중요한 두 가지를 해결하여 마음이 홀가분하다.

혼다 어코드를
구입한 후
기념촬영(위)

휴대전화를
좋은 조건에
산 가게(아래)

* 중고차 고르는 법

1. 파는 사람의 마음이 정직한 지를 살펴보는 것이 가장 중요!
2. 자동차를 세워 놓은 바닥에 오일이 떨어져 있지 않은 지 체크
3. 후드를 열고 시동을 걸었을 때 엔진소리가 조용한 지 체크
4. 엔진이 심하게 흔들리지 않는 지 체크
5. 시운전 시 핸들에서 손을 놓았을 때 바퀴가 한쪽으로 쏠리면 No!
6. 급정거 시 브레이크가 쑥 내려가지 않고 탄력이 있는 지 체크
7. 타이어 상태가 좋은 지 에크
8. 내부가 더러운 차는 평소 정비가 소홀했다는 증거

22일
시험 운전을 해 보다

자동차를 사고 처음으로 시운전 겸 샌디에이고 인근의 라 호야(La Jolla), 미션 베이 씨 월드(Mission Bay Sea World), 그리고 코로나도(Coronado – 마릴린 먼로가 영화촬영을 했다고 하여 유명한 호텔이 있음) 섬을 한 바퀴 둘러보고 왔다.

LA 시내, 친구와 만나기로 한 한국 음식점을 찾아가다가 길을 지나친 것 같아 유턴을 하려는데 유턴 금지 표시를 발견, 그 상황에서 그대로 유턴을 하지 않으면 어디까지 갈지 몰라서 그냥 도는데 저 앞에 나타난 경찰차 두 대! 좌회전 하는 척하며

미국에서 가장 큰
목조 건물로 알려진
코로나도 호텔

일단 쇼핑몰로 들어갔다가 바로 돌아 나오는데 이것을 본 경찰이 여지없이 앞을 가로막고 차를 세운다.

국세년허승을 보여 주고 도착한 지 며칠 안 되어 그렇다고 하고는 미안하다고 하니 그냥 보내 준다.

처음이라 운 좋게 딱지는 면했지만 다음엔 과연…?

샌디에이고 인근
미션 베이 부둣가(위)

시험 운전 삼아 자동차를 몰고
샌디에이고 해변으로 가는 도중(아래)

* 미국의 도로에 대한 상식

미국의 대부분의 도로는 숫자로 길 이름을 표기하고 있으며, 마지막 숫자가 짝수일 경우는 동서방향으로 되어 있는 길이고 홀수일 경우에는 남북방향으로 되어 있는 길이다.
도시 내에서는 남북으로 뻗은 도로를 Avenue(Ave.), 동서로 뻗은 도로를 Street(St.), 큰 도로를 Boulevard(Blvd.), 작은 도로를 Drive(Dr.)라고 부른다.
미국의 고속도로는 크게 주와 주 사이를 연결하는 고속도로인 Freeway(Interstate Highway)와 주 안의 고속도로인 U.S. Highway로 나뉘어져 있으며, 통행료는 없다. Freeway는 신호등이 없는 길이며, Highway는 도시나 동네를 통과할 때 중간 중간 신호등을 만나게 되는 도로이다. 또한, Tollway 혹은 Turnpike라는 것이 있는데, 이는 주로 지름길로서 통행요금을 내는 도로이다.

모차르트와 바그너

이번 여행의 주동자는 내 남편 김성덕이다. 나는 아직 그처럼 모든 일에 긍정적인 사람을 본 적이 없다. 혹자는 내가 주도했을 거라 생각하는 이도 있지만, 사실은 그에게 여러 해 동안 세뇌되고 세뇌되어 튕겨 볼 여지도 없이 이 여행에 동의한 것이다.

그는 언제나 앞을 보고 달려가는 사람이었고, 나는 언제나 뒤를 많이 살폈던 것 같다.

언젠가 오스트리아의 잘츠부르크 음악제에서의 모차르트의 음악과 바그너의 음악을 비교해 쓴 기사를 읽은 적이 있다. 모차르트(Mozart)의 M은 Man의 M 자로 그의 음악과 같이 경쾌하게 서 있는 밝은 모습의 남자, 즉 상향지향성의 남성을 뜻하며 바그너(Wagner)의 W는 Woman의 W로 땅을 향해 둔중하게 내려앉은 여자의 엉덩이를 뜻하여 때로는 음울하고 무겁기도 한 바그너의 음악을 상징한다고 했던데 우리는 딱 그 'M'과 'W'인 것 같다.

아이들도 아무런 저항 없이 살림을 맡고 아파트 관리비까지 내고 지내겠다고 하는 것을 보면 녀석들도 아마 수년간 세뇌되어 아무 저항할 신경이 살아 있지 않았는지도 모른다.

24일

방갈로 내에서 취사로 벌금 내다

주말이라 동생 집에서 1시간 10여 분 거리에 있는 워너스프링스(Warner Springs)란 휴양지에 가서 쉬기로 했다. 이곳은 팔로마 산자락의 해발 약 900m에 있는 온천 휴양소로 승마, 골프 등도 함께 즐길 수 있는 곳이다.

계란 썩는 냄새 비슷한 냄새가 나는 유황 온천이 국제규격 수영장 사이즈로 된 것이 두 개가 있는데, 하나는 온탕이고 또 하나는 냉탕이다. 몸을 담그고 있으면 코끝은 시리도록 공기가 차갑고 몸은 뜨듯하여 기분이 좋다. 모두들 수영복 차림으로 들어와서 온천을 즐기고 있다.

이곳은 고도가 높아서 그런지 생각보다 매우 추워, 고생하면서 골프를 친 후 더운

워너스프링스의
유황냄새 나는 온천

온천에 들어가 있으니 온몸이 확 풀리는 느낌이다.

평상시 같으면 야외의 피크닉 지역에서 고기도 굽고 할 터인데 워낙 날이 추워서 가져간 음식을 실내에서 만들어 먹었다.

그런데 식사 후 산책 차 나왔다가 관리소 직원을 만나서 벽난로에 쓸 장작을 가져다 달라고 부탁을 한 것이 화근!

오션사이드에
베이스캠프를 차려 준
고마운 동생내외와 함께

돌아와 보니 밖에 놓고 갔으리라 생각했던 장작은 방안 벽난로 옆에 놓여 있고 그 위에 실내에서 취사하였으니 벌금 50달러를 매기도록 관리소에 보고하겠다고 쓰인 쪽지를 놓고 갔다 (된장찌개, 황제갈비살 구이, 밥, 상추쌈… 증거인멸을 했어야 하는데…). 영락없이 체크아웃 때 벌금을 냈다. 🎴

28일
따뜻한 LA에 와서 감기가 걸리다니

어제 12시간 가까이 운전을 하고 나서 피곤해서 그런지 며칠 전에 걸린 감기가 계속 낫질를 않는다. 하루 종일 집에 있다가 오후에 황혼 골프를 나가 12홀을 쳤다. 날씨는 쌀쌀한데 진땀이 나며 으슬으슬하다.

따뜻하다는 캘리포니아에 와서 감기가 걸리다니…. 🎴

여행 에피소드

남편의 감기

캘리포니아의 겨울이 이렇게 추운 줄은 '예전엔 미처 몰랐어요'다. 결국 걱정했던 대로 남편이 감기에 걸렸다. 워너스프링스 리조트에도 어김없이 불어닥치는 칼바람에 사람들이 모두들 바지를 두 개씩 껴입고 골프를 쳤는데 남편은 옷이 답답했는지 처음엔 껴입었다가도 일단 더워서 벗으면 다시 입기 싫어한다는 것이다.

그것이 첫째 원인.

둘째는 수영장처럼 생긴 온천에 들어가 있다가 그 옆에 있는 작은 수영장의 찬물에 들어가 있었는데 그것이 결정적이었나?

또 그날 밤에는 시누이 부부와 함께 황제갈비라는 것을 구워 상추쌈에 퍽퍽 싸서 저녁을 근사하게 먹고(그 덕에 방갈로 안에서 요리를 했다고 벌금 50달러를 냈지만) 장작도 때고 잘 지냈는데 다음날 그들이 떠나고 우리부부 둘만 남은 밤에 남편이 히터를 튼다는 것이 팬만 틀고 잤으니 그것이 셋째 이유인가?

아무리 밤새 틀어도 방이 더워지질 않고 추워서 웅크리고 잤는데 아침에야 남편이 돋보기를 쓰고 스위치를 보더니 "뭐야, 이거 팬이었잖아!"한다. ☺

충고? 혹은 훈시 1

"행님, 방이 더워지지 않으면 히터를 확인 하셨어야죠. 웜, 콜드, 팬(Warm, Cold, Fan), 1, 2, 3, 4 그렇게 스위치가 다 있지 않습니까?"
답답해하는 시누이 남편, 경상도 싸나이 쟈니 킴(Johnny Kim)의 충고 내지는 훈시다. ☺

이상하게 생긴
조슈아 나무

Joshua Tree National Park

Joshua Tree National Park
JAN 27 2004
Twentynine Palms, CA

66

미국 캘리포니아주 남동부의 샌버너디노에서 동쪽으로
100km 떨어진 지점에 있다. 다채로운 화강암 · 석영
등으로 형성되어 있어 아름다운 경관을
자랑한다. 공원 내에 드라이브 루트가 있으므로,
천천히 차를 몰며 풍경을 감상하는 것도 좋다.

99

27일

초장에 박살나다 – 조슈아트리국립공원

여행 떠난다 하니 만나는 사람마다 "준비는 다 됐어요?"하며 많이 물어오곤 했다. 그때마다 우리는 "준비는 뭐, 준비 안 하는 게 준비지"하며 웃어 넘겼었다. 미국에 그래도 몇 년은 살아 보았고 여행도 꽤나 했다고 자처하고 있었으니, 그리고 자랑처럼 '가보자, 해 보자, 먹어 보자'가 우리의 '모토'라고 말했었지 않았는가?

미국의
국립공원 패스

그 '풀리쉬 프라이드(foolish pride)'가 여지없이 깨진 건 2004년 1월 27일 오늘이었다. 어제 팜 스프링스(Palm Springs)의 너무나 근사한 골프장에서 골프를 친 것까진 좋았고, 아침 일찍 떠나 원하던 조슈아트리국립공원(Joshua Tree National Park)에 와서 미국 내의 50여 개의 국립공원을 1년간 마음대로 드나들 수 있는 패스를 50달러에 사고는(한번 입장료가 10달러 정도이니 몇 번만 사용하면 본전이 빠진다나) 의기양양했을 때까지도 좋았다.

여행안내소 아줌마의 조언으로 공원 중간에 있는 베이커 댐(Baker Dam)이라는 곳에 차를 주차해 놓고 걸어서 한바퀴 도는 산책로를 둘이서 즐기며 "어머, 이런 사막에 물이 다 고여 있네…", "조슈아 나무가 어쩌면 저렇게 정말 손 벌리고 서 있는 사람같이 생겼지?", "저 바위 좀 봐. 진짜 인크레더블이다" 할 때까지도 정말 좋았다.

막상 한 시간여 후에 주차장에 돌아와 차 문을 열려고 아무리 리모콘을 눌러도 '뽁뽁' 소리(문 열 때는 두 번, 닫힐 때는 한 번)가 나질 않자 겁이 더럭 났다. 역시 중고차는 말썽이라더니….

나한테 있는 여벌의 열쇠를 꺼내 아무리 눌러도 안 된다.

주차해 놓은 차는 몇 대 있지만 정말 누가 차를 훔치는 사람들로 볼까 봐 시쳇말로 '쪽' 팔려서 우왕좌왕하다가 '에이, 할 수 없다'하고 열쇠로 차 문을 열었더니 알람소리가 온 천지에 진동하고 국립공원 안의 산에 부딪쳐 메아리까지 울린다.

남편은 벌게진 얼굴로 시동을 걸어 차를 움직이긴 했는데 정지하기만 하면 다시 알람소리가 요란하다. 알람소리는 아는 사람은 알겠지만 3~4가지 패턴으로 울리다 끊겼다가는 혹시나 끝났나 하는 순간 다시 시리즈로 시작한다. 구경이고 뭐고 자동차를 세울 수가 없으니 그냥 달려서 공원을 빠져나갔는데 초소에 '쯩'을 보여주려고 섰더니 또 '왕왕' 댄다. 지키는 사람이 '씨익' 웃는다. '보아하니 알람이 고장나서 이 누런 부부가 혼쭐나고 있구먼' 하는 표정이다.

사막에
고여 있는 물

공원 밖 주유소의 여자 종업원이 배터리가 나가서 그럴 테니 다음 블록에 가서 배터리를 갈아 보라고 충고한다. 다음 블록의 부품가게 앞으로 차를 옮겨 놓고 차를 산 LA의 오토 갤러리의 Mr. 조에게 연락, 알람 전문하는 분의 전화번호를 알려 주어 차는 계속 왕왕 대는데 남편은 그 분과 통화하면서….

"액셀러레이터 밑에 버튼이 있을 텐데요"

"네? 없는데요"

"아니면 브레이크 밑에…"

"여기도 없는데요"

하더니 급기야는 후드를 열고 알람 울리는 곳을 떼어내야 한다나?

한숨이 푹푹 나오는데 남편이 어쨌거나 도움을 청해야 한다며 부품가게 안으로 들어갔다. 조금 지나 나오면서 리모콘으로 멀리서 누르니 그 반가운 '뽁뽁' 소리가 난다. 모든 것이 손가락 반만한 배터리 때문이었다니!!!

「나무가 자라고 있어요
길 밖으로 나가지 마세요」(위)

사막같은 공원 안의
깔끔한 화장실(아래)

부품가게 사람에게 I-10 하이웨이가 어느 쪽이냐고 물으니 저쪽으로 80km라고 하는데 우리 계산과는 거리와 방향이 틀려 나침반으로 확인해 보니, 이런 세상에! 우리는 서쪽 문으로 들어와 남쪽 문으로 나가야 하는데 U자형으로 돌아 동쪽 문으로 나와 버린 것이다.

할 수 없이 다시 서쪽 문으로 들어가 초소의 경비원에게 '쫑'을 다시 보여 주고 아까는 알람으로 정신 없어 들르지 못했던 키즈 뷰(Keys View)라는 곳에 가서 아득히 발 아래 깔린 우리가 보통 볼 수 없는 이상한 산들을 보고 심호흡도 많이 하고 내려왔다.

그런데 그 다음이 또 문제였다.

남쪽 문으로 정확하게 나오긴 했는데 우리가 생각했던 시간보다 1시간이나 늦어졌다(왜냐하면 워낙 꼬불꼬불한 공원 안의 길들 때문에 속도 제한이 많아 제대로

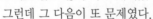

* 조슈아 나무(Joshua Tree)

미국 건국 초기 몰몬교도들이 새로운 정착지를 찾아 서쪽으로 떠나 고온의 사막을 횡단하는 여행 중에 발견한 나무의 큰 가지가 그들을 약속의 땅인 서쪽을 가리키는 예언자 여호수아의 팔과 닮았다고 생각했다. 그들은 그 가지가 가리키는 길로 계속해서 가라고 이야기하고 있다고 생각했고, 그대로 따랐다. 결국 유타 주에서 새로운 정착지를 찾아내었고 그곳에서 사막에서 보았던 나무와 흡사한 나무들을 발견했다. 그 후로 그들은 그 나무를 조슈아 나무라고 불렀다.

리모콘을 아무리
눌러도 차 문은
열리지 않고…

달릴 수가 없었던 것이다). 그리고 아무리 가도 인가가 나오질 않는 것이다. 산이 많은 곳인데 다가 어두워져서 대관령 굽이굽이 넘어가는 길의 30배는 가는 것 같았다.

해는 금방 꼴깍 넘어가고, 해가 지면 운전 않겠다고 굳게 맹세했건만 묵을 모텔을 찾을 수 없어 자꾸자꾸 어두운 길을 가다보니 시누이가 사는 오션사이드가 111마일 남았다는 이정표가 나타난다.

캄캄해진 산길에서 모텔을 찾으려 헤매느니 두 시간 정도 더 가면 되니 그냥 내쳐 가기로 하고 달렸다.

차가 없어 캄캄한 길을 하이 빔을 올렸다 내렸다 하면서 굽이굽이 산길을 가는데 오션사이드가 87km 남았다는 사인이 나오는 순간 계기판을 보니 기름이 거의 바닥이다. 아까 낮에 리모콘 때문에 들렀던 주유소에서 기름을 채워 넣었어야 했는데 아침에 '만땅' 채운 생각만 했던 것이다.

너무너무 초조해 하는 남편에게 걱정 말라 하긴 했지만 이 캄캄한 '적막강산'에서 기름이 떨어진다고 생각하니 상상만 해도 밤보다 더 캄캄하다. 어찌어찌 가다 가까스로 구멍가게 같은 주유소 발견!

남편이 20달러어치의 기름을 넣고 있는 동안 나는 몇 시간을 초조해 하며 참았던 화장실엘 다녀왔다.

기름을 넣고 나니 만고에 걱정이 없는 것 같이 "어유, 차가 좀 묵직해 진 것 같애~~"하는 남편이 귀여워 보이기까지 했다.

간발의 차이로 지옥에서 천국으로 올라온 느낌인 우리는 열심히 페달을 밟아 깜짝 놀라 하는 시누이 내외가 있는 집에 도착했다. 시간은 밤 9시.

여행 에피소드

충고? 혹은 훈시 2

"행님, 기름은 반 정도 남았을 때, 혹은 한 칸이라도 내려오면, 또는 주유소가 보이면 무조건 가득 채워야지요.

행님, 그래가지고 대륙횡단 하시겠어요? 주유소도 없고 가게도 없는 곳을 몇 시간씩 달려야 하는 곳이 미국이에요. 워낙 땅덩어리가 크니깐요.
기름통을 하나 차 뒤에다가 벨트로 꽉 묶어서 갖고 다니셔야 해요. 막말로 그런 깜깜한데서 기름이 '앵꼬'가 났다 하면 트리플 에이(Triple A : 미국 자동차 협회)를 불러도 서너 시간 걸리고 미치광이 같은 애들한테 걸렸다하면 꼼짝없이 당하지요.
제가 보기엔 행님, 너무 준비가 소홀하신 것 같아요.
지금 20대도 아니고…."

시누이 남편의 조언 내지는 훈시다.

February

패키지 투어에 합류.

그랜드, 브라이스, 자이언캐니언과 요세미티국립공원

또 라스베가스와 샌프란시스코를 둘러보고 난 후

LA 근교의 게티센터와 유니버설스튜디오를 구경했다.

연습게임으로 차를 몰고 일주일간 데스밸리, 세쿼이어,

킹스캐니언 등을 돌아보았다.

다시 몇 개월간의 긴 여행준비를 단단히 하고 출발! 애리조나 주로….

2일
햇님이 꼭꼭 숨은 날

오늘은 햇님이 완전히 구름 속에서 얼굴도 내밀지 못한 날이다. 기록적으로 디지털 카메라를 꺼내지도 않은 날이니 말할 필요조차 없다. 이틀 밤을 기침 때문에 앉아서 자는 둥 마는 둥 했으니 LA에서 출발하는 '아주 좋은 아주 관광'의 5박 6일 서부대륙 완주 프로그램이 시작되는 날인데 남편은 하루 종일 버스 안의 자리에 앉아 눈 감고 잠만 잔다.

애초에 차로 가기로 했던 서부 쪽의 관광지를 시누이 내외가 감기로 몸 상태가 좋지 않으니 패키지 관광을 따라가는 게 훨씬 낫겠다며 강력히 추천하는 바람에 오늘 관광버스에 몸을 실은 것이다. 오션사이드에 있는 동안 선크림도 안 바르고 여러 번

프랭크 게리가
디자인 한 LA의
디즈니 콘서트 홀

골프를 치더니 얼굴은 시골아저씨처럼 타고 입술은 핏기가 없어진 햇님의 모습이 불쌍해 보이기까지 한다. 고생이 되더라도 둘만의 독자적인 여행을 하자 했었는데 결국 패키지 관광을 떠나게 될 줄이야….

아마도, 그는 속으로 '아 창피!' 하고 있을 것이다.

우리의 가이드는 경력 20년의 Mr. 정. 이야기도 일사천리로 잘 하면서 아는 것도 많고 자기 직업에 철두철미한 베테랑이다.

우선 이번 5박 6일은 신이 만든 위대한 자연, 3개의 캐니언(그랜드, 자이언, 브라이스)과 요세미티국립공원, 또한 인간이 만든 도시 샌프란시스코와 환락의 장(場) 라스베가스를 구경하게 되는데 오늘은 내일 구경할 그랜드캐니언 쪽으로 이동하는 날이므로 특별한 것은 없어 가이드는 이쪽저쪽 눈에 띄는 것들을 설명해 주었다.

LA를 상징한다는 15미터 가량의 키가 껑충 크고 위에만 잎이 달려 있는 야자나무를 '워싱턴 야자수 (Washington Palm Tree)' 라고 하고, 미국에서 가끔 만나는 엄청나게 긴 화물열차를 * 'One Mile Train' 이라고 부른단다.

가이드 Mr. 정이 얘기해 준 그랜드캐니언을 보는 법 몇 가지.

첫째 : '와, 크다!', '와, 굉장하다!' 하고 그냥 눈으로 보는 법

둘째 : 국립공원 당국에 신고하고 며칠 지내면서 하이킹 하는 법

셋째 : 노새 여행이 있는데 국립공원 직영으로, 노새를 타고 6시간쯤 내려가서 캠핑장에서 하룻밤을 지내고, 다시 6시간 타고 올라오는데 1인당 300달러를 지불하는 법

넷째 : 6인승 세스나를 타거나, 20인승 경비행기를 타고 하늘에서 보는 방법. 요금은 1인당 110달러.

버스는 가도가도 끝이 없는 모하비(Mojave)사막을 계속 달린다. 사막은 두 종류

*** One Mile Train**

텍사스나 캘리포니아의 평원지대를 달리다 보면 엄청나게 긴 화물열차를 만날 수 있다. 건널목에서 열차가 지나가기를 기다리며 10분~15분 정도를 지루하게 보낸 경험이 있는데, 이 화물열차는 앞쪽에 있는 주황색의 기관차 1개당 25량~30량의 화물차를 달고 달릴 수 있기 때문에 기관차가 3개 이상 있으면 길이가 거의 1마일 가량 된다 하여 붙여진 이름이 '원마일 트레인' 이다.

가 있는데 해수면보다 높은 고원에 형성되어 있는 사막은 '하이데저트(High Desert)'라 하고 모하비 사막이 이에 속한다. 몽골 같은 곳의 사막은 '로우 데저트(Low Desert : 보통 사막)'라고 부른단다.

사막을 한없이 가다가 바스토우(Barstow)라는 곳에 내려 한국음식점에서 뷔페로 '억지로 맛 없게 만든 것 같은' 점심을 먹었다. 바스토우가 미국의 화물열차회사 '산타페(Santa Fe)'의 본거지라더니 정말 길고 긴 기차들이 엄청 많았다. 또다시 버스에 올라 사막 한가운데를 지나 오후 5시에 라플린(Laughlin)에 도착.

우리더러 콜로라도 강변에 와 있으니 식사하고 산책도 해 보라고 했지만 햇님의 기침 때문에 걱정되어 산책은 포기. 카지노가 있는 호텔이지만 갬블은 조금만 하라고 귀띔해 준 가이드 정씨는 슬롯머신을 '외팔이 강도'라 불렀다.

그가 해 준 조크 한마디.
엘리베이터에서 마주친 남녀, 남자의 바지 지퍼가 열려져 있다.
여자 : "Sir, your garage door is open." (아저씨, 차고 문이 열렸는데요.)
남자 : "Oh! Did you see my Cadillac?" (그래요? 그럼 내 캐딜락을 보셨겠네?)
여자 : "No, but I saw a little Volkswagen with two flat tires."
　　　 (아뇨, 하지만 바람 빠진 타이어가 두 개 달린 폭스바겐은 본 것 같아요.)
남자 : 머쓱~.

대낮에 세 번 누운 날

시누이와 LA 시내에 갔다. 시누이 집이 있는 오션사이드는 LA가 서울이라면 안성쯤 되는 곳이라서 한번 마음먹어야 가게 된다.
그리고 이 날은 대낮에 세 번이나 누웠던 날이다.

LA의 한 한국계 은행에 가서 돈 보따리를 든 한국 사람들과 중국 사람들 틈에 끼어 돈을 입금시키고 난 시누이가 곧바로 나를 데려간 곳은 이름하여 '조이 사우나(Joy Sauna)'. 여행을 오래 하려면 피로를 풀어야 하니 꼭 가야 한다고 해서 따라갔다. 입장료는 원래 15달러인데 시누이가 미리 준비한 쿠폰을 이용하면 10달러란다.
시누이와 쿠폰 두 개를 내고 타월과 가운을 받아들고 들어갔다. 시누이는 날더러 때를 밀라고 세신(洗身)아줌마에게 소개 시켜줬다. 20분 정도 기다렸다가 침대에 가서 누우니, 양 옆에 있는 5개의 침대에서 모두 바쁘게 일들을 하고 있었다.

나는 7년 전에 '세신'을 한 번 하곤 감기가 콱 걸려서 그 후론 절대로 안 하는데 마음씨 착한 시누이의 배려로 이런 호강을 하게 되다니…. 아줌마에게 "때가 많이 나오죠?"하니까 "아니요, 잘 밀려서 좋아요"한다. 눈을 뜨고 보니 국수 발 같은 때가 여기저기. 정말 '쫙' 팔렸다.
나중에 시누이와 그 얘기를 하다가 나보고 무슨 색이냐고 해서 "약간 회색의…"하니까, "아, 그러니까 언니는 메밀국수구나. 나는 이상하게 까만 게 자장면이에요"한다.
나오면서 돈을 얼마 냈냐고 하니 세신 25달러에 팁 20달러. 속으로 '다음에는 내가 내야 할 텐데, 조금 세구나.' 하고 생각했다.

다음 코스는 시누이의 단골 피부 관리사. 홍콩에서 온 애니(Annie)라는 여자가 반갑게 맞이한다. 옆 침대에서 시누이는 눈을 붙이고 나는 한 시간 가량

마스크 팩을 하고 누워 있었다. 아니, 사실은 조금 잤다.

다음은 침을 맞으러 중국 한의원에 갔다. 사실은 그 며칠 전 내가 골프장에서 잔디밭에 완전히 머리를 꽈당! 하고 부딪치며 넘어졌기 때문이다(그때에는 앞이 몇 초 동안 캄캄해지고 진짜 이대로 죽는

아놀드 파머가 경영하는
팜 스프링스의 골프장

가? 하는 생각이 났을 정도여서 며칠 전에 남편에게 "나 죽으면 후회하지 마슈" 하고 말했던 걸 후회했다).
한참을 이마가 아프고 목줄기도 아프더니 다음날 아침에 코에서 피가 조금 나왔었다.

이상한 중국 의사 할아버지는 표정이 하나도 없이 왜 왔느냐고 물어본다. 나는 다친 걸 설명하고 시누이는 "우리 새언니예요. 서울서 오셨는데 내겐 하나밖에 없는 새언니니까 아프면 안돼요"하며 나를 소개 시켜줬다. 너무나 고마운 막내 시누이!
할아버지는 목과 손등 두 군데, 다리 두 군데 등 6~7곳에 침을 꽂고는 15~20분 가량 불 쬐어주는 등을 켜놓고 사라졌다.
중국집인데 이상하게 방에서는 한국 TV의 뉴스가 계속 나오고 있었고 현관의 차임벨 소리와 함께 메아리처럼 점점 페이드 아웃(fade out)되는 전화 소리, 그리고 시누이의 이야기 소리를 계속 들으며 '오늘은 이상하게 대낮에 세 번이나 누워 있는구나' 하고 생각했다.

안개와 함께 한
2월의 그랜드캐니언

Grand Canyon National Park

1919년 국립공원으로 지정되어 세계적인 관광지가 되었다.
길이 350km, 너비 6~30km. 깊이 약 1,600m인 세계적으로
유명한 이 협곡은 콜로라도 강이 콜로라도 고원을 가로질러
흐르는 곳에 형성되었다. 여행 시기는 봄과 가을이 최고다.

3일

눈 오는 그랜드캐니언

새벽 앞에 두 글자가 더 붙은 '꼭두새벽' 4시에 일어나 4시 50분에 출발했다. 네바다 주의 라플린에서 다리만 건너면 애리조나 주인데 그곳은 산악 표준시간대가 적용되어 1시간 빨라지므로 서둘러야 한다고 했다. 호텔에서 나올 때에는 비가 조금 뿌렸었는데 20~30분 지나면서부터 함박눈으로 바뀌었다.

운전기사도 조심조심, 예정보다 40분이나 늦게 윌리엄스(Williams)의 유일한 한국식당에 도착했다. 밤중에 도박으로 밤을 지샜거나 다른 일로 잠을 설친 사람들이 깜깜한 버스 안에서 한참 자다 깨어 꺼벙한 얼굴로 부지런히 화장실을 다녀오더니 육개장을 허겁지겁 먹는다.

이곳의 고도가 2,134m라 하니 어림잡아 한라산보다도 150m가 더 높아서 그런가? 압력솥에 했다고는 해도 밥은 조금 설었다. 어쨌든 잘 먹고 또 버스에서 다들 잔다.

가이드 Mr. 정이 불러주는 애리조나하면 생각나는 노래, 옛날 가수 명국환의 '카우보이 애리조나 카우보이, 광야를 달려가는 애리조나 카우보이, 말채찍을 말아 쥐고…'를 자장가 삼아.

Mr. 정의 강의를 열심히 듣는 학생은 대여섯 명. 먼저, 애리조나에는 인디언 보호구역이 26개 이상 모여 있는데 이 중 '나바호(Navajo)' 부족은 인구 18만의 나바호 국가를 세워 수도도 윈도우 락 (Window Rock)이란 곳으로 정했다고….

둘째, 그랜드캐니언의 형성과정은 바다 밑에 퇴적된 것이 두 번의 융기 시대를 거쳤고 후에 콜로라도 강에 의해 수억 년간 침식당해 생긴 것으로 떡시루 같은 지층의 형태는 지구의 역사 45억 년 중 15억 년을 나타내 보인다고.

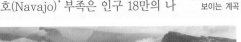

까마득히 내려다 보이는 계곡

눈에 푹푹 빠졌지만
공기는 너무 상쾌하다

셋째, 생태계 나무는 크게 두 종류가 많다. 즉 카이밥(Kaibab: 향나무 일종)과 소나무 종류, 동물로는 사슴이 많고, 산사자, 회색늑대(두 놈씩 다님), 붉은여우(혼자 다님), 코요테, 흰머리독수리가 있고 곰은 없다 한다.

넷째, 그랜드캐니언이 본격적으로 알려지기 시작한 것은 남북전쟁에서 한 팔을 잃은 존 웨슬리 파웰(John Wesley Powell)장군이 미국 대륙횡단 철도가 완성되던 1869년에 와이오밍 주의 샛강, 그린 리버(Green River)에서 시작하여 콜로라도 강을 79일간 217마일을 탐험한 내용을 「센추리(Century)」 잡지에 기고하면서부터란다.

강의를 듣는 동안 그랜드캐니언국립공원에 도착했다. 우리는 먼저 남쪽으로 들어갔다. 눈이 계속 펑펑 내리고 있으니, 눈 오는 것은 멋지지만 오늘 구경은 종쳤구나, 비행기도 끝났구나 생각하면서 '아이맥스(IMAX)' 상영관 앞에 줄을 섰다.

서울 여의도에 있는 아이맥스 영화관과 비교하면 의자의 개수, 스크린 크기가 거의 비슷하다. 영화는 웅장한 그랜드캐니언의 여러 모습들, 과거 인디언들의 모습, 스페인 정복자들, 그리고 존 파웰의 탐험 모습을 영화로 만든 것으로 보트들이 거센 물살에 곤두박질치다가 다시 솟구쳐오르고 하는 것을 실감나게 보여 주었다.

나와서 야바파이(Yavapai : 인디언 추장 이름) 전망대라는 곳에 갔지만 계곡에는 안개만 가득 끼어 있고 눈이 계속 내리니 아무것도 볼 수가 없었다. 점심 후 데저트(Desert) 전망대에 올라가서 원망스런 안개를 째려보고 있었는데 기막히게도 한순간 갑자기 안개가 걷히면서 까마득한 계곡들이 보이기 시작했다. 오히려 허리

에 약간씩 안개를 걸친 것이 멋있어 보여 사진을 왕창 찰칵 찰칵.

다음으로 글렌 댐(Glen Dam)에 들렀다가 저녁 먹으러 페이지(Page)라는 작은 도시의 중국식당으로 갔다. 가이드인 Mr. 정이 식당에 맡겨 놓았다는 김치 한 통을 나누어 여섯 개의 테이블에 한 접시씩 내놓자 모두들 게눈 감추듯 싹싹.

누군가 고추장도 꺼내놓았고, 버스에서 우리 앞자리에 있던 부부가 김을 주어서 맛있게 잘 먹었다.

이번에는 유타 주의 캐납(Kanab)에 있는 호텔로.

데저트 전망대
(위)

1966년 완성된
글렌 댐(아래)

유타 주와 애리조나 주에 걸쳐있는 다리를 건너면서 Mr. 정이 한마디 한다. 글렌 댐에 물을 다 빼앗기고 바닥으로 기어가듯 흐르는 콜로라도 강을 어느 시인은 '자식 여섯 젖 먹여 키운 불쌍한 에미의 젖가슴과도 같다'고 했다던가?

＊ 국립공원 방문 시 주의사항

1. 국립공원 내에는 속도 제한이 있어서 체류시간과 거리를 정확히 계산하여야 한다.
2. 국립공원 내에는 숙박시설이나 매점, 식당 등이 없는 곳이 많아 음료수나 먹거리 등을 준비하고 해가 저물기 전에 공원 밖으로 나와서 숙소를 정하는 것이 좋다.
3. 많은 국립공원들이 고지대에 있으므로 통상 온도가 낮고 또한 급격한 날씨 변화가 있을 수 있으므로 두꺼운 옷, 바람막이, 비옷 등을 준비하는 것이 좋다.
4. 자동차 휘발유는 공원 들어가기 전에 채워 넣도록 한다(공원 안에는 주유소가 거의 없다).
5. 국립공원은 자연보호를 위해 지정된 곳이 대부분이므로 식물의 가지나 열매, 동물 혹은 떨어져 있는 돌 하나라도 함부로 가지고 나오면 안 된다.

끝없이 이어지는
바위기둥들

Bryce Canyon National Park

> **66**
>
> 1928년 국립공원으로 지정된
> 브라이스캐니언(Bryce Canyon)국립공원은
> 일련의 거대한 계단식 원형분지에
> 끝없이 이어지는 바위기둥이 만들어내는 풍경이 멋지다.
> 미국에서도 가장 유명한 국립공원 가운데 하나이다.
>
> **99**

4일
브라이스캐니언, 자이언캐니언

유타 주 캐납에서의 밤은 너무 길었다. 햇님은 밤새 기침하느라 앉아서 밤을 샜고, 나는 코를 푸느라 쓰레기통의 반을 휴지로 채웠다.

밤에 잠이 안 오니 별별 생각을 다 했다. 요세미티, 샌프란시스코는 포기하고 브라이스캐니언, 자이언캐니언, 라스베가스만 보곤 LA로 내려가 버릴까? 서울에 전화해서 의사인 조카에게 약을 지어서 보내 달라고 할까? 항생제를 좀 챙겨 올 걸! 저렇게 기침을 하니 병원에 입원해야 하는 것 아닐까? 등등. 아침에 일어났을 때 조금 얼굴이 부은 것 같았던 햇님은 버스를 타니 또 계속 잔다.

유타(Utah)는 인디언 말로 '산사람(Man of Mountain)'이라는 뜻이고, 유타 주에는 두 종류의 사람들밖에 없다고 하는데, 즉 '스키를 타는 사람'과 '스키를 배우는 사람'들이라고 한다. 1920년대에는 서부영화 촬영지로 유명해 80편이 넘는 영화가 이곳에서 만들어졌고, 몰몬교도들이 많이 사는 지방인데 이 몰몬교도들은 국가에 충성하고 성실하고 근면하기 때문에 FBI나 CIA같은 국가정보기관에서 많이 채용한다고 한다.

눈 속에 파묻힌
브라이스캐니언

후두(Hoodoo : 바위기둥)로 이루어진 브라이스캐니언은 1875년에 에벤에저 브라이스(Ebenezer Bryce)라는 사람이 소 떼를 기르고 살다가 '소 떼 잃어버리기 딱 좋은 골짜기' 라고 하고는 애리조나로 이사 갔다는데 후에 그의 이름을 따서 브라이스캐니언이라고 부르게 되었다고 한다.

매우 섬세하고 아름다운 색깔을 한 잘록잘록한 바위기둥들이 끊임없이 서 있는 브라이스캐니언은 그랜드캐니언(2,134m) 보다 높은 2,438m라서 고산증세가 있을 수 있으므로 우리보고 절대로 뛰지 말라고 한다. 선셋 포인트(Sunset Point), 선 라이즈 포인트(Sunrise Point) 쪽으로 가다가 눈에 푹푹 빠지고 미끄러워서 도로 돌아왔다.

드문드문 눈 덮인 바위기둥들의 무리가 딴 곳에서는 볼 수 없는 독특한 모습을 하고 있다. 2,500만 년 전 바다에서 융기되어 잘록잘록한 부분은 그곳의 지층이 약해서 침식당해 그렇게 된 것이고 아직도 만들어지고 있는 과정이란다.

＊ 미국의 시차

미국은 면적이 넓은 만큼 주에 따라 시간대도 다르다. 미국을 구성하는 50개의 주들은 동부시간대(Eastern Time Zone: 워싱턴 DC, 뉴욕, 보스턴을 중심으로 함)와 중부시간대(Central Time Zone: 시카고, 달라스 등을 포함) 산악시간대(Mountain Time Zone : 덴버, 피닉스, 솔트레이크 시티 등을 포함), 태평양시간대(Pacific Time Zone: 서부의 샌프란시스코, LA, 시애틀 등을 포함), 그리고 알래스카 · 하와이 시간대(Alaska · Hawaii Time Zone : 앵커리지와 호놀룰루 등을 포함) 등의 5개의 시간대로 나뉘어진다. 시간은 동부에서 서부로 갈수록 한 시간씩 늦어지는데, 하와이는 뉴욕보다 5시간이 늦다.

'신의 정원(Garden of God)' 혹은 '신의 보물 (Treasure of God)'로 불리는 자이언캐니언(Zion Canyon)을 차로 계속 이동하면서 보았다.

먼저 보이는 체커보드 메사(Checkerboard Mesa)는 자연스럽게 체크 무늬가 새겨져 있는 엄청나게 큰 돌산인데 자연바위 조각예술의 극치를 보여 준다 했지만 눈에 덮여 그 극치가 잘 안 보인다. 계속 이어지는 너무나도 잘생긴 웅장한 바위산들 천지. 바위들도 사람처럼 잘 생기고 볼일이다. '한 번 보고 두 번 보고 자꾸만 보고 싶네…' 이니까.

한 번 보고, 두 번 보고, 자꾸 보고 싶은 멋진 산

차로 가면서 긴 굴(1,920m)을 통과했다. 이름하여 '자이언-마운틴 카멜 터널 (Zion-Mt, Carmel Tunnel)' 혹은 '굿 뷰 롱 아웃 터널(Good View Long Out Tunnel)'. 1930년 후버(Hoover) 대통령 때 뚫었다는 굴인데 오른편에 점점 커지는 창문 5개 - '천사의 창문(Angel's Window)' - 를 통해 보여지는 풍경이 드라마틱하게 변한다.

4일
내 바다, 니 바다, 피 바다

다시 사막을 달려 네바다(Nevada) 주의 라스베가스로 간다. 가이드 Mr.
정 왈, "내가 돈을 따면 내바다, 네가 돈을 따면 니바다, 아무도 돈을 못
따면 피바다."

라스베가스의 리베라호텔에 짐을 풀고 저녁관광을 나섰다.

우선 프리몬트 거리(Fremont St.)의 전구 쇼. 매시 정각에 시작하여 6분간 보여
준다. 1995년에 6천만 달러를 들여 220만개의 전구를 달아서 사용하고 있는데, 최
근에 한국의 LG에서 공사를 맡아 전구를 440만 개 달고 보조전구까지 600만 개를
사용해 TV화면과 유사하게 만들기 위해 고치는 중이라 했다.

프리몬트 거리에 도착하니 벌써 관광객들이 많이 모여 있고 두 블록 정도의 하늘
을 완전히 터널처럼 막아 그 천정에 수백만 개의 전구가 달려 있는 것이 보였다.

정각이 되자 쇼가 시작되었다. 60년대에 유행했던 슈프림스의 「Stop in the
name of love」를 비롯해 마빈 게이, 스티비 원더, 아리사 프랭클린, 포 탑스 등의
여섯 그룹의 노래가 6분간 이어지면서 화면에 만화 같기도 한 여러 형태가 왔다갔
다 한다. 그림이 그렇게 세련된 것 같지 않다고 생각했는데 가이드 정씨도 "이번 것

라스베가스의
휘황찬란한 네온사인

은 조금 그렇네요?"한다. 프로그램이 여섯 개가 있다고 하는데 이번에는 우리가 왔다고 나이에 걸맞게 1960년대 식을 보여 주었나?

그 다음은 호텔 순례를 했다.

먼저 베네치안(Venetian)호텔. 안의 상가가 있는 곳으로 들어서니 동네를 완전히 덮은 완벽해 보이는 해질녘의 하늘과 구름, 정말 속을 만 하겠구나 생각하면서 영화 *「트루먼 쇼」를 떠올렸다.

시저스 팰리스(Caesar's Palace)에서 시작되었다는 '인공하늘'은 우리나라 롯데(소공동) 백화점에서도 볼 수 있었지만 베네치안 호텔의 인공하늘은 크기로 보나 색깔로 보나 정말 끝내주었고 그 상가 안에 물길이 있어 진짜 베니스에서처럼 곤돌라가 다닌다. 뱃사공의 노래와 함께….

상가 안의 갤러리에서 라팔 올빈스키 (Rafal Olbinski)라는 폴란드 화가의 석판화를 전시하고 있었다. 에디션(Edition)은 350, 가격은 액자까지 1,300달러, 만만치 않은 가격인데도 매우 인기가 있는 것 같았다. 르네 마그리트(Rene Magritte) 풍의 그림으로 그렇게 독창적이진 않지만 잘 팔릴 듯한 그림이었다. 그 다음은 미라지 (Mirage)호텔의 분수 화산 쇼가 있었고, 이태리 출신 유리공예가 치헐리의 작품으로 천장장식을 한 벨라지오(Bellagio)호텔의 환상적인 중국풍 정원을 보면서 중국인들이 몰려오는 것이 실감나는 듯 했다.

비실비실한 우리 두 사람은 외팔이 강도에게 돈이나 뜯길까봐 카지노의 열기가 아직 시작되기도 전인 저녁 9시경 호텔로 돌아와 일찍 발 씻고 잤다. 🌙

베네치아호텔의 완벽한 인공하늘

---

* 트루먼 쇼 (The Truman Show)

자신의 일상 생활이 생방송 되는 줄도 모른 채 30년을 살아온 주인공이, 언론과 수많은 시청자들의 공모로 인해 거짓으로 점철된 자신의 삶에서 진실을 되찾는 과정을 감동적으로 희극화한 휴먼 드라마. 주인공이 현실이라고 믿고 살아온 세상과 인물들은 모두 거짓으로 꾸며진 드라마 세트이자 연기자들이었다.

세계에서 돈 냄새를 제일 잘 맡는 곳

라스베가스는 세계에서 돈 냄새를 가장 잘 맡는 곳이다. 돈이 있어 보이는 사람에게는 온갖 서비스를 극진히 잘해주면서 여러 날을 묵어가도록 공짜 방에 공짜 식사를 아끼지 않는다. 그렇게 오래 붙잡아 놓을수록 돈은 점차로 손님에게서 라스베가스 쪽으로 흘러가게 마련이니까.

눈에 뜨이는 호텔마다 몰려오는 중국 사람들을 겨냥해 붉은 종이에 검은 먹으로 한자들을 여기저기 큼지막하게 써 붙여 놓았다.

왜 이런 짓을 할까? 아마도 중국 사람들에게서 돈 냄새가 많이 나기 때문일 것이다. 그런데 마침 돈 많은 중국 관광객들이 왕창 몰려와서 이곳을 휩쓸고 있었다. 돈, 장사하면 중국 사람들도 세계에서 둘째가라면 서러워 할 사람들이니 과연 중국 사람들이 이곳에 와서 돈을 벌어 갈까, 돈을 잃고 갈까. 라스베가스와 중국인들의 한판 승부의 결과가 궁금해진다.

5일
라스베가스를 떠나며 – 캘리코 은광촌

아침은 라스베가스의 세종관 식당에서 한식으로 했다. 가이드 Mr.정도 오늘 LA로 내려간단다. 가이드란 만나고 헤어지는 것이 당연한 것이지만 그래도 누군가와 헤어질 때는 언제나 섭섭하다.

Mr. 정은 라스베가스에서 노름으로 많은 시행착오를 거쳤던 모양이다. 그런 바탕 위에 오늘날의 건실한 생활이 이루어져서 더없이 세상을 탄탄하게 살아가는 모습이 엿보인다.

그의 말에 따르면 이곳에서 잭팟이 터지면 무조건 현금으로 받으란다.

예를 들어 1,000만 달러가 터졌다고 치자. 세금공제 하고 나면 600만 달러인데 보통은 이를 20년 간에 걸쳐 나누어 준다고 한다. 만약 일시에 현찰로 받으면 보통 약 200만 달러 정도 밖에 받지 못하게 되지만 그래도 그 편이 훨씬 낫단다. 왜냐하면 이 잭팟은 상속도 되지 않고 명의이전도 안되는데다가 20년 동안에 무슨 일이 생길 경우 그냥 꽝이기 때문이라는 것이다.

옛모습을
재현해 놓은
캘리코 은광촌

라스베가스를 떠나 요세미티로 가는 길. 옛날 광산이었다가 폐허가 된 곳을 다시 옛 모습으로 재현시킨 캘리코 고스트 타운(Calico Ghost Town)이란 곳에 들렀다.

'캘리코(Calico)'란 남미 여자들이 입던 알록달록한 옷인데 이곳 광산의 광물로부터 나온 색깔들이 캘리코마냥 알록달록해 붙여진 이름이라 한다.

은광촌 거리의 악사 할아버지와

계속 달려서 첫날 점심을 먹었던 바스토우에 도착. LA로 돌아갈 사람과 요세미티로 갈 사람을 갈라서 버스를 옮겨 탄다. 우리는 몸상태가 많이 돌아와서 여행을 계속하기로 하여 타고 온 버스에 그대로 앉아 있고 다른 버스 사람들이 30여 명 옮겨왔다. 60인승 버스에 59명이 탔다.

오후엔 요세미티와 가까운 프레즈노(Fresno)라는 곳까지 갔다. 이곳 프레즈노는 스페인말로 '물푸레나무'라는 뜻으로, 이 지역의 해발이 낮아 물푸레나무가 많이 나기 때문에 붙여진 이름이다. 또한 이곳은 미국 농업의 중심지로 우루과이 라운드의 본부이기도 하고 교육도시로도 유명한 곳이다.

월터 노트의 동상

* 캘리코 고스트 타운(Calico Ghost Town) 혹은 은광촌

라스베가스에서 230km 떨어져 있는 이곳은 원래 서부 개척시대에 유명했던 광산촌이었으나 1896년 갑작스런 은값의 하락으로 폐광, 유령의 마을로 변했다. 1966년 '월터 노트(Walter Knott)'라는 사람이 사진을 기초로 복원하여 관광명소로 만들었다 함.

여행 에피소드

Early birds 에게는 무용지물인 라스베가스

환락의 도시, 꿈의 도시, 도박의 도시 라스베가스의 밤 경치는 그야말로 화려한 꿈 속의 도시 같다. 세계의 수많은 사람들이 이곳에 와서 인심 좋게 거액들을 털어 놓고 가니 사실 끝이 안보이도록 넓고 넓은 방에 외팔이 강도(슬롯머신)를 비롯해 각종 돈 털이 기구들이 가득하다.

라스베가스의 밤은
화려한 가면들로 가득

땅거미가 지기 시작하면서부터 관광객들은 이곳저곳 구경하느라, 쇼핑하느라 바쁘고 주머니털이 기술자들은 열심히 작업을 시작한다.

라스베가스의 밤은 너무 많은 일들이 일어나는 곳이라 밤 세상은 대단하다. 그렇기 때문에 아침은 늦게까지 썰렁하다. 라스베가스의 아침은 화장 지운 술집여자의 얼굴 같다고 누군가가 이야기했다더니…. 그러니 일찍 자고 일찍 일어나는 사람들(early birds)에겐 라스베가스는 그야말로 무용지물이다.

이런 사람들을 위하여 라스베가스 옆에 얼리 베가스(Early Vegas)라는 도시를 하나 건설하여 새벽 2~3시부터 개장하여 낮 12시까지 운영하면 어떨런지?

울창한
세쿼이어 나무숲

Yosemite National Park

> ❝
>
> 세계 최초로 1890년에 국립공원으로 지정된 유명한 곳이다.
> 면적 3,061km²로 캘리포니아주의 중부, 시에라–네바다 산맥의
> 서쪽 사면 일대에 전개되는 대자연공원이며,
> 미국에서 가장 유명한 국립공원 중 하나이다.
> 샌프란시스코에 근접해 있어 찾는 사람이 많다.
>
> ❞

6일
눈이 덮여 더욱 멋진 요세미티국립공원

또다시 꼭두새벽, 새벽 4시 기상 4시 50분 출발이다. 좀 주춤했던 기침이 밤새 다시 도져서 잠을 설쳤다. 초등학교 6학년부터 70살이 넘은 할아버지까지 타고 있는 우리 일행은 한 사람의 지각도 없이 모두 제시간에 맞추어 출발했다.

어제 저녁 식사를 했던 중국식당에서 오늘은 미역국과 나물로 아침 식사를 한 후, 두어 시간 이리 꼬불, 저리 꼬불 요세미티를 향하여 달린다.

먼동이 터 올 무렵 눈을 떠 보니 이미 요세미티 산자락이다. 지난 화요일 내린 눈이 그대로 쌓여 있다.

오전 7시 30분에 남문에 도착하여 입장료를 내려는데 시간이 너무 일러 받는 사람이 없다. 버스는 그대로 통과하여 우리가 가 볼 곳으로 달린다(나중에 공원 관리원이 출근 한 다음 지불했다).

미국 국립공원 안에 있는 몇 개 안 되는 골프장 리조트 중 하나가 이곳에 있는데 이름은 와우나(Wawona)골프장. 워낙 골프 치고 싶어하는 사람들이 많아서 보통 1년 전에 예약을 해야 한단다. 지대가 높아서 기압이 낮아 드라이버가 멀리 나가니까 인기가 있나?

요세미티국립공원의 산 모습들

요세미티라는 것은 'They are killing us'라는 뜻으로 '회색 곰이 사람을 해친다'는 인디언 말에서 생겨난 것이라 한다. 이곳의 생성과정은 그랜드캐니언과는 또 다르다고 한다. 그랜드캐니언이 오랜 세월 콜로라도 강의 침식작용을 통하여 생겨난 것과는 달리 이곳은 머시드(Merced)강이 요세미티 바위와 계곡을 벌려 놓아 생겼다고 한다.

하여튼 바위가 갈라진 곳이 많고 깨져서 흘러내린 곳도 많아 폭포도 여기저기서 흘러내린다.

이곳은 세상에서 가장 오래 산다는 나무인 * '세쿼이어(sequoia)'가 많이 자라고 있는데 겉은 부드러운 반면 속은 매우 단단하고 겉껍질과 속 사이에 수막이 있어서 불이 나도 잘 타지 않기 때문에 몇 년 전 요세미티에도 산불이 나서 많은 산

너무나 멋진 바위산

요세미티의
유명한
삼단 폭포

림이 탔는데 세쿼이어 나무는 많이 타지 않았다고 한다. 그만큼 나무의 질이 좋아서 고급 가재도구 및 실내 장식용으로 아주 비싸게 팔린다는 것이다.

미국의 국립공원에서는 산불이 날 때 강제 진화를 하지 않고 자연진화될 때까지 그냥 놔두기로 원칙을 정해 놓고 있다고 한다.

그 이유는 보통의 경우 땅으로 떨어지는 씨앗방울(솔방울 등)의 대부분은 열이 부족하여 씨가 밖으로 나오기도 전에 썩어버리지만, 산불이 나면 씨앗방울이 열을 받아 터지게 되어 그 속의 씨앗이 밖으로 나와 평소 때보다 더 많은 나무가 생겨나게 되기 때문이라는 것이다.

그동안 사진으로 많이 봐 왔던 요세미티는 숲이 우거진 여름의 경치였는데 겨울의 눈 덮인 모습은 또 다른 멋진 풍광을 보여준다.

＊ 세쿼이어(Sequoia)

미국 서부산(産) 삼나무과(科)의 거목. 다 자라면 높이 120m, 밑동의 지름이 8.5m나 된다. 세상에서 가장 큰 나무로 알려져 있으며, 캘리포니아 주 요세미티 계곡에만 천연적으로 분포되어 있다. 세쿼이어 숲은 자연발생 산불에 의해 주기적으로 피해를 받고 있어 캘리포니아 주립공원들에서는 산불을 방지하기 위하여 매년 300ha를 인위적으로 입화하고 있으며 레드우드 국립공원에서는 산불을 생태계 인자로 인정을 하고 있는 실정이다.

6일

샌프란시스코와 금문교

요 세미티 구경을 하고 나서 세 시간 정도 걸려 샌프란시스코에 도착했다. 39번 부두에서 떠나 항구를 둘러보는 '베이 크루즈(Bay Cruise)' 유람 선은 2시 반에 출발한다고 했는데 버스가 약간 늦어 과연 탈 수 있을까 했지만 도착 즉시 일행 모두 열심히 달려 결국 2시 반 배에 타는데 성공.

금문교를 돌아 * '앨커트래즈(Alcatraz:살아서 탈옥할 수 없다는 유명한 감옥이 있는 섬)' 섬을 한바퀴 돌아 한 시간 만에 다시 부두에 돌아오는 유람선은 요금이 1인당 20달러이다.

그 유명한 금문교는 샌프란시스코 시와 마린카운티(Marine County)를 연결하는 현수교로 천재 엔지니어 조셉 스트라우스(J.B Strauss)가 설계하여 1937년에 시속 160km의 바람에도 견디는 1,875m 마일 길이의 다리로 완성되었다.

유명한 39번 부두에서

27,572개의 와이어로 이루어진 케이블에 거대한 다리가 매달려져 만들어진 것으로 이곳의 조류와 바람, 그리고 지진 때문에 현수교로 만들어졌다고 한다.

이 금문교는 꿈을 갖고, 포기하지 않고 노력하여 마침내 이루어내는 미국민의 정신과 흡사하다고 하여 미국인들 사이에서도 매우 숭앙받는 건축물 중 하나이다.

영화 *「더 록(The Rock)」의 배경이기도 한 앨커트래즈 섬은 1963년에 문을 닫을 때까지 약 29년간 감옥소로 사용되었는데 그동안 탈출에 성공한 사람은 한 사람도 없었다고 한다. 그 이유는 이 섬 주변에서 한류와 난류가 만나기 때문에 플랑크톤을 먹이로 하는 어류가 많아 주변에 식인상어가 곧잘 출몰하기 때문이라고. 중국 사람들이 처음 미국에 왔을 때 입국수속을 하였다는 엔젤 아일랜드(Angel Island)도 멀리 안개 속에 보인다. 오랜 항해로 건강이 쇠약해진 중국 사람들은 수속이 길게 진행되는 동안 건강을 회복하지 못하고 미국 땅을 눈앞에 둔 채 이 섬에서 최후를 마친 이가 많았다고 한다.

39번 부두로 다시 돌아와 '미술의 궁전(Palace of Fine Arts)'을 잠시 구경하고 금문교를 건넜다. 내일 LA까지 가야하므로 저녁에 가급적 남쪽으로 많이 내려가서 묵기로 했다.

---

* 더 록 (The Rock)

군 당국에 불만을 품은 해병대 장성이 특공대를 규합하여 앨커트래즈 섬을 장악한다. 이들은 치명적인 살상 화학가스를 장착한 미사일을 섬에 설치하고는 군사 작전 중 전사한 장병들에 대한 보상을 요구하는데, 이를 해결하기 위해 생화학무기 전문가(니콜라스 케이지 분)와 앨커트래즈를 탈옥한 유일한 생존자인 죄수(숀 코넬리 분)의 활약이 박진감 있게 펼쳐진다.

7일

샌프란시스코에서 LA까지

아침 4시부터 서둘러 출발이다. *몬트레이(Monterey) 반도까지 내려와서 아침을 먹고 인근 해변에 가서 30여 분 산책을 하였다. 이곳은 한국과 위도가 같은 곳이란다.

이 부근의 살리나스(Salinas)는 「분노의 포도」를 쓴 노벨상 수상자 죤 스타인백(John Steinbeck)의 고향이란다. 죤 스타인백은 스탠포드대학 2년 때 중퇴를 하고 노동자로 전전하며 산 탓에, 그의 소설에는 노동자 계층의 생활 모습 등이 자세히

| 몬트레이 바닷가

묘사되어 있고 그의 소설은 미국의 사회 복지 제도를 만드는데 결정적인 역할을 했다고 한다.

몬트레이 쪽에 캐너리 로우(Cannery Row：통조림 공장)라는 길이 나오는데 이것은 그 소설의 여자 주인공이 일하던 정어리 통조림 공장이 있던 곳으로 이곳의 길 이름이 되었단다.

또한 이곳에서는 매년 5월에 *'모나크(Monarch)나비축제'가 열린다는데

유명한 솔뱅의 케익가게

어떻게 새로 알에서 태어난 나비가 와 보지도 않은 이곳으로 매년 같은 때 몇천 마일을 날아 올 수 있는지는 지금까지도 연구의 대상이라고 한다. 기억유전인자라는 것이 과연 있는걸까?

가까운 곳에 세븐틴 마일(17mile)이라는 관광코스가 있는데 이 안에 '페블비치(Pebble Beach)'를 비롯한 유명한 골프장이 5개나 있단다. 여기에서 지금 최경주 선수가 출전하는 미국 PGA투어의 *'프로암(Pro Am)' 대회가 열리고 있기 때문에 17마일 관광이 취소되어 페블비치에는 못 들어가 보고 대신 주위로 돌았다. 이곳은 융기된 것이 1,200만 년밖에 되지 않아서 해안선이 특히 거칠고 멋있다.

조금 더 가니 '카멜(Carmel)'이라는 작은 시가 나타나는데 주로 시인, 작곡가 등 예술인이 많이 모여 사는 곳이란다. 영화배우 클린트 이스트우드가 이곳의 시장이었던 것은 너무나 잘 알려진 사실이다.

LA로 내려오는 길에 '솔뱅(Solvang)'이라는 곳에서 점심을 하고 40여 분 그곳을 돌아보았다. 솔뱅은 '햇볕 내려 쪼이는 곳'이란 뜻으로, 미국 동부로 이주해 왔던 덴마크의 게르만 민족들이 그 전에 와있던 앵글로색슨에 대한 불만으로 서부로 옮겨와서 꽃 농사로 크게 돈을 벌자 고향 덴마크를 잊지 않기 위해 덴마크 양식으로 만든 마을이며 이것이 명소가 되어 많은 관광객들이 찾아오고 있다고 한다.

덴마크 민속촌 솔뱅의 기념품 도자기

* 앨커트래즈 섬

샌프란시스코 만의 앨커트래즈 섬은 많은 용도로 사용되었는데, 20세기 초에는 악명 높은 죄수들의 감옥으로 널리 알려진 곳이다.
이곳에 수감되었던 유명인사로는 알 카포네(Al Capone), 로버트 스토라우드(Robert Stroud) 등이 있다. 앨커트래즈 섬에 가려면 주중에는 15분마다, 주말에는 30분마다 출발하는 빨간색 혹은 흰 페리를 41번 부두에서 타면 된다.

* 몬트레이(Monterey)

중부 태평양 연안에 있다. 샌프란시스코로부터 해안선을 따라 약 210Km 남쪽 아래에 있으며, 캘리포니아에서 가장 일찍 개척된 곳으로 스페인과 멕시코의 통치시대에 캘리포니아의 중심지 대였다. 지명은 발견 당시 멕시코 총독이던 몬트레이 백작의 이름에서 유래한다.
자연경관이 뛰어나며 일년 내내 온난하고 강수량이 적어 해안 휴양지로 유명하다. 특히 예술가들이 많이 사는 곳으로도 알려져 있다.

* PGA Pro Am 대회

대개 미국의 PGA의 정식 경기가 시작되기 바로 전날(대개는 수요일) 유명인 등 아마추어들과 프로선수들이 같이 경기를 하는데 이것을 프로암대회라 한다. 이 대회는 영화배우나 스포츠 스타들이 많이 참여하므로 세인의 관심을 집중시켜 자선기금을 많이 모을 수 있다고 한다. 영화배우로는 케빈 코스트너, 빌 머레이 등이 단골로 참가.

* 모나크(Monarch) 나비축제

곤충학자들이 경이로워 하는 자연의 신비 중 하나인 모나크 나비(Monarch Butterfly : 일명 북미 왕나비)는 미국 중·북부와 캐나다에 살다 매년 겨울이 다가오면 멀리 미 서부 캘리포니아 연안이나 멕시코 중부 산악지역으로 날아가는 최장거리 이동 곤충이다. 이들의 이동거리는 무려 1만km. 로키산맥 서쪽에 살던 모나크 나비들은 추위가 다가오면 캘리포니아 연안으로 이동한다. 더욱 놀라운 것은 봄이면 자기가 떠났던 서식처, 심지어 바로 그 나무를 찾아온다. 과학자들은 나비들이 기류(氣流)를 타는 것으로 추정하고 있지만 이들의 여행에 얽힌 신비는 아직 풀지 못하고 있다.

여행 에피소드

재촉 받는 글쟁이

"빨리 써, 빨리 올리고 내려가야지…."
신문 연재소설이나 TV 드라마 각본을
쓰는 이들이 이런 심정이 아닐까? LA에
올라와 큰시누님 댁에서 인터넷이 연결되
어 있는 동안 최대한 홈페이지에 많은 글
을 올리려고 눈뜨자마자 남편은 빨리 쓰라
고 난리다.

더듬 더듬, 틱! 틱!
답답한 손놀림

나는 원래 '가 보자, 해 보자, 먹어 보자' 하면 '가 보지유, 뭐… 해 볼까나?
먹어봐도 될랑가?' 하던 사람 아니던가? 그래서 일기는 자기가 쓰고 나는 가
끔가끔 '여행 에피소드' 나 올리려고 했는데 자기가 감기가 푹 걸리는 바람에
대신 며칠 일기를 썼더니 이젠 되려 나를 재촉한다.

옛날에 어떤 소설가가 신문연재를 끝내고 나서 하는 말이 연재하는 중에 가
끔가끔 지구에서 사라져 버리고 싶었다고 하는 이야기를 들었다. 그러나 입장
을 바꿔서 생각하면 신문은 나와야 하는데 원고가 들어오질 않으니 편집자는
얼마나 속이 탔을 것인가? 어떤 때는 마감 10분 전에 작가가 지방 어디에서
전화로 원고를 읽어 주었던 일도 있었고 '작가 사정상 쉽니다' 하면서 내지
못하는 적도 있었다는데 원고를 못 보내는 작가의 심정은 또한 어땠으랴!

"그만 쓸래. 내가 너무 길게 쓰면 당신이 올리기 많이 힘들잖아요" 하면 남편
은 "괜찮아, 나는 괜찮아" 하며 빨리 써 주기나 하란다.
우리의 '험블(humble)' 한 글을 그래도 재미있다고 읽어 주시는 분들의 모든
가정에 행운이 가득하시라.

7일
맛이 간 햇님과 게티센터

햇님 친구 중 한 분의 권유로 게티센터(The J. Paul Getty Museum)라는 박물관에 갔다. LA에서 405번 프리웨이 북쪽으로 가다가 영화로 유명한 선셋대로(Sunset Blvd.)를 지나면 금방 나오는 게티센터 도로로 나가면 된다.

오늘은 사실 아침부터 햇님의 몰골이 영 맘에 들지 않았다. 언제나 그래도 대충 '빛나던' 햇님이 오늘은 영 맛이 갔다. 이상해서 물어보니 감기 기운이 아직 남아 있어 귀찮았는지 아침에 샤워도 못 하고 면도도 안 했다 한다. 게다가 한국에서부터 내가 영 못마땅해 하던 흐린 회쑥색의 두툼한 잠바(새것일 때는 괜찮았지만)에 남

게티센터의 한쪽 면 30′×30′의 돌로 벽을 장식한 것이 보인다

방 하나만 걸쳤는데 몇 가락 안 남은 머리칼은 바람에 제멋대로 휘날리고 검게 탄 얼굴에 수염이 거칠거칠, 물론 애프터 쉐이브 로션도 안 발랐으니 상쾌한 냄새가 날 리도 없고….

아무튼 게티센터에 도착해 보니 박물관으로 들어가려면 우선 주차를 한 후 * '트램(Tram)' 에 타고 소풍 가는 기분으로 5분 정도 올라가야 했다.

희고 조그만 트램 안에는 사람들이 꽤 많았다.

그런데, 유난히 햇빛이 밝게 비치는 트램 안에서 우리 둘은 구석에 서서 거의 밖만 내다보며 미국에 도착한 후 처음으로 주위 사람들의 눈치를 보고 있었다. 한국과 미국의 옷 입는 색깔과 스타일이 많이 다르기도 하지만 특히 이곳이 캘리포니아여서 그런지 거의 모두 밝게 입고 있었고 이 게티센터에 올 정도 사람들이면 어느 정도 문화에 관심이 있는 사람들이라 그런지 겉모습이 대체로 깔끔했다.

트램에서 내려 미술관으로 들어가기 전 안내책자를 대충 훑어보았다.

내일은 햇님에게 좀 더 밝은 옷을 입혀야겠구나, 나도 그렇고…. 향수도 써야겠지. 미국 와서 한 번도 안 했던 귀걸이도 하고. 아, 정말 쪽팔려.

> **＊ 트램(Tram)**
>
> 트램이란 노면전차를 일컫는다. 1960년대까지 운행했던 서울시내 전차도 트램에 해당된다. 도로 위를 달리기에 도로 교통의 원활한 흐름을 방해하여 많은 도시들이 트램을 철거하였으나 최근 지하철 등 값비싼 교통수단을 대체할 수 있는 새로운 공공교통수단으로 다시금 각광받고 있는 추세다.

12일
게티센터 The J. Paul Getty Museum

게티센터 위치

1997년 12월에 산타모니카 산등성이에 약 4년간의 공사 끝에 완공된 곳으로, 1,000명이 넘는 건축가 중 선택되어진 리차드 마이어(Richard Meier)라는 사람이 설계하였는데, 그의 독특한 현대적인 건축 스타일에 고전적인 재료를 얹어 게티의 과거의 뿌리와 미래에 대한 믿음을 잘 나타내 주고 있다.

폴 게티(J. Paul Getty)는 유명한 석유 재벌로써 5번의 결혼에 5명의 자녀, 그리고 5개의 외국어를 할 수 있었다고 한다. 1930년대 미국 공황 때에 미술품 수집을 시작하여 1954년에 이미 박물관을 열어 대중에게 공개했었고 영국에서 노년을 보내다가 1976년에 사망한 사람이다.

70만 권의 장서를 갖춘 도서관도 있고 박물관에는 그리스, 로마 시대 예술장식품부터 르네상스 시대, 20세기 유럽지방의 미술품 등이 전시되고 있다. 전시되어진 작품들을 보면서 아무리 돈이 많다고 하더라도 어떠한 확고한 신념이 없이는 이렇게 많은 미술품을 수집하기란 어려운 일이라고 생각했고 정말 존경스러웠다.

남쪽 전시실 밖의
선인장 정원

게티센터 내부
휴식공간

그리고 재단의 모든 사람들이 얼마나 열심히 신경써서 미술품들을 전시했는지 작품 하나하나가 돋보이도록 작품대, 조명, 어떤 때는 작품 하나를 위해 그 작품에 맞는 색깔의 패널을 드리워 놓은 경우도 많았다.

특히 나의 눈을 잡은 것은 베네치아 르네상스 시절의 벨리니, 만테냐 등 몇몇 화가들의 작품이었다. 왜냐하면 1989년 미국에서 공부할 당시 무지하게 말이 빠른 그리스 출신의 여자선생님이 강의하던 미술 역사 시간에 이 화가들에 대해 배웠던 기억이 떠올랐기 때문이다.

남쪽 전시실 밖으로 나가 '선인장 정원'으로 내려가 보니 선인장을 일부러 많이 심어 엄청나게 잘 자라게 만든 정원이 있다. 선인장 가시와 우리 햇님의 수염이 좀 비슷한 것 아닌가 하며 사진을 찰칵.

선인장 정원 |

건축가 리차드 마이어의 설계는 기본이 $30'' \times 30''$이라고 한다. 거의 모든 표면(바닥, 벽, 창)은 그 크기를 기준으로 되어 있거나 2배수, 3배수 등으로 이루어 졌다고 하는 데 바닥과 벽들은 이탈리아 티볼리(Tivoli)지방의 '트레번틴(Travertine)'이라는 평균 1개의 무게가 127kg 정도 나가는 돌로 이루어졌고 유리창들도 거의 $30'' \times 30''$이며 지진이 나더라도 안전하도록 시공되어 있다고 한다.

왜 $30'' \times 30''$이냐?

30인치 사방의 블록에 한 사람씩 서 있을 때 미국인들이 가장 편하게 느끼는 다른 사람과의 거리라고 한다. 물론 유럽인들은 조금 더 가깝겠고. 그 얘기를 들으며 '그럼 한국인들은? $10'' \times 10''$ 아닐까?' 하는 생각이 들었다.

13일
세 사람 합계 190살이 30살이 된 하루

"**아**이구, 아이구 그 쪽으로 가면 안돼지!"

"좌회전, 왼쪽!!"

"Hope하고 1가에서 다운타운 쪽으로 가려면 나가서 오른쪽, 오른쪽…."

조수석에서 지도와 확대경(문구점에서 3,000원 주고 샀음)을 들고 큰소리 꽝꽝 치는 나의 모습이다.

깜깜한 밤중에 남 따라서 딱 한번 갔던 곳도 그 다음에 갈 때는 동, 호수는 몰라도 탁월한 방향감각으로 찾아가곤 했던 그 햇님은 어디 가셨나?

아무튼 지난달 말 한국에서 오신 큰시누이와 셋이서 같이 유니버설스튜디오에 가는 길.

물 속에선 죠스가
입을 벌리고…

아침부터 부산을 떨며 샌드위치를 다섯 개나 만들어 오렌지와 함께 챙겼다. 웨스턴을 타고 쭉 북쪽으로 올라가 101번 north, 얼마 안 가니 유니버설스튜디오 표지가 나온다.

9시 15분쯤 주차하고 올라가니, 휘황찬란한 거리에 있는 극장에서는 영화표만 판다. '이상하다, 20년 전에 왔을 때는 이렇지 않았는

블루스 브라더스에 나오는 경찰차

데…' 하다가 '맞아, 10분 정도 걸어야 한댔지' 하고는 화려한 상가들이 쭉 늘어서 있는 이름하여 City Walk를 관통했다.

1인당 입장료 49달러, 세 사람에 147달러인데 가지고 있던 할인 카드로 8달러를 할인 받아 139달러로 하루 종일 쓸 수 있는 입장권을 샀다. 입구에 줄을 서 있다가 너무 느리게 움직이길래 가만히 보니 입구에서 가방 검사를 한다. 물론 9.11 테러 이후 폭탄 때문이기도 하지만 안내서에 음식물을 가지고 들어갈 수 없다고 써 있었던 것이 생각난다.

아이고, 햇님이 지고 있는 배낭 속에 점심으로 때우려던 샌드위치 다섯 개, 오렌지 네 개, 물 한 병이 있으니 무사통과는 힘들겠다 싶어 우리 셋은 다시 줄에서 빠져나와 주차장으로 돌아갔다. 시누님이 "아침도 시원찮게 먹었으니 차에 가서 먹고 가자" 하신다. 콜라 한 병을 사 가지고 차로 돌아간 우리는 신문 한 장씩 무릎에 펴고 앉아 토마토 케첩을 찍찍 더 짜 넣고는 우적우적 먹었다. "맛있지? 그치?" 하면서….

다시 돌아와 줄을 서서 가방검사 마치고 들어서니 10시 10분이다. 도착해서 거의 한 시간을 소비한 것이다. 안내하는 이에게 어떻게 구경하는 것이 좋으냐고 물어보고(한국어로 된 지도도 있다) 스튜디오 여행부터 시작했다.

창문 없는 기차에 탄 채 영화 세트장 등 곳곳을 둘러보고, 상어에게 놀래킴도 당하고, 물 세례도 받고, 무너지는 듯 하다가 다시 올라오는 다리도 지나고, 불타는 도

시에서 킹콩이 으르렁대는 걸 보고…. 20년 전에 와서 보았던 것과 거의 같은 레퍼토리였지만 그래도 재미있었다.

그 다음은 내가 가장 관심이 있었던 「슈렉-4D」(큰아들 김현정 감독의 별명이 바로 슈렉!). 들어서자마자 에디 머피의 총알같이 빠른 당나귀 목소리가 사람들을 마구 웃기고, 마술거울이 지나간 이야기를 대충 해주면 스크린이 있는 옆방으로 옮겨간다.

들어올 때 챙긴 녹색 4D 안경을 쓰고 앉아 있으니 슈렉과 피오나 공주의 다음 이야기가 종횡무진으로 진행되는데, 4D라 해서 무언가 했더니 왕거미들이 다발로 땅으로 떨어지면 실제로 앉아 있는 우리들 발을 무언가가 스치며 지나가고, 당나귀가 재채기하면 그 침이 우리 얼굴로 마구 튀고, 머리 뒤에서 바람이 슉슉 올라오고 (의자 뒤를 살펴보니 구멍이 세 개 있었다), 슈렉이 마차에서 흔들리고 떨어지면 우리들도 같이 흔들리며 떨어지듯이 의자가 쿵쿵한다. 정말 흥미진진했다.

그 다음 「백 투 더 퓨쳐」. 우리 두 아이들이 백 번도 넘게 보았을 영화다. 우리 둘도 그 시작되는 음악만 들으면 십수 년 전 젊었던 시절로 돌아가는 느낌이다. 사람이 많아서 지루하게 기다리다가 영화에 나오던 '들로리안(DeLorean : 문이 위로 올라가며 열리는 차)'에 여덟명씩 탄다. 앞에 가려져 있던 검은 문이 열리는가 싶더니 엄청나게 큰 둥근 화면이 앞에 있어 우리가 탄 차가 공중을 날다가 툭 떨어지기도 하고 거꾸로 박히듯 하다가 다시 올라오고, 정말 공간여행을 하는 것 같은 기분이 난다. 어찌 된 건가 하고 오른쪽 옆을 보니 마치 아이맥스 영화관에(화면이 더 크고 약간 휨) 의자 대신 수 많은 자동차가 층층이 화면을 향해 놓여 있어 8명씩 타고서는 으악! 으악! 비명을 지른다.

케빈 코스트너(Kevin Costner)가 주연했던 영화 「워터 월드」를 주제로 한 쇼를 본 후엔 길가에 있는 무대에서 「블루스 브라더스(Blues Brothers)」의 공연이 있어 한참 앉아서 구경했다. 제이크(Jake)와 엘우드(Elwood) 형제와 아리사 프랭클린(Aretha Franklin)으로 나오는 여자 등 모두 영화에 나온 그 배우들과 거의 똑같이 춤과 노래를 잘 했다. 한 가지 아쉬운 것은 영화에서 재즈를 들려주던 흰 양복에 백구두의 아저씨, 캡 캘러웨이(Cab Calloway)의 노래가 없었던 것.

이럭저럭하다보니 벌써 오후 4시 45분. 5시에 하는 「터미네이터 3-D」쇼를 보고 나서 「슈렉」 5시 30분짜리를 마지막으로 한 번 더 보기로 했다. 터미네이터가 끝난 시간 5시 25분, 슈렉 하는 곳을 향해 마구 달려가니 한국 나이로 71세의 큰시누님은 버거운지 "먼저 가서 봐. 나는 밖에서 기다릴게" 하는데 그래도 의리가 있지 그럴 수가 있나? 내가 팔을 잡고 막 뛰었다.

워터 월드
공연 모습(위)

블루스 브라더스
(아래)

"당신 못 말려" 소리를 계속 들으며….

배고픈 줄도 모르고 하루 종일 60줄, 70줄의 노인(?) 셋이서 유니버설스튜디오를 잠시 쉴 틈도 없이 누볐더니 벌써 6시, 햇님을 친구들과의 약속 장소에 떨구고 누님 댁으로….

하루 종일 우릴 쫓아다니느라 피곤하셨는지 누님께서는 일찍 잠이 드셨다.

15일
PGA 시합을 직접 구경 가다

그 동안 골프경기를 텔레비전으로는 많이 봤지만 실제로 골프장에서 관전한 적은 한국에서도 한 번도 없었던 차에 마침 여동생 집 근처 라호야(La Jolla)에 있는 토레이 파인스(Torrey Pines)골프장에서 'PGA 뷰익 인비테이셔널(Buick Invitational)'이 열린다니 친구가 디즈니 콘서트홀의 티켓 두 장을 주겠다는데도 마다하고 여기에 가 보기로 했다.

전날 인근에 있는 골프연습장에 가서 13달러씩에 입장권 두 장을 구입하고 새벽부터 일어나 7시에 집을 나섰다.

30분 걸려서 경마장 같은 넓은 곳에 도착, 주차료 및 셔틀버스 이용료 8달러를 내고 60명 정도 타는 대형버스로 골프장까지 갔다.

버스 타기 전에 휴대폰, 카메라, 삐삐 등을 가져가지 않도록 단단히 주의를 준다. 우리는 카메라, 휴대폰, 잔디밭에 깔고 앉을 깔개, 물, 오렌지, 망원경 등을 가지고 갔으나 모두 차에 두고 물만 들고 버스에 올랐다. 대부분의 사람들은 접는 의자, 망원경, 잠망경(키 작은 사람이 뒤에서 볼 때), 접는 2단짜리 사다리 등을 들고 들어간다.

달님이 메고 간 작은 핸드백도 규격보다 크다고 입구에 맡기고 들어가란다.

골프장에 거의 도착할 때쯤 차창 밖으로 최경주 선수가 연습하는 모습이 보였다. 한 번도 만나보지 못한 사람이지만 반가워서 나도 모르게 소리를 지를 뻔 했다. 입장권을 주니 팔목에 초록색 띠를 하나씩 채워 주어 자유롭게 들락날락 할 수 있게 해 준다.

최경주 선수 연습하는 곳에 가 보았다. 부지런히 연습 마치고 가는 최 선수를 향해서 "최 프로님, 오늘 잘 하세요!" 하고 인사를 하니 공손히 고개를 끄덕인다. 연습 마치고 가는 줄 알았던 최 선수, 벙커 연습장에 들러 또 30여 개의 볼을 가지가지 상태로 만들어 쳐 보더니 시간 맞춰 티업 하러 간다.

금강산도 식후경이라, 칠면조 샌드위치로 아침 식사를 하고 보니 마침 타이거 우즈가 티샷을 하길래 같이 따라다녔다. 바다를 옆에 끼고 경치도 좋을 뿐더러 세계적인 선수들의 모습을 직접 옆에서 보는 것이 처음이라 그런지 너무 좋았다. 텔레비전에선 볼 수 없었던 선수들의 일거수일투족을 다 볼 수 있다는 점이 특히 좋았다.

기다리는 동안 골프 가방 위에 앉아 있는 선수, 바다 경치를 하염없이 내려다보는 선수, 캐디와 뭔가를 이야기하는 선수, 막간을 이용해 뭘 먹는 선수 등등…. 카메라가 있었으면 좋았을 텐데….

후반 9번 홀은 최경주 선수를 쫓아다녔는데, 타이거 우즈를 따라다닐 때는 사람들이 많아 발뒤꿈치를 들고 앞사람 어깨 틈 사이로 봐야만 했지만 최경주 선수의 경우 따라다니는 사람이 적어서 바로 옆에서 티샷, 세컨샷, 퍼팅 등을 자세히 볼 수 있었다.

그리고 점심 식사 할 시간이 없는지 가끔가끔 바나나도 먹고 초콜릿 바도 먹고 하면서 경기를 한다. 최경주 선수의 캐디는 젊은 흑인인데 배 둘레가 최선수의 3배는 넘는 것 같다. 그래도 그가 먹고 난 바나나 껍질과 초콜릿 껍질을 모았다가 쓰레기통에 갖다 버리고 최선수가 벙커 샷을 하고 나오면 조용히 발자국을 지운다. 최선수가 후반 6번 홀에서 세컨드 샷을 하는 동안 최선수 따라가기를 멈추고 18번 홀 중간에 자리를 잡았다.

필 미켈슨, 세르히오 가르시아, 토마스 비욘 등 세계적인 선수들이 계속 지나간

---

* PGA 뷰익 인비테이셔널(Buick Invitational)

PGA는 미국의 남자프로골프협회를 일컫는다. 세계 각국의 기업들이 PGA 투어의 스폰서로 나서, 한 해 동안 치러지는 PGA 투어 공식대회만도 수십 개가 넘는다. 상금이 가장 많은 대회는 플레이어스챔피언십으로, 800만 달러(2004년)이다. 상금이 500만 달러가 넘는 대회만도 20개가 넘는다. PGA 뷰익 인비테이셔널은 제너럴모터스 자동차회사에서 스폰서를 하고 개최하는 골프대회이다. 한국인 골퍼로는 최경주가 처음으로 2002년 5월 미국 PGA 투어 컴팩 클래식에서 우승을 차지하였다.

다. 돌아오는 길이 너무 힘들 것 같아 끝나는 것을 다 보지 못하고 돌아 왔는데 존 델리가 9년 만에 우승을 했고, 최경주는 25등을 했단다.

　오후 4시경 늦은 점심을 먹고 내일 태고사를 거쳐 데스밸리(Death Valley)로 가기 위해 LA로 돌아왔다.

16일
자! 일주일 여행 출발이다

　"웨스턴으로 쭉 올라가서 101번 north를 타면 되지?"
　말하면서 기름을 보니 좀 더 가다 넣어도 될 것 같았는데….
　"어렵쇼? 여기 빨간 불이 들어와 있네. 뭐지?"
　"뭐? 정비 요망?"

지평선까지 펼쳐져 있는 풍력발전용 바람개비

캘리포니아의
도봉산 태고사

"야, 이거 데스밸리 가는데 차 고장나면 끝장이다. 늦더라도 뭔가 고쳐서 가야지" 하며 차를 샀던 오토갤러리로 갔다. 담당자 Mr. 조가 빨간 불이 켜진 계기판 옆의 뭔가 튀어나온 곳에 열쇠를 밀어 넣으니 불이 꺼진다.

이 차는 원래 어느 정도 지나면 정비를 한번 받아 보라는 뜻에서 불이 들어오게 설계되어 있고 우리가 사기 전에 일체 손을 본 차니까 걱정말고 2,000~3,000마일에 한 번씩 오일만 잘 갈아주면 된단다. 이렇게 자상하게 설명을 해 주는 멋쟁이 Mr. 조, 땡큐!

오늘부터 일주일간의 여행을 떠난다. 먹을거리, 입을 것 등 준비를 마치고 차에 올랐다. 미국은 지도 잘 보고 도로의 이정표 써 있는 대로 따라가면 웬만한 곳은 다 찾아갈 수 있다.

모하비 사막 자락. 도로도 일자로 이어져 끝이 가물가물한 곳을 몇 군데나 지났다. 또한 이곳 부근이 바람이 많이 부는 곳이어서 그런지 인근 산꼭대기에 풍력발전 바람개비가 수도 셀 수 없을 정도로 돌고 있다. 바람이 많이 불어 비행기 관련 일들도 이곳에서 많이 있는 모양이다.

친구가 컴퓨터에서 빼준 지도를 가지고 태고사를 찾아갔다. 그런데 미국에 웬 태고사?

태고사 대웅전(위)

파란 눈에 작업복 차림의
무량스님과 함께(아래)

미국 예일대학을 졸업하고 한국의 불교에 심취하게 되어 한국에서 4년간 불교를 배운 무량스님이 한국식의 절을 지어 놓은 곳이다. 우리가 3일 전에 전화 한 사람이라고 하니 반가워하며 설록차를 정성스레 우려내어 권한다.

이곳에서 하루 묵겠다고 생각하고 왔는데, 물 사정이 너무 안 좋은 것 같아 그냥 내쳐 데스밸리로 가기로 했다. 무량스님 말씀으로는 마침 서쪽으로부터 폭풍이 온다니 비가 안 오는 데스밸리에서 아예 한 이틀 더 머무르라고 한다.

가는 길에 부품가게가 눈에 띄어서 자동차의 와이퍼를 갈았다. 마음씨 좋은 부품가게 아저씨가 직접 설명을 해주며 갈아준다. 갈아주는 값은 안 받느냐고 물으니 그냥 씩 웃으며 워셔액 한 통까지 해서 11달러만 받는다.

주유소에 가서 갈아 달라고 하면 한 20달러 한다는데. 너무 고마웠다.

스님이 일러준 대로 릿지크레스트(Ridgecrest)에서 하루를 묵었다. 🈁

---

* 자동차 정비

미국에는 주유소가 전국 구석구석에 쫘악 깔려 있어 사소한 고장이나 부품 교환은 주유소에서 쉽게 해결할 수 있다. 윈도우 와이퍼만 하더라도 주유소에 딸린 부품가게에서 쉽게 살 수 있고 운 좋으면 수고료를 받지 않고 그냥 갈아 주기도 한다. 워셔액도 한 통 사 가지고 다니면 언제라도 보충할 수가 있어 좋다.

여행 에피소드

충고? 혹은 훈시 3

"행님, 거 보닛 뚜껑 좀 열어 보이소.
차 사 가지고, 보자…
한 2,740km 뛰었으니…
엔진 오일이 어느 건지 아시는가
요? 뚜껑 한번 열어 보이소,
허어, 그럭하믄 안되지요!! 거, 자동
차 쎄리 밟고 달릴 줄만 아시네, 여자
같이…. 때 되면 이것저것 갈 줄도 아
셔야지요.

그래서 어디 크로스컨트리 하시겠어요?
거 짝대기 한번 꺼내 보이소. 두 번째 구멍까지 기름이 묻어 있으면 아직은
오케이. 색깔도 아직은 괜찮구먼요,
야, 차 정말 좋네….

빳데리가 오래되면 겉에 허옇게 곰팡이가 나거덜랑요, 그땐 콜라를 콱 부으면
돼요. 유리창 블레이드는 가스 넣는데서 20달러쯤 주고 갈아 달락 하시소, 직
접 할락 카지 말고…"
만능박사 자니 킴의 훈시 내지는 충고!

자브리스키 포인트의
멋진 풍경

Death Valley National Park

데스밸리는 그랜드캐니언과는 다르게 침식작용으로 형성된 계곡으로
세계에서 가장 덥고 건조한 사막의 독특한 환경은
삭막하고도 아름다운 특징적인 모습을 보여 준다.
12월~4월의 겨울 여행이 단연 으뜸이다.
여름은 살인적인 더위 때문에 피하는 것이 좋다.

악마들이나 골프를
즐겼을 법한 소금밭

17일

이렇게 다양한 풍경이-데스밸리

무량스님이 가르쳐 준 뒷길로 2시간 달려 9시 반경에 데스밸리국립공원 안에 있는 스토브파이프 웰스(Stovepipe Wells)호텔에 닿았다. 체크인이 오후 4시이고 체크아웃 시간은 11시란다. 마침 방이 청소가 되어 있다고 바로 체크인을 해 준다. 짐을 일부 방에 옮기고 공원관리소에 가서 1주일 출입증을 받아 차에 붙였다.

이곳 데스밸리는 하루에 다 보기가 어렵다. 남북으로 약 160km에 걸쳐 볼거리가 널려 있어서 하루는 남쪽으로 또 하루는 북쪽으로 그리고 하루는 골프를, 이렇게 3일 정도를 잡아서 보아야 좋을 듯 하다.

오늘은 데스밸리의 중심이라고 할 수 있는 퍼니스 크리크(Furnace Creek)와 그 남쪽을 보기로 하였다.

우선 배드워터(Badwater)로 가는 쪽에 있는 악마의 골프장(Devil's Golf course). 소금덩이가 눈밭처럼 널려있는 황량한 들판이 마치 골프장 같고 군데군데 그린의 홀 같은 구멍이 뚫려 있어 과연 악마들이나 즐겼을 법한 골프장 같

죽음의 계곡에
웬 초원?
퍼니스 크리크
골프코스(위)

배드워터에서
(가운데)

내추럴 브리지
(아래)

다.

다음은 내추럴 브리지(Natural Bridge). 차를 세워 놓고 계곡을 20여 분 걸어갔다 온다. 계곡이 물에 씻겨 무너지다가 다리 모양의 이곳만 아슬아슬하게 걸쳐 있다. 몇 년이나 더 견딜지? 아래로 지나가는데 금방이라도 무너져 내릴 것 같다. 등골이 오싹하다.

그리고 도착한 배드워터(Badwater)라는 곳. 이곳이 해발 −280m라고 결론지은 한 탐험가가 그가 데리고 온 노새가 이곳에 고여 있는 물을 보고도마시지 않는 것을 보고 지도에 '배드워터(나쁜 물)' 라고 표시를 한 것에서 유래된 이름이다. 이곳 물은 독이 있는 것은 아니나 마실 수는 없단다.

다시 돌아 퍼니스 크리크로 나가는 길에 아티스트 팔레트(Artist Palette)라는 곳을 둘러보았다(이곳은 일방통행이라서 배드워터를 다녀오는 길에 둘러 나와야 한다). 정말로 화가들이 팔레트에 물감을 개어 놓은 듯 갖가지 색깔의 산이 모여 있다. 바닷물과 빗물과 산에 묻혀 있는 각종 광물이 작용을 하여 만들어 낸 천연적인 색깔이라는데 파랗고, 노랗고, 벌겋고, 보랏빛 등등. 이런 신기한 색깔의 바위도 있구나 하는 감탄이 절로 나온다.

다시 퍼니스 크리크로 와서 이번엔 동남쪽으로 방향을 바꾸어 데스밸리의 상징인 자브리스키 포인트(Zabriskie Point)에 갔다. 이곳의 특산물 보랙스(Borax: 붕산)회사의 매니저로 오래 근무하던 크리스챤 자브리스키(Christian

Zabriskie)의 이름을 붙인 것이라는데 그는 이곳의 특이한 경관을 늘 와서 감상하고 즐겼다고 한다.

오후 3시가 넘었다. 마지막으로 단테 포인트(Dante's Point : 여름에는 단테의 신곡에 나오는 지옥의 불을 연상시키는 엄청난 더위에 붙여진 이름이라 함)를 보러 갔다. 가는 길이 하도 멀고 높아서 뭐가 볼 것이 있길래 이렇게 높은 곳까지 가는가 하고 부지런히 가 보니 과연 데스밸리 전체가 한눈에 들어온다. 아까 갔던 배드워터 가는 길이 저 멀리 발아래 실오라기처럼

가늘게 이어져 있는 것이 보이고 자동차가 개미같이 움직인다.

천길만길 아래 소금으로 깔려진 엄청나게 넓은 들판이 마치 얼어있는 강물이 달빛 아래 하얗게 비치듯이 보이고 까마득한 저 멀리 양옆으로는 높은 산들이 끝없이 이어져 있다. 이런 장관을 어디서 또 볼 수 있을까?

오전에 갔던 해발 −282m였던 배드워터보다는 약 1.7m피트가 더 높은 이곳은 온도도 25°F 이상 더 높다. 산꼭대기여서 바람이 엄청 세게 불고 보이는 경관이 너무 웅장하여 가슴에서 이를 다 받아들이질 못 할 정도로 벅차다. 아마도 내 글 실력으로는 이를 표현할 적절한 단어가 없는 것 같다.

산으로 둘러싸인 이곳은 해가 산을 넘어가니 저녁 5시인데도 벌써 어두워진다. 오늘은 약 379km 정도 달렸다.

단테 포인트에서 까마득히 내려다 보이는 배드워터 (위)

물감을 칠해 놓은 듯한 산 (아래)

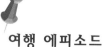

여행 에피소드

불쌍한 이영애, 정말 늙었구나

나이가 들면서 눈도 나빠지고, 귀도 덜 들리고 물론 근력도 떨어지고 하는 것 중에 내가 가장 불편해 하는 것이 눈이 나빠지는 것이다.(판화 작업하면서 눈을 너무 혹사했나?)

중·고등학교시절 시력검사하면 누구보다도 좋아서 2.0~2.5를 오락가락 했으니 검사표의 맨 아래쪽 깨알 같은 글씨나 형태가 다 보였건만….

어제 데스밸리의 남쪽 부분을 거의 보고 스토브파이프 웰스(Stovepipe Wells)라는 곳의 호텔에서 잘 자고 아침 샤워를 했다. 그리고 호텔에 비치되어 있는 로션을 바르는데 이상하게 아무리 문지르며 발라도 스며들지가 않고 허옇게 듬성듬성 묻어 있는 것이 한참 있어야 없어지곤 해서 '참 로션이 걸쭉하기도 하네…' 하고 다 바르고 난 다음 아무래도 이상해서 눈을 찡그리고 병에 써 있는 글씨를 다시 들여다 보니 컨디셔닝 샴푸!

아뿔싸! 샴푸를 똑같은 병에 있는 로션과 착각한 것이다. 또다시 샤워를 틀어 '아! 불쌍한 이영애, 이제 정말 늙었구나' 하며 몸 전체에 묻은 샴푸를 닦아 내었다.

18일
데스밸리에서의 2일째

어제 못 본 북쪽 지역의 스카티 성(Scotty's Castle)을 보러 갔다. 도착하자 마침 투어관광이 시작을 하여 1인당 8달러씩을 내고 달려가 1시간여의 자세한 설명을 들었다.

이곳은 금광을 찾으려고 했던 스카티라는 사람과 여기에 투자를 한 존슨 (Johnson)이란 사람이 만들어 낸 성인데 그 옛날 이 험한 곳에 각종 자재를 수송해 온 것도 그렇지만 어떻게 인부들을 구해서 이런 성을 만들어 놓았는지?

성이 잘 내려다보이는 뒷산에 있는 스카티의 묘지. 1872년부터 1954년까지 살았던 그의 묘비에 적힌 글이다.

"I got four things to live by.
Don't say nothing, that will hurt anybody.
Don't give advice, nobody will have it anyway.
Don't complain. Don't explain."

(나는 평생 네 가지를 지키며 살았다.
아무 말 말라 – 누군가를 다치게 한다.
충고를 말라 – 아무도 듣지 않을 게 뻔하다.
불평 말 것이며 변명을 말라.)

오늘은 하루 종일 흐린 가운데 바람도 많이 분다. 데스밸리에서 기록된 가장 더웠던 날은 1913년 7월 10일의 섭씨 56.7도였고 가장 추웠던 날은 1913년 1월 8일의 영하 9.4도였다 한다. 이곳의 1년 평균 강우량이 4.5m 정도라는데 LA가 109cm 정도라니 얼마나 비가 안 오는 곳인지 알 수 있다.

오후가 되니 이따금 비가 몇 방울씩 뿌리고 지나간다. 모래 언덕(Sand Dunes)으로 가 보니 바람이 많이 불어 모래를 자욱이 날린다. 우리나라 봄철의 황사를 생각하며 모래 위를 30여 분 걸어 봤다. 이렇게 걷기가 힘들 줄이야.

날이 흐려 햇빛이 없어서 명암이 멋있는 샌드 듄스의 사진을 못 찍어서 아쉽다.

자연적인 바위에 각종 돌들이 모자이크 한 것처럼 박혀 있는 모자이크캐니언을 끝으로 데스밸리국립공원을 떠났다. 나오는 길도 꼬불꼬불 산길, 붉은색의 산들이여 안녕! 하며 손 흔든다.

스카티의 성
전경(위)

바람부는
모래 언덕(아래)

데스밸리에 있는 호텔엔 전화도, TV도 없고 휴대전화는 불통이어서 세상 돌아가는 것을 전혀 모르고 지냈는데 공원을 나와 동생에게 전화해 보니 우리가 가려는 세쿼이어국립공원 쪽에 강풍을 동반한 폭풍우가 예상되니 여행을 중단하고 바로 내려오라고 아우성! 하도 겁을 주어서 일단 베이커즈필드(Bakersfield)까지 가려고 했던 계획을 포기하고 이틀 전 묵었던 릿지크레스트로 다시 가서 하루를 묵었다.

여행 에피소드

꿈에서라도 생각하지 말 것!

서부 해안 쪽에 엄청난 폭풍이 와서 막내시누이네들은 이제 그만 집으로 돌아오라고 난리쳤었지만 우리는 기어코 세쿼이어국립공원으로 향했다. 여행안내소에서 스노체인을 걸고 가지 않으면 공원순찰대원에게 걸려서 딱지를 떼일 수도 있다고 해서 체인을 빌렸다.

인디언 혼혈 같아 보이는 남자가 운영하는 허름한 가게. 남자의 아내는 백인여자, 그녀는 갓난아이를 엉치에 얹어 안고는 스낵 등을 팔고 있고 남자는 체인을 빌리러 온 사람에게 열심히 거는 법을 설명해 주고 있다.

우리 햇님 난생 처음으로 스노체인을 손이 새까매지면서 걸고는 '세상에서 제일 큰 생물'이라는 '셔먼(Sherman) 장군' 나무를 구경하고 다시 얼어붙은 길을 시속 24km로 내려가는 길. 아까 올 때 보다 안개가 점점 더 짙어지며 꼬불꼬불한 산길은 끊임없이 이어지는데, 전방 3m도 잘 안 보이고 1,829m, 1,524m 고지에 한쪽은 낭떠러지. 색시 걸음처럼 조심조심 서로 말도 못 붙이고 내려오고 있었다. 자욱한 안개, 길은 유턴하듯이 자꾸 굽어지고….

그때 갑자기 *영화「델마와 루이스」가 생각났다. 서로 '사랑한다'고 얘기하곤 천길 낭떠러지를 향해 전속력으로 차와 함께 날아가 버린 두 여자. 만일 우리가 그들처럼 허공을 향해 차를 밟아 날아 안개 속으로 사라져 버린다면…? 꿈에서라도 생각 하지 말 것!

> *** 델마와 루이스(Thelma & Louise)**
>
> 무의미한 일상생활에서 탈출하고자 모처럼 출발한 휴가 여행이 우연한 사건으로 돌이킬 수 없는 도피 여행이 되어 펼쳐지게 되는 두 여인의 행로를 그린 로드 무비이다. 남성과 여성에 대해 다시 생각하게 하며, 인간의 자유와 자아발견, 그리고 내적 성장에 관한 심리분석 드라마로서도 나무랄 데가 없는 걸작으로서 찬사를 받았다.

세상에서
가장 큰 생물
셔먼 장군나무

Sequoia National Park

미국 서부 캘리포니아 주에 있는 이 국립공원은
1890년 지정되었다. 시에라-네바다 산맥의 서쪽 사면에 있으며,
세쿼이어의 대원시림(大原始林)으로 유명하다.
'셔먼 장군(General Sherman)' 나무는 뿌리 무게를 합하여
2천 톤이나 되는 세계에서 가장 큰 생물이다.

19일

체인 감고 올라간 세쿼이어국립공원

아침 7시 출발. 비교적 곧게 뻗어 있는 길을 평균 시속 128km 정도로 달려서 세쿼이어국립공원에 10시경 도착, 여행안내소에 가니 체인이 있어야 올라갈 수 있단다.

오던 길을 다시 3.2km 정도 내려가니 한 토산품 점에서 체인을 대여해 준다. 주인이 직접 체인을 들고 나가 차에 장착하는 법을 일일이 설명해 주며 반환은 24시 이내이고 문은 저녁 6시에 닫으니 착오 없도록 하란다.

체인을 싣고 꼬불꼬불 산 정상으로 올라갔다. 8부 능선쯤에서 아직 눈도 없는 멀쩡한 길인데 체인을 감으라는 표시가 있다.

차를 세우고 체인을 감고 있는데 반대편에서 차가 한 대 내려온다. 정상까지의 길 상태를 물으니 스노타이어만 했다면 그냥 가도 된단다. 그 말을 믿고 체인을 다시 걷어 싣고 그냥 올라갔다. 눈은 약간 있으나 그럭저럭 갈 만하다.

정상에 있는 박물관에 가서 이것저것 보다가 그곳 직원에게 앞으로 갈 곳들도 체인 없이 갈 수 있느냐고 물었더니 여기까지 체인 없이 올라왔냐며 눈이 똥그래진다. 만약 이곳 관리인에게 적발되었다면 그대로 벌금이라는 소리에 얼른 가서 체인을 다시 감는데 처음 해 보는 일이라 온통 눈과 흙을 묻히고 몇 번을 시도한 끝에 겨우 감았다. 체인을 하고 나니 벌금 걱정도 없고 미끄러질 걱정도 없어져 마음이 느긋하다.

어마어마한 세쿼이어 나무숲은 경외감을 일으킬 정도다. 내려오는 길, 이번엔 짙은 안개가 몰려와서 한 치 앞도 안보일 정도다. 헤드라이트도 있는 대로 켜고 아주 천천히 내리막을 내려간다. 내 차 뒤로 3대의 차가 엉금엉금 꼬리를 물고 내려온다. 약 20여 분을 안개 속을 헤치고 나오니 다시 감쪽같이 밝은 전망이 나온다.

부지런히 숙소를 잡아 모처럼 라면을 끓여 맛있게 먹었다. 🖼

쭉쭉 뻗은 세쿼이어 나무들

조심 조심,
눈길 운전

Kings Canyon National Park

66

1890년 미국에서 두 번째 국립공원으로 지정됐다.
특히 '그랜트 장군'이라고 명명된 세쿼이어 나무는
인접한 세쿼이어국립공원에 있는 '셔먼 장군'이라는
세쿼이어와 더불어 명물이 되어 있다. 뿐만 아니라 장쾌한
산들이 만들어 놓은 거대한 계곡과 협곡을 만날 수 있다.

99

20일
천길만길 낭떠러지-킹스캐니언

점심때부터 비가 올 것이라는 예보이다. 산이 높고 골도 깊어서 킹스캐니언국립공원까지 가는 데만도 2시간이 더 걸린다니 일찍부터 부산을 떨었다.

올라가는 길이 험한 것은 물론이고 옆이 천길 낭떠러지가 많아 운전하는 데도 오금이 떨려서 낭떠러지 쪽 차선으로 가지 못 하고 차를 중앙선 한가운데로 해서 조심히 몰았다. 운전 몇십 년에 이렇게 떨려 본 적도 처음이다.

이곳 제너럴 그랜트 그로브(General Grant Grove)에 있는 세쿼이어 나무들은 그 크기가 거대한 것은 물론이고 생김새도 너무나 멋있게 쭉쭉 뻗어 올라 있다.

산꼭대기에는 벌써부터 눈이 서서히 흩날리고 있다. 꼭 한국의 첫눈 맞는 기분이 든다. 오늘 오후부터는 많은 비가 온다니 이곳 높은 산에서는 눈이 되어 내릴텐데 그 눈이 쌓이면 하행 때 지장이 있을지도 모르기 때문에 서둘러 내려왔다.

샌프란시스코에 사는 친구 송 목사를 프레즈노(Fresno)에서 만나 점심을 함께 하고 LA를 향해 출발했다.

예보대로 비가 오면서 날이 금방 어두워져 핸포드(Hanford)에 숙소를 정했다. 내일은 41번 남쪽으로 내려가 1번 도로를 만나면 해변을 끼고 LA까지 갈 예정이다. 🧭

공룡발 같은
나무 밑동

여행 에피소드

꺼진 불도 다시 보자

아침에 떠나는데 차 안에 있어야 할 왈랑왈랑 무늬의 재킷이 없다.
뒤에 모자도 달리고 입고 벗기 편해 애용했었는데 어제는 하루종일 추웠었기
에 입을 일이 없어 신경을 쓰지 않고 있다가 오늘 아침 차를 타면서 찾으니 안
보이는 거다.

아이스박스 뒤에? 혹은 지도 있는 곳에? 아니면 박스 밑에? 의자 밑에? 아무
리 찾아도 없어서 '에이, 나중에 어디서 나오겠지' 하다가 엊그제 데스밸리에
서 내려와서 두 번째로 묵었던 릿지크레스트의 모텔에 두고 온 것 같다는 생
각이 들었다.

인도인 같아 보이는 부부가 매니저로 있었는데 마침 명함을 챙겨 왔기에(언
제나 갔던 곳의 명함을 꼭 챙길 것!!) 전화를 했더니 금방 알아채곤 "재킷을
두고 갔지요?" 한다. 운송료 10달러를(편지 속에 넣어 보내도 괜찮으니까)
자기에게 보내면 고맙게도 즉시 부쳐주겠단다.

호텔에서 나올 때마다 그렇게도 잊은 물건 없게 챙긴다고 했는데도 문 뒤쪽
에 있는 옷걸이에 얌전히 걸어 놓고 잊다니. 참말로 한숨만 나온다.

다음에 들린 국립공원에서 예쁜 새 그림이 있는 카드를 한 세트 사서 그 중
하나에 고맙다고 몇 자 쓰고 돈을 10달러 넣어 공원 안의 우체국에서 우선 우
편(priority mail)으로 보냈다. 인도 아저씨 빨리 좀 보내주소 !!

22일

비의 축제 LA

모처럼 LA에 와 있는데 반가운 비가 계속 내린다. 이곳은 비가 흔치 않은 곳이라서 비가 오면 마음들이 싱숭생숭해지나 보다. 그래서 어떤 사람은 비가 내리면 아예 가게문을 닫고 해변으로 나가 하염없이 비 내리는 바다를 바라보다 오는 사람도 있다고 한다. 그리고 비가 주로 밤에 오는 경우가 많아 한밤에라도 빗소리가 나면 식구들을 깨워서 비 구경을 한다. 이때를 놓치면 1년 뒤에나 비 구경을 할 수 있기 때문이다.

사람들만 비를 반기는 것이 아니라 나무와 풀들은 아마 축제를 벌일 것이다. 나무나 풀들이야말로 사람들이 물을 뿌려 주기 전에는 오로지 하늘의 비만 바라보고 있을 텐데 모두 싱글벙글, 춤을 덩실덩실 추며 좋아서 어쩔 줄 모를 것이다. 아무튼 LA 지역의 나무, 풀, 사람들 모두 이 반가운 비에 얼굴에 웃음이 가득한 것 같다.

한국에서 이민 온 지 15년이 되었다는 여자 미용사가 있는 미장원에서 오랜만에 머리를 깎고 나서 한국 마켓에 가서 앞으로 3~4개월 여행 다니는 동안 필요한 물건들을 구입했다.

여행 에피소드

먹거리 잡상 1

"거 좀 작작 사라구, 그걸 다 어떻게 저 작은 차에 구겨 넣고 가려고 그래?"
결혼 30여 년 만에 먹거리 사면서 이렇게 남편에게 구박 받아보긴 처음이다.
지난 2월 23일, 3개월간의 긴 여행을 앞두고 들른 LA의 제일 큰 한국마켓
'갤러리아'. 미리 주문했던 데우기만 하면 되는 된장찌개, 우거지 장터국밥,
사골곰탕 각 24개들이 한 박스씩 모두 세 박스를 찾으러 갔다. 물론 간 김에
이것저것 더 샀다.

냉동보관실로 박스를 가지러 간 한국 여자 분이 15분쯤 걸려서 돌아 올 때까
지 햇님은 내게 얼마나 투덜대던지⋯. 막내시누이하고 반씩 나눌 것이라고 해
도 24개씩 3박스면? 하고 하품을 해댄다.
뭐, 꼭 한국음식을 먹어야 하느냐고, 당신 서양음식 잘 먹으면서 왜 그러느냐
고, 스위스 갔을 때도 열흘씩이나 김치 근처에 안 가고도 잘 버티지 않았느냐
고 하면서⋯.

그때는 7년 전이었지. 나도 그동안 늙었고,(늙을수록 한국음식이 더 땡긴다는
데 정말이네) 게다가 지금은 언제 한국음식 먹을지 보장이 없잖아유⋯. 물론
대도시에 가거나 친구를 만나면 한번 먹겠지만.
우여곡절 끝에 냉동된 국 3박스를 싣고 오션사이드에 도착.
나의 지원부대 막내시누이와 서로 눈을 찡긋!
"오빠, 우리 뉴욕까지 대륙횡단 몇 번 할 때 김서방(Johnny Kim)도 무슨 한국
음식 가지고 다니느냐고 하더니 어쩜 그렇게 똑같애! 가지고 간 것 떨어지니
까 고개를 떨구고 '김치 먹어야 기운이 나는데⋯'하더니만! 두고 봐요, 오빠
도 오투(함경도 사투리, 야무지게, 오방지게) 잘 먹을 테니⋯. 언니, 언니 혼자
만 잡숫고 오빠 주지 말아 봐요!"

막내시누이와 이렇게 쿵짝이 잘 맞을 줄이야!

28일

애리조나 주 짱이다

"여보, 빨리 따끈한 국 끓이지 않고 뭘 하고 있소?" 경상도 사나이 매제는 멀리 떠나는 우리 내외에게 따끈한 국밥이라도 대접하라고 내 여동생을 다그친다. 사실 오늘 아침 일찍 여동생 내외는 LA로, 우리 내외는 3개월간 여행을 떠나기로 하여 어제 저녁 김밥을 싸 놓고 아침은 일어나는 대로 그냥 떠나기로 했는데 매제는 형님 먼길 떠나는 데 국밥이라도 대접해야 한다고 비상을 걸었다.

오션사이드를 떠나서 76번을 타고 동쪽으로 가다보면 15번을 만난다. 15번 북쪽으로 바스토우(Barstow)까지 와서 40번 east를 타고 4시간 정도 달리면 플래그스태프(Flagstaff)가 나온다.

오후 눈 내리는 애리조나 주의 플래그스태프 가는 길

SPEED LIMIT 75

오늘은 우리가 가 보려는 패트리파이드 포리스트(Petrified Forest)국립공원 부근까지 이동을 하는 날이므로 가급적 가까운 도시 중 제일 큰 플래그스태프에 머물기로 했다.

캘리포니아 주를 지나 애리조나 주로 접어드니 제한속도가 105km에서 120km이 되었다. 여기에 10% 정도까지 봐주니 그냥 128km 정도로 놓고 달리면 누가 뭐랄 사람도 없고 달리는 기분도 있어서 좋다(솔직히 말해서 내가 누군가? 145km~160km까지도 밟았다. 쉿! 이건 비밀).

킹맨(Kingman)이라는 곳부터 계속 높은 고지대가 되어 눈발이 흩날리다가 윌리엄스부터는 본격적으로 눈이 와서 플래그스태프 가까이에는 주변 나무에 눈이 수북히 쌓여있다. 애리조나에 눈이라니… 오늘만 자그만치 805km을 달렸다.

---

* 미국의 자동차 속도 제한

각각의 주에 따라 다르게 만들어져 있는데 기본적으로 도로가 넓고 안전한 경우 최고속도 표지판이 많거나, 또한 도로가 협소해 지거나, 주거지역 등으로 갈수록 속도를 낮추도록 표시하고 있어서 이 속도제한에만 맞추어 운행하면 별 사고 없이 잘 다닐 수 있다.

애라조나 주의
눈 내리는 고속도로

먹거리 잡상 2

황혼 골프를 치러간 햇님과 쟈니 킴이 돌아오기 전 막내시누이와 둘이서 쌀 3
컵씩(1일 분) 봉지에 담아 5개씩(일주일 분) 묶어서 차 뒷자리 등받이를 앞으
로 눕혀서 그 밑에 넣고, 운전석 뒷자리에 골프채 두 개를 서로 반대방향으로
넣었다. 그 밑 공간에 신발, 포도주, 부탄가스 등을 넣고 서랍처럼 생긴 플라
스틱 컨테이너 2개에 내 옷, 박스 2개에 햇님 옷, 책, 지도, 먹거리 2박스, 각
자 옷 가방 1개씩, 브루스타 등을 꾸겨 넣었다.

그리고 문제의 국 삼총사(장터국밥, 된장찌개, 곰탕)를 섞어서 10개쯤 아이스
박스에, 나머지 20개쯤은 박스 하나에 차곡차곡 넣어 테이프로 봉하고, 깻잎
깡통 10개, 김치 5봉지, 시누이와 전날 산 아주 멋진 등나무 피
크닉박스 (그 안에 전기밥솥과 그릇세트, 냄비 등이 들어 있
다)등등을 넣고 둘이서 '와! 이렇게 자리가 많이 남잖아! 봐!
쿨 하지?' 하고 있는데, 두 남자가 어
두워진 주차장에서 들어오다 말
고 우리를 보고 있다.

짐이 너무 많아 큰 상자에 바퀴 달
린 컨테이너를 끌고 다닐까 아니면
차 지붕 위에 짐 넣는 통을 빌려서 얹어 갖고 다닐
까 하던 햇님에게 보기 좋게 한 방 먹인 셈이다. 아! 가뿐해.

운석 분화구 박물관 한쪽의
Picture Window

29일

분화구와 인디언 유적지

플 래그스태프의 여행자 센터를 들려 선셋 크레이터 화
산(Sunset Crater Volcano)에 갔다. 약 6백만 년의
역사를 가진 이 지역에서 발생한 화산활동 중에 가장 최근의 것
으로(1064~65년 사이) 그 모습이 생생하게 보존되어 있는 곳이
란다. 이곳 안내소에서는 화산에 대한 간단한 영화를 보여 주고
비치된 지진계를 가지고 항상 지진여부를 조사하고 있으며 며칠
전에 지진계에 포착된 지진도표를 보여 주기도 한다. 그리고 항
상 유머를 잃지 않는 이곳 사람들의 센스. 낡은 지진계에는 흰 종이에 큰
글씨로 '오늘은 지진이 없어 미안합니다(No earthquakes today,

오늘은 지진이 없어
미안 합니다

sorry)' 라고 써 있었다.

또한 이곳은 세계각국의 지진 상황을 세계지도에 표시해 놓고 있는데 한국에서 왔다니 지진이 없는 곳이라며 일본과 대비하여 설명해 주고 매우 좋은 나라에서 왔다고 칭찬이다.

화산재가 만든 검은 언덕. 그 아래 부분에서는 소나무도 조금씩 자라고 있다. 또한 용암이 내려오다 식어서 조각조각 널려 있는 것이 꼭 죽은 공룡 껍질 같아 보인다.

이곳에서 조금 떨어진 곳에 있는 우파트키(Wupatki)인디언의 유적지. 인디언들이 흙과 돌로 집을 짓고 살던 자리로 공동회의 장소와 공놀이하던 운동장, 그리고 더울 때는 바람이 위로 나오고 추울 때는 바람이 아래로 빨려 내려가는 통풍구 등이 있다.

구경하는 동안 바람이 어찌나 세게 부는지 눈을 뜰 수가 없을 지경이었다. 두 사람 다 겨울 파카를 꺼내 입고 눈만 내놓고 다녔다. 애리조나가 원래 이렇게 추운 곳이었나?

우파트키
인디언 유적지
(위)

거대한
운석분화구 모습
(아래)

그 다음에 간 곳은 운석 분화구(Meteor Crater).

이곳은 정확하게 운석에 의한 분화구라고 증명된 곳으로는 처음이라고 하는데 그 크기가 상상을 초월한다. 분화구 안에 미식축구 경기장을 20개 정도 지을 수 있고 200만 명이 한꺼번에 관람할 수 있을 정도라고 한다.

이러한 운석에 의한 분화구는 세계에 150여 군데에 있으나 멕시코의 유카탄 반도에 가장 큰 것이 있다고 한다.

여행 에피소드

먹거리 잡상3

어제 저녁은 켄터키 후라이드 치킨으로 때우고(왜 한국에서보다 이렇게 맛이 없을까 생각하며) 아침에는 김치와 함께(3일 만에 김치 먹다) 남아 있던 밥을 곰탕 한 팩을 데워 말아 먹고 출발했는데 페인티드 사막(Painted Desert)과 화석 삼림(Petrified Forest)을 너무나 열심히 구석구석 다 가 보았더니 마구 배가 고파진다.

갈 길은 멀고 식당은 나오질 않고 달리다 보니 '아주 관광'의 가이드가 얘기해 주었던 나바호 인디언의 자치국가(Navajo Indian Nation)가 나온다. 식당과 모텔 광고판들이 즐비한 갤럽(Gallup 갤럽조사의 갤럽인가?)으로 차를 몰아 '데니스(Denny's)' 라는 식당에 들어갔다. 앞으로 보고 뒤를 봐도 온통 인디언들이다. 할머니, 할아버지, 젊은이, 갓난아이, 식당 종업원들까지. 아! 여기가 바로 나바호 인디언 자치국가로구나 하고 다시 한번 생각했다.

햇님은 샌드위치를 시키고 나는 히커리(hickory) 어쩌구 하는 햄버거를 콜라와 함께 시켰는데 이크, 프렌치프라이는 왜 이렇게 많이 주고 햄버거 안에 딱딱하고 가는 튀김은 도대체 뭐야! 버거킹의 와퍼!를 그리워하며 억지로 5분의 2쯤 먹고 감자는 그대로 두고 나왔다. 20달러를 그냥 버린 느낌.

'햇님, 거 봐요, 뭐? 서양음식 잘 먹으니까 매일 사 먹자구요? 꽝이잖아유….' 아, 어서 우리 살던 휴스턴(Houston)에 가서 큰 스테이크 하우스의 핏물 줄줄 나오는 스테이크에, 커다란 아이다호 통감자구이에 사워크림 듬뿍 얹어 뚝뚝 흘리며 먹어봐야지. 그 옛날 맛이 나올라나?

아참, 뉴저지의 그 기찻길 옆의 '아이언 호스(Iron Horse)' 라는 식당의 양배추 절임과 피클 섞인 샐러드도 먹고 잡네 그랴!

March

. . . .

패트리파이드국립공원을 거쳐 예술가들의 천국 산타페, 인디언들의 민속촌
타오스 푸에블로를 본 후 메사베르데국립공원, 사와로국립공원, 화이트샌
즈국립기념지, 칼스배드국립공원, 과달루페국립공원 등을 둘러보았다.

휴스턴에서 며칠 쉰 후 뉴올리언스에서 크로피시를 맛있게 먹고 애틀랜타
에서는 「바람과 함께 사라지다」, '코카콜라', 'CNN'을 두루 구경.

그리고 나서 그레이트 스모키마운틴국립공원과 엘비스의 그레이스랜드를
거쳐 키 웨스트로⋯.

통나무들이 쓰러져
있는 것 같지만
모두 보석

Petrified Forest National Park

> 66
>
> 애리조나 주의 북동쪽에 위치한 화석의 숲 국립공원은
> 아름다운 경치와 매혹적인 자연과학이 어우러진 곳이다.
> 공원은 애리조나 주 동북쪽에 자리잡고 있으며,
> 세계에서 가장 넓은 공원중의 하나이자 다채로운
> 나무 화석들을 만나볼 수 있는 장소이다.
>
> 99

1일

나무가 보석되어

어젯밤 아카데미 시상식을 난생 처음 시작부터 끝까지 보고 나서 잠이 안 와 설쳤더니 늦잠을 잤다. 보통 7시에서 7시 30분이면 떠났는데 아무리 애리조나가 산악시간대(Mountain time zone)라서 한 시간 빠르다 해도 9시 다되어 떠났으니 하루가 짧다.

오늘은 우리가 잠을 잔 홀브룩(Holbrook)에서 42km 떨어진 곳에 있는 패트리파이드 포리스트(Petrified Forest)국립공원을 구경하고 난 후, 열심히 달리면 4시간 30분 정도에 갈 수 있는 산타페(Santa Fe)에 가서 자기로 했다.

'패트리파이드(Petrified)'라 함은 약 225만 년쯤 전에 나무가 무성했던 곳이 가라앉아 물에 잠겼다가 다시 융기하여 바람, 물, 모래, 화산재 등에 의해 나무의 조직들이 아름다운 돌로 변하여, 겉보기엔 그냥 끊어진 통나무들이 쓰러져 있는 것 같이 보이지만 엄청나게 무거우며 단면을 보면 매우 아름다운 색깔의 준보석이 되어 있는 것을 뜻한다.

안내지도에 있는 대로 거의 모든 곳을 따라가 보고, 들어가 보고 하는 동안 몇 쌍의 여행객들을 만나게 되었다.

주로 추운 지방에서 온 노부부들이 많았고 모두가 '애리조나가 이렇게 추운 줄은 예전엔 미처 몰랐어요'라고 합창이다. 어제처럼 우리도 겨울옷으로 중무장.

패트리파이드 나무는 누구나 갖고 싶을 만큼 아름답기 때문에 훔쳐 가는 사람이 너무 많아(한 달에 약 1톤이 도난 당한다 함) 아주 엄격하게 관리하고 있다. 한 개라도 가지고 나가다가 걸리면 최소벌금 275달러에, 경우에 따라서는 감옥까지도 가게 된다고 한다.

그 사실을 모르고, 혹은 알고도 훔쳐 갔던 사람들이 사죄의 편지와 함께 돌려보낸 돌 조각들이 박물관의 한쪽에 전시되어 있다(그 돌을 갖고 있는 동안 많은 사람들이 불운을 겪거나 저주를 받은 것 처럼 느꼈다고 하며, 돌을 돌려보내면서 그 굴레에서 해방되길 희망한다고 적고 있다).

생각보다 보는 시간이 많이 걸려 산타페까지는 아무래도 무리인 것 같아 뉴멕시코(New Mexico) 주의 앨버커키(Albuquerque : 어휴! 발음이 너무 어려워요)라는 곳에 숙소를 정했다.

2일
산타페에 눈이 올 때

어제 뉴멕시코로 들어서서 묵은 앨버커키의 호텔에서, 집 떠난 후 처음으로 인터넷이 되더니 도로의 느낌도 조금 다르다. 애리조나와는 틀리게 부티(!)가 난다 할까? 휴게소도 어쩐지 여유 있어 보였다. 산타페! 하면 예술가들의 동네라 하여 기대를 잔뜩 부풀리고 갔는데 점점 바람이 거세어지더니 눈발이 마구 날린다.

산타페 초입에 있는 여행안내소에 갔더니 사람은 없고 안내책들만 가득하다. 너무나 두껍고 인쇄가 잘된 책들이 모두 공짜다. 그리고 '볼일이 있는 분들은 상가 안쪽의 304호로'라고 써 있다. 어쩔 수 없이 그리로 가는 길에 상가를 훑어보게 만든 지혜(?)에 걸려서 예쁜 머그 잔 4개를 샀다. 2개는 오션사이드의 시누이에게 보내야

눈 내리는
산타페

산타페의
캐니언 로드 풍경

지 하며.

1.6km에 걸쳐 수많은 화랑이 있다는 캐니언 로드에서 추적추적 내리는 진눈깨비에 우산을 폈다, 접었다 하면서 겨우 10개 남짓한 화랑만 들렀다. 사실 날씨 때문에 닫은 곳도 많았고….

그 중 한군데 왁스랜더 갤러리(Waxlander Gallery)라는 곳에서 보게 된 필리스 랜달(Phyllis Randall)이라는 화가의 파스텔 작품에 마음이 끌렸다. 뉴멕시코의 분위기가 확 나는 주황색 끼 도는 원색이 주조를 이룬, 꿈 속에 있는 것 같은 인디언들의 건축물이 시간이 멈춘 것 같은 분위기를 자아낸다. 나중에 들른 다른 화랑에서도 파스텔 작품들이 많이 눈에 띄었지만 그녀의 작품만은 못했다.

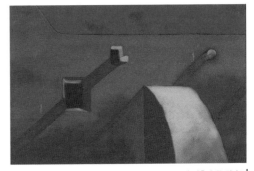

그 화랑에서 라스(Lars)라는 시카고에서 온 큐레이터와 이런저런 이야기도 나누고 내 개인전 카탈로그도 보여 주었다. 도자기가 많이 있던 어느 화랑의 강렬한 꽃 그림이 인상적이었고, 한 중국화가의 사실적인 인물화가 비싼 값에 팔리고 있었다.

내 마음에 든 필리스
랜달의 파스텔 작품

태양이 쨍 비치는 원색의 산타페를 상상하고 왔었는데 눈과 바람과 추위 때문에 오늘은 꽝인가?

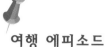

여행 에피소드

오이꼬시 캐어풀리

서울의 한 화랑 하시는 분이 산타페에 가면 꼭 갤러리들을 둘러보라고 책자까지 주셨는데 눈이 하도 펑펑 내려서 화랑 밀집지역으로 유명한 캐니언 로드 (Canyon Road)에서 화랑은 열 군데 정도 밖에 들리지 못했다.

캘리포니아와는 조금 다른 뉴멕시코 특유의 밝은 톤의 그림들이 주류를 이루고 있고 도자기, 조각 등도 다양하게 전시되어 있었다. 갤러리에 근무하고 있는 여자들은 캘리포니아에서 보던 보통여자들 하고는 완전히 다른 모습을 하고 있었다. 뉴욕의 갤러리에서 보던 사람들처럼 세련되기는 했지만 걸치고 있는 액세서리 등이 크기가 커서 와일드한 느낌이랄까? 어쨌거나 하도 추워서 파카를 입고 갔던 내 모습이 초라하게 느껴질 정도였다.

저녁. 타오스로 넘어가는 고갯길, 눈은 펑펑 내리고 오후 6시도 안 되었는데 날은 어두워지고. 마치 우리나라 강원도나 충청도 쪽 산길 같은 길을 한참을 넘어가는데 'Pass with care(조심해서 추월하시오)'라는 간판이 자주 나온다. 좁은 길이고 꼬불꼬불 산길이니 추월하기가 힘든데 조금 곧은길이 나오면 어김없이 그 간판이 나온다.

그 간판을 보고 햇님은 "오이꼬시 캐어풀리라고 써 있네!"한다(오이꼬시 : 일본어로 추월이라는 뜻 · 캐어풀리 : 영어로 조심하라는 뜻).

지난 1월 말 워너 스프링스에 갔을 때 방갈로에서 밤에 장작불을 때면서 햇님이 공군사관학교 시절 이야길 하다가 연습 비행 때 탔던 비행기를 에루나인틴(L-19)이라고 하니 쟈니 킴이 침대 위에 책상다리하고 앉았다가 '에루나인틴!' 하면서 그대로 뒤로 벌렁 나자빠지면서 웃던 생각이 난다.

데스밸리에 갔을 때는 승냥이를 '코요테'라고 하니 미국사람이 영 못 알아듣다가 '아! 카이야리!' 하며 고쳐 발음해 주었다. 그러더니 오늘은 또 피닉스에서 엘 파소(El Paso) 가는 쪽으로 한 시간쯤 떨어진 곳의 벤슨(Benson)에 묵었는데 친구에게 전화로 '벤손'이라나. 햇님! 미국에 왔으면 미국식으로 얘기 좀 하시랑께요!

3일

타오스 푸에블로 인디언 촌

어젯밤 대관령의 몇 배는 더 되는 굽이굽이 눈 길을 '오이꼬시 캐어풀리(조심해서 추월)' 하면서 찾아와 잔 곳이 타오스(Taos). 산타페에서 동북쪽으로 약 1시간 거리에 있는 이곳에 와서 날씨가 맑은 덕에 어제 산타페에서 아쉬웠던 많은 것을 해결했다.

우선 아침 일찍 출발해서 리오그란데 협곡 다리(Rio Grande Gorge Bridge)라는 곳에 갔다. 1965년에 건설된, 리오그란데 강에 걸쳐 있는 미국에서 두 번째로 높은 다리(195m 높이에 360m의 길이).

햇님은 나이가 들면서 점점 간이 작아지는지 까마득히 내려다보이는 강물을 차

인디언 민속촌의
교회 모습

마 내려다보지 못한다. 하긴, 차가 지나가면 엄청나게 다리가 흔들려 무너질 것 같긴 했다(내가 요새 너무 쎄게 나갔었나? 나이가 드니 안팎이 바뀌네). 사진은 내가 용감하게 몇 커트! 그리곤 차 있는 곳으로 재빨리 되돌아갔다.

다음은 인디언들이 1,000년 넘게 살아온, 미국에서 가장 오래된 동네(꼭 한국의 민속촌 같다) '타오스 푸에블로(Taos Pueblo)'에 갔다.

입장료 1인당 10달러씩에 카메라 1대당 5달러 내고 어제 내린 눈으로 온통 질척거리는 골목길을 돌아다녔다.

지붕이 평평하여 그 위에 쌓여 있는 눈을 치우느라 온 식구들 모두가 사다리를 타고 지붕에 올라가 열심히 써레질을 한다. 아주 허리 굽은 할머니까지 일을 하는 모습을 보며, 조그만 다리 아래로 흐르는 물을 양동이에 떠가는 아낙네를 보며, 이들이 과연 행복할까? 하고 잠시 생각했다. 기준으로 생각해선 안되겠지만….

빵 굽는 옥외의
둥그런 오븐(위)

리오그란데 협곡에
걸쳐 있는 다리(아래)

집밖에 있는 둥그런 빵 굽는 오븐과 집집마다 걸려 있는 고추묶음, 사다리 등을 보고 있는데 한 여자가 가게를 열며 큰 목소리로 반갑게 인사를 한다.

"Hi, how are you today?"

"Come on in, we're open!"

목소리 큰 사람이 떡 얻어 먹는다더니. 그 여자의 가게에 들어가서 조그만 기념품을 2개 샀다. 나오는데 그 여자의 서비스, 조지 워싱톤 얼굴을 보았냐고 묻는다.

못 봤다고 하니까 저 멀리에 있는 산을 가리킨다. 눈이 희끗희끗 남아 있는 것이 정말 조지 워싱톤의 얼굴 비스름해 보인다. 그들은 그 산을 보며 매일 1달러 짜리에 있는 워싱톤의 얼굴을 상상하는 건 아닐까?

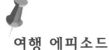

여행 에피소드

인디언을 서서히 죽이는 인디언 보호구역

미국 내에는 인디언 보호구역이 많이 있다. 이곳에 사는 인디언들의 희망사항은 이 보호구역을 떠나서 살고 싶다는 것. 이들은 보호구역 밖으로 얼마든지 나와서 살 수는 있지만 보호구역을 벗어나면 매달 정부에서 나오는 생활보조금 400달러를 받을 수 없다한다.

타오스의 인디언
역사 박물관 내부

계속 보호만 받고 지내 버릇해서 다른 일을 찾아서 혼자 자립을 하기 어려운 데다가, 정부에서는 인디언들에게 지급하는 돈을 회수하기 위하여 인디언 보호구역마다 한군데도 빠짐없이 카지노를 설치해 놓아서 여기에서 인디언들은 도박, 마약, 알코올 등에 중독되어 자립은 생각도 못 한다는 것이다. 그 결과 지난 20년 동안 이 보호구역 내의 인디언 인구는 감소 추세에 있다고 한다.

요즈음은 인디언 혼혈 중에 하버드에서 박사학위를 받은 사람이 나와 나바호보호구역 내에 인디언 언어를 보존하고 연구하는 대학도 설립하고, 돈에 대해서도 점차 인식이 높아지는 등 의식이 바뀌어져 가고 있지만 이미 너무 많은 인디언들이 죽거나 병들어 있어 앞으로의 인디언 보호구역은 희망이 없어 보인다.

3일
타오스의 에드 모건 갤러리

타오스(Taos)의 다운타운.

야! 날씨 정말 좋구나, 어제 산타페에서 이랬으면 정말 많이 볼 수 있었을 텐데 하면서. 너무 멋지게 디스플레이 되어 있는 쇼 윈도우 사진도 여러 장 찰칵찰칵!

타오스는 산타페보다는 공예품 쪽이 더 많이 눈에 띄었다. 장신구, 조각, 그릇 등. 그러다가 한 군데에 동으로 만든, 실물크기로 색깔도 비슷한 아이리스(붓꽃) 조각품이 눈에 띄어 가격을 물어보러 들어간 곳이 바오 에드 모건(Ed Morgan) 갤러리.

조각품은 너무 비싸 단념하고 안쪽으로 들어가 보니 엠보싱(종이를 약간 튀어나오게 눌러 만든)한 에칭 작품들이 즐비한 것이 아닌가. 조금 아는 척(판화가인 나는 에칭작업에 사실 이골이 났다) 하고 물어보니 그곳에 있던 우리 나이 또래의 수염 기른 아저씨가 외출하려고 입었던 재킷을 벗어 던지고 자기 작업을 열심히 설명한

**에드 모건
갤러리 앞에서**

다. '홀마크 카드(Hallmark Card)'사에서 일을 했었다는 그는 혼자 개발한 방법으로 아연판을 완벽한 형태로 음각을 한다.

머리에 확대경을 쓰고 상상을 초월할 정도로 세밀하게 음각을 새겨 넣고, 색깔이 들어갈 곳에는 일일이 실크 등을 잘라 얹어 수채화 물감으로 알맞게 칠한 후 이미지 하나하나를 실감나게 보여주기 위해 뜨겁게 달구어진 프레스기로 30

번 정도 찍어야 비로소 하나의 작품이 만들어
진다고 한다. 작품 하나를 만드는데 드는 시
간은 어떤 것은 6개월, 혹은 9개월, 힘든 것은
1년 반 걸리기도 한다고.

저절로 고개가 숙여진다. 이젠 아무도 이런
작업을 할 사람이 없을 거라고 그도 생각하고
나도 생각한다. 너무 힘들어서 아무도 배우려
하지 않기 때문에 가르칠 수도 없단다.

외양으론 완전히 백인인 그에게 슬쩍 물어보니 그의 핏
속에 얼만큼은 인디언의 피가 섞여 있단다.

예쁘게 진열된
쇼 윈도우 모습.

그에게 내 전시회 카탈로그를 갖다 주러 주차장에 갔다가 돌
아와 보니 그는 벌써 외출하고 없다. 어쩔수 없이 그에게 전해 달
라고 부탁하고 몇 걸음 가지도 않았는데 화랑에 있던 여자가 쫓아
나와서 애드에게 전화했더니 카탈로그에 내 사인을 받아 놓으라고
했단다. 나도 고마운 생각이 들어 'Thank you Ed' 어쩌구 하며 몇
자 적고 사인해 주었다. 존경할 만한 작가 한사람을 알게 된 기분. 그와 사진 한 장
찍고 싶었는데 아쉽네….

4일

메사 베르데의 절벽에 살던 사람들

상쾌한 아침. 8시에 출발했다. 밤을 지낸 아즈텍(Aztec)에서 112km쯤 떨
어진 메사 베르데(Mesa Verde)로 가는 길, 사방의 산에 눈이 하얗다. 그
래서 그런지 스키를 즐기러 가는 듯한 차들을 여러 번 마주쳤다.

굽이굽이 눈 덮인 산길을 조심스레 달려 투어가 시작되는 박물관 앞에 도착하니 시간은 10시 25분. 쏜살 같이 달려가 이미 시작된 투어에 합류했다.

1,400년 전 유럽의 이민자들이 아메리카 대륙으로 오기 한참 전에 포 코너스 (Four Corners : 애리조나, 뉴멕시코, 콜로라도, 유타 주가 만나는 지점)에 살던 사람들이 콜로라도의 서남쪽 끝자락에 있는 메사 베르데로 옮겨와서 약 100년간 살았던 자리를 보게 되었다.

툭 튀어져 나온 절벽 바로 아래에 있는 제법 넓은 공간에 집을 짓고, 농사도 짓고, 사냥도 하며 살았다고 한다.

우리가 본 것은 메사 베르데 중 가장 큰 것으로 114개의 방과 넓은 마당, 그리고 종교적 의미를 지닌 8개의 키바(Kiva : 지하에 있는 크고 둥근 방으로, 그곳에 모여 회의를 하거나 기우제를 지내거나 사냥이 잘 되게, 혹은 농사가 잘 되도록 비는 장소)로 이루어져 약 100명에서 125명 정도가 살았던 것으로 추정된다고 한다.

가운데 있는 출입구 말고 옆에 있는 작은 구멍은 지하세계로 가는 상징적인 문이라고 한다. 이들이 왜 100년 가량 밖에 살지 않고 이곳을 떠났는지에 대해서는 여러 가지 추측이 있

둥근 모양의
키바(위)

천년된
절벽의 집터(아래)

다. 그 후로 그들은 남쪽으로, 즉 뉴멕시코나 애리조나 쪽으로 옮겨갔을 것이라고 한다.

투어 중에 만난 오하이오에서 온 로버트(Robert)와 루시(Ruthie)라는 중년부부와 이 얘기 저 얘기하며 친해져 서로 사진 찍어 주고 주소와 이메일 주소를 주고받았다. 특히 사람 좋아 보이는 로버트는 얘기하는 걸 너무 좋아해서 헤어지는 걸 많이 아쉬워하는 눈치였다. 나중에 오하이오에 가게 되면 다시 만날 수 있지 않을까?

여행 에피소드

충고? 혹은 훈시 4

"아! 행님요, 또 지도 들여다보고 계시네! 야, 죽갔구만, 지도가 그렇게 재밌으세요? 트리플 A(Triple A : AAA : 미국자동차 협회)에 들어가지고 행님처럼 지도 몇십 개씩이나 얻어 가는 사람만 있으면 트리플 A고 뭐고 다 망하겠수다.

행님, 지도 좀 고만 보이소! 가다가 길도 좀 잃어버리고, 헤매다 보면 엉뚱한데 가서 생각도 못했던 것 만나기도 하고, 큰 사고 생기몬 안되지만 조그만 튜라블도 가끔 부딪치기도 하고요. 그게 여행하는 맛 아니겠어요?

그리고 행님은 원래 가 보자, 해 보자 아임니까? 그렇게 완벽하게 해서 언제, 어떻게 떠나시겠어요? 처남댁, 행님 신다이(일본어 시누-죽다-에서 나온 말 아닌가? 아무튼…) 하시면 화장 하신다면서요? 그때 미국 지도 하나 꼬옥 넣어 드리세요. 저렇게 지도를 좋아하실 수가 있나!"
쟈니 킴의 애정 어린 충고 혹은 코멘트다.

트리플 A에서
얻은 지도들

4일
영화「수색자」의 촬영장소를 가다

한3시간쯤 걸려 도착한 모뉴먼트 밸리 나바호부족공원(Monument Valley Navajo Tribal Park). 가이드와 함께 지프를 타고 안내 받으면 두 사람에 육십 몇 달러라나 해서 그냥 지도 한 장 들고 엄청나게 바람 부는 속으로 전진. 둘이서 차를 탔다, 내렸다 하며 돌아다녔다.

평원에 우뚝우뚝 서 있는 돌산들이 어떤 것은 정말 벙어리장갑 같고 또는 낙타 같고, 혹은 세자매, 코끼리 등 붙여놓은 이름과 얼마나 비슷한지 열심히 보며 한 바퀴 돌았다. 수억 년 전에 웅덩이였던 이곳은 세월이 흐르면서 솟아오르고 잘리고, 벗겨

해 질 녘의
모뉴먼트 밸리

지고 해서 지금과 같은 놀라운 풍광으로 바뀌었다 한다.

존 웨인(John Wayne)을 주연으로 한 「수색자」, 「역마차」 등의 서부 영화 등 수많은 영화들이 만들어져 존 포드 (John Ford) 감독을 기리는 존 포드 명 소도 있다.

해가 뉘엿뉘엿 넘어가는 모뉴먼트 밸 리는 사진에서 많이 보던 것과는 다르게 조금은 슬픈 듯한 느낌을 주었다. 남쪽으로

모뉴먼트 밸리 하면 생각나는 풍경(위)

바람이 너무 불어 겨울파커를 입다 (아래)

---

* 존 포드(John Ford)

1895년 미국 포틀랜드 출생. 형의 도움으로 영화계에 들어가 미대륙 최초의 횡단철도 건설을 그린 대작 「아이언 호스」를 통해 감독으로 인정을 받았으며, 이후 서부극 장르에 매진해 이 장르를 완성하고 성찰하는 단계까지 나아갔다. 1956년에 발표한 「수색자」는 서부극 사상 최고의 걸작이자 가장 중요한 미국영화 가운데 하나로 꼽힌다.

영화 「수색자」의 촬영장소를 가다　111

모뉴먼트 밸리도
예전에는
저런 모습…?

48km쯤 내려가 카옌타(Kayenta)라는 곳에 숙소를 정했다. 식품 사러 들른 슈퍼마켓에는 맥주 등 알코올 종류가 전혀 없어 알아보니 인디언 보호구역에서는 술을 팔고 사는 것이 금지 되어 있다고 한다.

목이 말라 시원한 맥주 한 잔을 꼭 하고 싶었지만 할 수 없이 싣고 다니는 포도주 '찰스 쇼(Charles Shaw)'를 한 병 꺼내 한 잔씩 했다.

> *** 찰스 쇼(Charles Shaw)**
>
> 2달러 와인. 싸구려 와인이라 해도 초저가인데다 가격대비 품질도 좋다. 2002년 '찰스 쇼(Charles Shaw)'라는 이름으로 캘리포니아에서 판매되기 시작한 이 와인의 가격은 미국 서부에서는 1.99 달러. 그래서 2달러 짜리 와인 즉 '2 Buck Chuck'이라는 별명이 붙었다.
> 2002년 포도 과잉생산으로 고민하던 브론코사가 '최대한 가격을 내려서라도 팔아보자'는 전략으로 개발한 이 와인은 고급와인들이 판매부진으로 고전하는 동안 대성공을 거두었다. 10달러 짜리 와인과 맛이 크게 다르지 않다는 소문이 퍼지면서 판매가 급증한 것이다.

> *** 나바호족(Navajo)**
>
> 인디언 중에서 인구가 가장 많은 부족으로, 약 9만 명에 이른다. 북아메리카 남서부인 뉴멕시코·애리조나·유타 주 등에 산다. 원래는 수렵과 식물채집으로 생활하였으나, 이웃에 사는 푸에블로 부족으로부터 농경기술을 도입하였다. 모계적(母系的) 친족조직을 가지며, 결혼하면 처가 근처에 자리를 잡는 경향이 많다.

여행 에피소드

포도주와 와인잔

여행 다니면서 모든 게 불편하고 어쭙잖지만 우리 부부가 한 가지 사치(?) 비슷한 걸 하는 게 있다. 바로 싸구려지만 와인과 와인 잔이다. 너무나 괜찮은 와인을 알게 되어 12병들이 와인을 상자로 두 번씩 샀는데 480~640km 혹은 804km을 열심히 달려 잠자리를 정하고 나면 긴장도 풀리고 목도 마르고 하니 무언가 마시고 싶을 때 우선 얼음과 물을 섞은 통에(보통 모텔에 통과 얼음은 다 있다) 포도주 병을 담가서 15~20분쯤 있다가 깨질까봐 걱정하면서도 열심히 끼고 다니는 와인 잔에 따라서 냄새도 맡아보고 맛을 음미하고 ~~

그 맛은 정말 행복(?) 비슷하다.
우리가 여행 떠난다 하니 일 년 동안 저녁 찬거리 걱정 안 해서 좋겠다고 하며 깻잎 장아찌 열심히 챙겨준 혜자 선배! 그게 그렇지가 않더구만요 !! 가짓수는 적지, 입맛은 없지, 더 힘들지 않겠냐구요 !

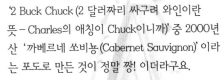

그래도 '찰스 쇼(Charles Shaw)와인' 혹은 '2 Buck Chuck (2 달러짜리 싸구려 와인이란 뜻 – Charles의 애칭이 Chuck이니까)' 중 2000년 산 '까베르네 쏘비뇽(Cabernet Sauvignon)' 이라는 포도로 만든 것이 정말 짱! 이더라구요.

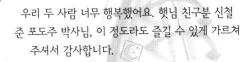

우리 두 사람 너무 행복했어요. 햇님 친구분 신철 준 포도주 박사님, 이 정도라도 즐길 수 있게 가르쳐 주셔서 감사합니다.

5일
내 마음에서 떠나간 세도나

카엔타를 9시에 출발하여 세도나(Sedona)로 향했다.
세도나! 너무나 기대를 많이 하고 갔었나?

들은 바에 의하면 세도나가 미국 내에서 기(氣)가 가장 많이 모여 있는 곳이라 미국에서 예술가 등이 가장 가 보고 싶어하고 살고 싶어하는 곳이라 한다. 한번은 한국 TV에서 세도나를 찾은 리포터가 세도나의 산 위에서 심호흡을 하고 몇 번 몸을 흔드니 갑자기 팔이 덜덜 떨리는 것을 보았는데 그것이 이곳 세도나의 기 때문이라고 했다.

기가 가득하다는
세도나

세도나의 붉은 산
(위)

세도나 가는 길에
만난 회색의 돌산
(아래)

북쪽부터 내려오면서 슬라이드 록(Slide Rock)이 있는 곳과 다리 있는 곳에서 걸어서 강 있는 아래까지 내려갈 때까지는 멋진 산들이 있어 참 좋구나 했지만, 물어물어 찾아 내려간 세도나 중심가는 우리의 생각과는 너무나 다르게 산중턱에는 개인 주택들이 즐비하고 중심가에는 가지가지 식당과 가게들이 왕창 몰려 있는 것이 마치 우리나라 국립공원 입구에 줄지어 있는 가게들을 연상시켰다.

사실 우리는 세도나에서 2일 정도 묵으면서 마음도 정화시키고 가능하면 기도 많이 받아 가지고 가려고 생각했었는데…. 약간의 실망을 안고 피닉스로. 🌙

충고? 혹은 훈시 5

"행님, 애리조나의 피닉스 가신다문서요? 피닉스는 볼께 베랑 없어요. 그런데 고 옆에 있는 스캇데일(Scottsdale)이란 곳엔 꼭 가세요. 게가 애리조나의 베버리 힐이 아니겠어요?

골프장이 400개가 널려 있다고요. 커단 사보텡(일본어로 선인장이라는 뜻)이 두 팔 벌리고 이렇게 처억, 처억 서 있는데 정말 이런데도 다 있구나 하실 걸요?

행님요. 전날 한 홀에서 나무를 네 번이나 맞추셨다면서요? 그 실력으로 이따만한 사보텡에 팍! 팍! 총알 좀 박아놓고 오시소.
진짜라구요, 선인장에 공이 수백 개가 박혀 있을테니 눈으로 확인하고
'야! 이런데도 있구나' 하고 오세요.

행님, 가 보자, 해 보자 아임니까?"

사람보다 큰 키의
사와로 선인장
앞에서

사와로 선인장
으로 덮인 산

Saguaro National Park

❝

투산을 찾는 관광객 중 많은 사람들이 이곳을 찾는다고
한다. 동서에 나뉘어져 있는 두 곳을 합치면 사와로 선인장을
세계에서 가장 대규모로 보유하고 있다.
소노라 사막 원산인 거대한 사와로 선인장은 높이가
15m에 이르고 있는 것으로 유명하다.

❞

7일

사와로국립공원

아파트 형태로 되어 있어 부엌도 있고 너무 편했던 피닉스(Phoenix)의 챈들러 (Chandler : 미국의 시트콤「프렌즈」의 챈들러가 생각났다) 모텔을 뒤로 하고 아침 8시 20분 사와로(Saguaro)국립공원과 사와로 사막박물관으로 향했다.

국립공원 안내소에 도착해서 안내 받으며 'Saguaro'를 어떻게 발음하는가 봤더니 '유별난 발음'이라고 적힌 종이 하나를 준다.

선인장 – Saguaro(sah – Wah – roe) : 사와로

사와로 선인장과 함께 했던 인디언 부족 이름 : Tohono Oodham

(toe – HOE – noe aw – aw– TAHM) : 토호노 오오 탐

토호노 오오 탐(Tohono O'odham) 인디언들은 선인장을 보통 '핫산(hashan)'이라고 불렀지만 사와로는 자주 'Oodham' 혹은 '사람'이라고 불렸다.

도시이름 : Tucsan (TOO – sahn) : 투산

Jojoba(ho – HO – buh) : 호호바(화장품에도 쓰이는 호호바 오일은 유명하다)

가늘고 가시가 많이 있는 선인장 : Cholla(CHOY – yah) : 초이야 (촐라가 아님)

우리들은 그 후부터 세련되게 사와로라고 발음하기 시작했다.

죽은 사와로 선인장의 모습

애리조나 주의 자동차 번호판에 그려져 있는 애리조나의 상징, 큰 선인장인 사와로가 지천으로 깔려 있는 국립공원 길을 한참 들어가니 안내소가 나온다. 소개해 주는 영화를 보니 인디언들이 얼마나 이 거대한 선인장을 경외했었는지를 알 수 있었다(스캇데일에서 커다란 선인장이 많이 있는 골프장 안 가길 잘했구나 생각했다).

사와로는 6~7월에 즙이 많은 무화과 비슷하게 생긴 열매가 엄청나게 많이 열린다. 토호노

사와로국립공원
기념 스티커

오오 탐 인디언들은 이것으로 잼, 시럽, 종교의식을 위한 과일
주 등을 만들었고 이 열매를 수확하는 시기를 새해로 정했을
정도로 삶의 중요한 동반자였다.

겉으로 보기에는 선인장 같아 보이나 물만 차 있는 것이
아니고 속은 두꺼운 갈비 같은 딱딱한 나무가 들어 있는데
워낙 엄청나게 크다 보니 그를 지탱하기 위한 나무 밑둥은
매우 단단하여 인디언들은 그것을 집이나 울타리를 짓는데 썼다고 한다.

또한 뿌리가 매우 발달되어 있어 옆으로 많이 퍼지기 때문에 한번 비가 오면
760ℓ 까지 물을 저장하여 1년 정도까지는 비 없이도 버틸 수 있는 사와로는 보통
'핀(pin)'의 머리 만한 아주 작은 검은 씨로 일생을 시작한다.

매 해 비가 오는 계절에 조금씩 자라서 1년 되면 약 6mm, 15년 되면 30cm, 30
년 되면 꽃 피우고 열매 맺기 시작, 50년 되면 2.1cm, 75년이 지나서야 첫 번째
가지(혹은 팔)가 뻗기 시작한다. 그래서 100년이 되어야 7.5m정도, 150년이 되면
15m에 8톤의 무게라니 사람들이 건방지게 이들을 함부로 대할 수 있었겠는가?

어떤 것은 200년 가량도 산다니 정말 굉장하지 않은가?

---

* 소노라 사막 박물관(Sonora Desert Museum)

사와로국립공원에서 6.5km 가량 떨어진 곳에 있는 애리조나-소노라 사막 박물관(Sonora
Desert Museum)에 들렀다. 이곳은 국립공원이 아니기 때문에 국립공원 카드로 할인을 받을 수
없어서 1인당 12달러씩 입장료를 냈다. 길을 따라가면 자연스럽게 실내와 실외를 넘나들며 여러
가지를 볼 수 있게 디자인을 해 놓은 것이 독특했고 사와로 외에도 이곳 사막에서 생존하고 있는
다른 동·식물을 잘 볼 수 있게 해 놓았다. 또한 그 안에서 살고 있는 동·식물에게도 최대한 배
려를 한 모든 시스템이 놀라울 정도다.

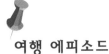

여행 에피소드

Saguaro! 정말 죄송합니다

어제 피닉스 골프장에서 햇님의 직장 선배 부부와 골프를 쳤다. 우리 둘은 막내시누이 남편 말대로 두 팔 벌리고 서 있는 커다란 선인장이 많이 있는 골프장에서 그의 말대로 수없이 박힌 골프 공을 보고 싶었고 솔직히 말해서 햇님이 하나쯤 잘못 쳐서 박히게 하면 어떨까 하는 생각도 했었다.

그리고 어제 갔던 골프장이 스캇데일 바로 옆인데도 커다란 선인장이 별로 없어 애리조나 기분이 안 난다고 투덜댔었는데….

오늘 피닉스에서 남쪽으로 얼마 안 가서 있는 사와로국립공원에서 소개해 주는 영화를 보고 너무나 부끄러워졌다. 다니엘이라는 인디언의 목소리가 깔리면서 선인장이 끝없이 서 있는 풍경이 펼쳐지는데 그들에게 사와로는 친구이자 가족이라 했다. 실제로 서 있는 모습을 보면 사람 같고, 작은 것부터 가지가 많이 있는 큰 것까지 모여 있는 동산은 마치 가족들이 옹기종기 모여 있는 것 같다.

인디언들에게는 자연이 내려준 모든 것이 신성하고 내 삶과 같은 것이지만, 특히 사와로는 살아 있을 때도 내 가족 같지만 죽은 다음에도 내 가족과 마찬가지로 땅에 묻혀 또 다른 후세들을 위해 거름이 되고 있다고 얘기하는데 내 자신이 너무나 부끄러워졌다.
그런 커다란 선인장에 골프 공을 박을 생각을 했다니 정말로, 정말로 죄송합니다….

7일
「OK목장의 결투」 촬영장

소 노라 사막 박물관에서 또다시 6.5km 가량 떨어진 곳에 있는 '올드 투산 스튜디오(Old Tucson Studios)'. 서부영화를 많이 찍었다는 이곳은 「OK 목장의 결투」를 찍은 곳으로도 유명한데 서부시대의 거리를 몇 블록에 걸쳐 재현해 놓았다.

1939년에 「애리조나」라는 영화를 위해 지은 이후 300개가 넘는 서부 영화와 TV 시리즈를 만든 곳으로 유명하다(수많은 존 웨인 영화, 최근의 「툼스톤」, 「퀵 앤 데드」, 「백 투더 퓨쳐 3」 등).

입장료 1인당 15달러씩 내고 들어가는데 표 받는 이가 서부 복장을 했기에 존 웨인 닮았다고 하니까 "I ain't no John Wayne(난 존 웨인이 아니오)." 하면서 한쪽

마치 영화배우같이
폼 잡아 보았네

눈을 찡긋한다.

조그마한 기차역에서 한바퀴 도는 작은 기차를 기다렸다 타고 나서 우체국, 대장간, 술집, 은행 등이 즐비하게 늘어선 거리 한가운데 광장에서 하는 「투산 저스티스 (Tucson Justice)」라는 쇼를 보기 위해 2시 30분 시간에 맞춰 갔다.

무법자들이 은행을 털러 나타나고 보안관이 고생고생해서 그들을 잡아 재판해서 목 매달아 죽여 시체를 치우는 것까지 보여 주었다. 곧바로 코미디 영화 「쓰리 아미고!」의 쇼를 한다는 하얀 네모난 스페인 풍의 건물이 있는 곳으로 갔으나, 1시 반에 벌써 오늘의 쇼는 끝났다고 하여 재미있을 것으로 기대하고 있던 터라 실망이 컸다.

동쪽으로 I-10을 타고 가다가 벤슨(Benson)에서 잠자리를 구했다.

멕시코 삼색국기가 걸린 「쓰리 아미고」쇼를 하는 장소(왼쪽)

열심히 연기 중인 배우들(오른쪽)

---

* OK 목장의 결투 (Gunfight at the O.K. Corral)

1957년에 제작된 영화로, 실제 있었던 서부 역사의 인물 와이어트 어프 형제의 이야기를 주제로 한 조지 스컬린(George Scullin)의 소설 「살인자」 중에서 인용된 영화이다. 와이어트 어프와 닥 할리데이가 클랜트 일가와 싸우는 모습을 양대 액션 스타였던 버트 랭카스터와 커크 더글러스가 연기 대결을 벌인 서부극의 수작이다. 당시 대단한 히트를 기록했고, 편집 부문과 사운드 부문에서 아카데미상 후보에 올랐다.

---

* 쓰리 아미고!(Three Amigos!)

1986년에 제작된 영화로 1916년 멕시코를 배경으로, 악당 총잡이들에게 고통을 당하던 멕시코 마을 주민들이 세 명의 무성영화 배우들을 진짜 영웅으로 착각하여 도움을 요청하게 되면서 벌어지는 이야기. 내용상 「황야의 7인」을 모티브로 하여, 80년대 코미디 배우를 대표하는 3명의 배우들인 체비 체이스, 스티브 마틴, 마틴 쇼트가 주연했다.

「OK목장의 결투」 촬영장 - 투산　　123

8일
눈밭인가 모래밭인가 - 화이트샌즈

멀리 보이는
귀여운 혼다차(위)

어릿광대 같은
두 사람의 그림자
(아래)

어제 워낙 여러 가지를 구경하느라 시간이 늦어 벤슨까지 밖에 못 갔었기 때문에 I-10으로 열심히 뉴멕시코의 앨러모고도 (Alamogordo)로 달렸다. 앨러모고도 근처에는 여러 가지 볼 것들이 많다.

첫째, 우리가 가 보려는 화이트샌즈 국립기념지

둘째, 화이트샌즈의 핵심이라고 하는 루세로(Lucero)호수

셋째, 1945년 7월 16일 오전 5시 30분, 세계 최초로 원자폭탄을 폭발시켰던 그라운드 제로(Ground Zero:원자폭탄이나 수소폭탄 등 핵무기가 폭발한 지점 또는 피폭 중심지를 뜻하는 군사용어)라는 장소

넷째, 앨러모고도에서 16km 가량 서남쪽에 위치한 올로맨 공군기지

다섯째, 국립태양관측소(과학자들이 태양에 대해 연구하는 곳)

여섯째, IMAX 돔 극장

일곱째, 뉴멕시코 우주 역사 박물관 등

우리가 관심 있는 것은 역시 화이트샌즈이니까 무조건 하트 오브 더 샌즈 (Heart of the Sands)라는 곳으로 운전해 들어갔다. 차를 세워 놓고 300 평방 마일이나 된다는 엄청나게 넓고 눈같이 흰 모래언덕을 이리저리 걸어 다녔다. 하도 눈이 부셔서 모자를 쓰고 눈을 찡그리며.

아이들과 함께 가족 단위로 온 사람들이 우리나라 눈썰매장에서 쓰는 것 같은 플라스틱 썰매로 미끄럼 지치며 깔깔대는 소리가 넓디넓은 흰모래 벌판에 퍼지고 있었고, 벌써 해는 서쪽으로 많이 기울어 우리들의 그림자를 길게 만들고 있었다.

둘이 걸으니 거인의 것 같은 두 개의 그림자가 윗부분이 붙었다 떨어졌다 하는 것이 마치 모자를 쓰고 중마를 신은 긴 다리의 어릿광대들 같아 보였다.

눈밭인가 모래밭인가
화이트샌즈국립기념지

White Sands National Monument

1933년 국립기념지로 지정되었다. 석고질의 흰모래로
되어 있어 화이트샌즈라는 이름이 붙었다. 모래바람에
의해 높이 20m에 이르는 모래언덕들이 형성되고 이동한다.
사막의 남서단에 길이 5km나 되는 루세로 호(湖)라는
습지가 있는데, 호안은 석고의 결정으로 덮여 있다.

Carlsbad Caverns National Park

과달루페 산맥 동쪽 기슭에 있으며 1930년 국립공원으로
지정되었다. 세계 최대의 종유 동굴이며 그 거대한 규모는
그야말로 지하 세계라 해도 과언이 아니다.
여름철 일몰 시에 동굴안에 있던 수천 마리의 박쥐 떼가
하늘을 메우며 나는 모습은 장관이다.

한없이 뻗어 있는
석회암 동굴

9일

칼스배드 동굴국립공원

칼스배드 동굴(Carlsbad Caverns)국립공원. 밖에 있는 안내소에 도착하니 8시 20분인데도 벌써 문이 열려있다. 칼스배드 동굴은 혼자 돌아다니며 볼 수 있는 곳이 있고 가이드를 따라 보아야만 하는 킹스 팰리스(King's Palace)라는 곳도 있는데 1시간 반 걸리는 가이드 투어가 10시에 시작하니 미리 가서 예약해 놓으라고 해서 서둘렀다.

투어 시작하는 곳까지 엘리베이터로는 1분, 도보로는 40분 걸린다는데 시간이 충분하여 둘러보면서 걸어 내려 갔다.

빙글빙글 돌아 내려가는 '자연 출입구'라는 입구는 저녁이면 엄청난 숫자의 박쥐들이 떼지어 날아올라 그것을 '박쥐의 비행(Bat Flight)'이라고 하는데 우리가 갔을 때는 아침이라 박쥐의 숫자는 그렇게 많지 않았다.

긴 시간이 흐른 후 석순과 종유석이 서로 만난다

걸어 내려가는 길은 굴곡 없이 편안하게 잘 되어 있고 손잡이도 동글동글한 스테인리스 파이프로 되어 있어 전혀 손을 다칠 일이 없었다. "어유! 야!" 감탄사를 연발하며 굴 속을 열심히 내려가 투어가 시작되는 휴게소에 도착하니 9시 40분.

우리가 걸어내려와 도착한 휴게소는 지표면으로부터의 깊이가 230m라고 한다.

우리를 안내해 줄 가이드는 켄터키(Kentucky)에서 왔다는 검은 친구 게리(Garry). 그는 "이제 우리는 샌드위치를 만들 텐데 자기를 도와 줄 또 한 명의 가

230m
지하에 있는
휴게소

이드(백인)와 자기는 가
장 자리의 빵 조각이고
여러분들을 그 안에 넣
어 샌드위치를 만들 것
이니까 절대로 다른 곳
으로 나가지 말라"며 주
의를 줬다.

1898년, 16세의 짐
화이트(Jim White)라
는 사람이 산에서 연기
가 나는 것을 보고 와보

니 그것이 사실은 박쥐 떼였었고 호기심에 이 동굴을 혼자서 탐험했으나 아무도
그의 말을 믿으려 하지 않았다고 한다.

훗날 1915년 레이 데이비스(Ray Davis)라는 사람이 짐 화이트와 함께 내려가
흑백사진을 찍어 사람들에게 알렸고 1923년에 뉴욕타임스에 실려 세계적인 뉴스
가 되었다고 한다.

1930년에 국립공원으로 지정되었으며 짐 화이트는 1937년부터 그의 이야기를
담은 책을 동굴에서 팔기 시작했다고 한다.

킹스 팰리스(King's Palace)는 4개의 방으로 이루어져 있는데 안내자가 설명해
주는 대로 앉았다 일어났다 하면서 환상적인 광경을 넋을 잃고 구경했다. 투어 도

중 4분간 일부러 굴의 조명을 끄자 칠흑같이 어두운데 모두 조용히 있으니 물 떨어지는 소리가 들린다. 그 옛날 짐 화이트가 등잔을 잃어버렸을 때 물방울 떨어지는 소리를 듣고 그리로 기어가서 찾았다는 것을 재연해 보이는 것이다.

투어가 끝나고 큰 방(Big Room)이란 곳을 안내자 없이 1시간 가량 돌아보고 나서 오후에 과달루페(Guadalupe)국립공원으로 가기 위해 우리는 도넛으로 간단히 점심을 때웠다.

지하동굴 내부
아래로 자라면 종유석
(위)

위로 자라면 석순
(아래)

스미스 스프링에서
본 과달루페 산

Guadalupe Mountains National Park
MAR 09 2004
Salt Flat, TX

Guadalupe National Park

> 66
>
> 과달루페국립공원은 텍사스 동쪽 약 175km
> 떨어진 곳에 위치해 있으며 1966년 국립공원으로
> 지정되었다. 지구에서 가장 아름다운 사막의 해돋이를
> 볼 수 있는 곳으로도 유명하다. 또한 지네, 방울뱀,
> 전갈 등 사막의 동물과 곤충도 볼 수 있다.
>
> 99

9일
과달루페국립공원

칼스배드 동굴과 과달루페 산맥은 서로 가까운데다가 같은 산맥인데도 전자는
뉴멕시코, 후자는 텍사스에 있다. 과달루
페(Guadalupe)국립공원에 도착하니 커
다랗고 민둥민둥한 산만 있어서 많은 산을
구경하고 온 우리의 눈에는 특별한 느낌이
없다. 그리고 보통 국립공원은 자동차로
둘러보기도 하고 걸어서 이곳저곳 가 보기
도 하는데 이곳은 자동차 관람 코스는 없
고 모두가 걸어서 가게 되어 있다. 샘물이
나온다는 스미스 스프링(Smith Spring)
까지 갔다오는데 1시간 걸리는 코스가 있
어서 다녀왔다.

산중턱에 서서 내려다보니 텍사스의 대
평원이 발 아래로 끝없이 펼쳐져 있는 것
이 속이 다 시원하다. 한 시간 이상 등산
을 하고 내려오니 운동도 되고 기분이 아
주 상쾌하다.

일찍 떠나서 I-10, I-20 east로 오다가
페코스(Pecos)에서 머물렀다.

텍사스로 오니 시간은 한 시간 더 빨라
졌고 전화는 어제, 오늘 불통이다.

과달루페 산을 배경으로(위)

텍사스 분위기 물씬 나는
국립공원(아래)

19일
휴스턴아 잘 있거라

일주일 동안 머물렀던 휴스턴(Houston)을 떠났다. 20여 년 전에 우리가 외국생활을 시작하며 처음으로 발을 내디딘 곳이라 정이 많이 들어서 만나고 싶은 이들도 많고 가 보고 싶은 곳도 많았다.

이곳에 머무는 동안 신세를 진 선배, 친구, 후배 내외분들, 그리고 이웃에 살던 미희네 가족. 너무나 아낌없이 베풀어 주고 배려해 주어서 지난 며칠은 정말 푸근하게 잘 쉬었다. 모두들 너무너무 감사했어요!

아침, 미희네 집. 온통 사방에 널려 놓은 짐들을 다시 차에 구겨 넣고 출발. 휴스턴 다운타운으로 향했다.

다운타운에 있는 장 뒤뷔페의 조각작품 (위)

더블치즈버거를 늘 시켜먹던 가게는 월남국수집으로 변했고…(아래)

기억을 더듬어 20년 전에 내가 작업하던 에칭 스튜디오가 있었던 다운타운 근처의 유니버시티 빌리지(University Village)라는 곳으로 갔다. 너무 많이 변해서 못 찾겠구나(생각해 보니 20년이란 세월이 흘렀으니)… 하다가 차를 길거리에 주차해 놓고 걸어서 어찌어찌 가다 보니 내가 작업하면서 내다보던 맞은편 건물을 찾았다. 맞아, 여기가 맞구나! 하면서 사진 몇 장.

아직도 여전한 휴스턴 다운타운 벽화

다음은 내가 더블치즈버거를 즐겨먹던 햄버거 가게. 조그만 흑인 여자가 주방을 향해 "Double CB!" (불고기 백반을 '불백'이라 하듯이)하고 외쳐대던 그 가게는 이제 'Sigon'이라는 월남국수 가게가 되어 있었다.

자꾸 뒤돌아보며 그곳을 빠져 나왔다. 언제 다시 오게 되겠나 하며. 햇님의 사무실이 있던 곳도 돌아보고 다운타운을 몇 바퀴 돌면서 사진을 여러 장 찍었다. 이제 마음을 접어야지….

휴스턴아 잘 있거라! 하면서 뉴올리언스로 떠났다.

20일
햇볕 내리쬐는 뉴올리언스

어제는 오후 늦게 휴스턴을 떠났기 때문에 뉴올리언스(New Orleans)에서 1시간 정도 못 미친 배턴루지(Baton Rouge)에서 잤다. 아침에 식사하러 내려가다 엘리베이터에서 만난 우리 나이 또래의 중년부부가 아는 척을 하며 당신네들이 6개월간 여행하는 사람들이냐고, 어젯밤 체크인 할 때 옆에서 들었노라고 하며 말을 걸어온다. 같이 아침을 먹으며 다음에 어디로 갈거냐고 해서 멤피스(Memphis)로 가서 엘비스 프레슬리(Elvis Presley)의 그레이스랜드(Grace Land)를 볼 거라고 했더니 연두색 옷을 입은 뚱뚱하지만 아직도 예쁜 로즈(Rose)라는 이름의 아줌마 눈빛이 반짝반짝!!

'엘비스!' 하면서 엘비스의 레코드를 처음 내 주었던 레코드사 제작자 필립스(Phillips)라는 분과 자신의 아버지가 친했기 때문에 엘비스를 잘 알았었다고…. 하루는 엘비스가 자기 동네에 왔을 때 소리지르는 여자 애들 틈에서 'Elvis'라고 쓰여 있는 챙 넓은 흰 모자를 쓰고 얌전히 기다리며 서 있었더니 그가 다가와 오른쪽 뺨에 키스를 해 주었다나!! 당시 9학년이었던 그녀는 6주간이나 뺨을 씻지 않고 버렸다며 웃는다.

환상적인
거리의 예술가

토요일이라서 그런지 뉴올리언스로 들어가는 외곽도로는 차들로 꽉 차 있었고 길거리 다니는 사람의 99%가 관광객이었다.

레스토랑 옆으로 길게 줄 서있는 사람들, 흰 범벅의 빵 베니에(Beignets)를 옆에 놓고 앉아 있는 카페의 사람들, 둥그런 층계에 모여 앉아 흑인들의 공연을 보고 있는 사람들, 파리의 거리에서처럼 초상화 그려주는 화가들….

그 다음으로 로얄(Royal)이라는 거리로 가 보았다. 서울의 인사동처럼 차가 없고 차도 위에는 온통 악사들, 외발 자전거 타고 공 돌리는 사람, 손금 봐주는 여자 등이 있었다. 조금 더 가니 아코디언을 켜는 남자와 우산을 든 여자 둘이 마치 인형처럼 분장을 하고

로얄거리의 악사들

잭슨 스퀘어의
거리화가 작품

말없이 한참을 서 있다가 남자는 연주를 하고 여자는 몸을 움직여 인형처럼 춤을 추는데 정말 분장이며 몸짓 하나 하나가 예술이었다.

점심 먹으러 들어간 곳에서 메뉴에 있는 '포 보이(Po-Boy)'와 '검보(Gumbo)'를 시켜 맛있게 먹고, 저녁에 먹으려 하는 크로피시(Crawfish) 먹는 법도 친절한 웨이트리스에게서 배웠다.

* 베니에(Beignets)

튀김요리에 가까운 것으로 생선, 새우, 닭과 같은 재료를 불에 직접 익힌 뒤 프라이팬에서 튀겨낸 프랑스식 도넛. 사과 같은 과일을 대신 사용하기도 한다.

* 포-보이(Po-Boy)

poor boy's sandwich(가난한 사람의 샌드위치)라는 뜻으로 바게트 빵 같은 긴 빵 안에 생선, 고기, 야채 등을 넣어 만든 샌드위치.

* 크로피시(Crawfish)

허리가 굽은 가재 비슷한 크로피시는 뉴올리언스의 특산물로 맥주와 곁들이면 일품!
먹는 법은 먼저 머리를 떼어내고 살이 튀어나온 부분을 이로 물고 당기면서 꽁지 부분을 지긋이 눌러주면 살이 나온다.

20일
뉴올리언스-프렌치 쿼터

12 달러씩 주고 예약한 시티 투어 시간에 맞춰 미시시피 강가에 있는 버스 주차장으로 가는 길, 조금 뻑뻑한 음의 파이프 오르간 같은 요란한 음악이 온 세상에 울려 퍼진다. 소리나는 곳을 두리번 거리며 찾아보니 출발을 준비하고 있는 '나쉐(Nachez)' 라고 써 있는 증기선의 선상에서 안경 쓰고 정장을 한 사람이 음악을 연주하고 있다. 「톰소여의 모험」에 나오는 커다란 수차가 배 꽁무니에서 도는 그 증기선은 20년 전에 탔었기 때문에 이번엔 생략.

2시 30분에 버스가 출발했다. 가이드는 희끗한 짧은 머리의 흑인 아줌마. 얼마나 말을 야무지게 하는지 내가 잘 아는 한 화랑의 관장님이 생각났다.

가이드는 앞자리에 앉아 양쪽으로 보여지는 건물들을 설명해 주었다. 이곳이 프랑스의 애국처녀 잔 다르크로 유명한 프랑스의 오를레앙(Orleans)과 자매 도시이기 때문에 이름도 뉴올리언스(New Orleans)라고 한다. 프렌치 쿼터(French

Quarter)의 건물들이 모두 프랑스식이 아닌 것은 1788년과 1794년에 불이 크게 났었는데 그 당시엔 스페인의 통치 하에 있었기 때문에 스페인식으로 다시 지었기 때문이라고 한다.

이곳은 거리 이름에 하도 'Saint(세인트 : 성인이란 뜻)'가 많이 붙여져(예 : St. Philip, St. Ann, St. Charles 등) 조그만 맥도널드 가게도 작은 교회처럼 생겨 'St. McDonald's Church'라고 부른다나.

그리고 세인트 찰스(St. Charles) 거리를 주로 다니는 조그만 전차는 엘리아 카잔(Elia Kazan) 감독의 영화「욕망이라는 이름의 전차」에 나오는 전차의 모델이라고 한다.

가장 인상 깊은 것은 뉴올리언스의 묘지. 이곳은 곳곳이 늪이고 해수면보다 낮아 죽은 이를 나무 관에 넣어 묻으면 조금만 비가 와도 둥둥 뜨기 때문에 지상에 조그맣게 돌로 집을 지어 1년 1일을 넣어 놓으면 '자연화장'이 되어 가루만 남게 되는데, 그 후에 가족묘지에 넣어 보관한단다.

투어가 끝나고 이곳저곳 가게들을 기웃거리다 크로피시와 함께 맥주로 저녁을 때웠다. 낮에 배운 방법대로 현지인들처럼 능숙하게 껍질을 벗기며 따근따근한 크로피시를 맥주를 곁들여 두 접시나 먹었다. 저녁에 주차장에 오니 차는 안전하게 있었고 6시간이 넘었는데도 주차비는 단돈 13달러!!

오를레앙의 처녀 잔 다르크 동상 (위)

마치 작은 도시 같아 보이는 돌로 된 묘지(가운데)

크로피시와 맥주… 행복한 두 사람(아래)

---

* 욕망이라는 이름의 전차(A Streetcar Named Desire)

1951년 작품으로 신경증 증세가 있는 민감한 성격의 미국 남부 여인 블랑시 뒤부아(비비언 리 분)가 뉴올리언스의 빈민가에 살고 있는 여동생(킴 헌터 분)을 찾아가 속물 스탠리 코월스키(말론 브랜도 분)와 함께 지내게 되면서 벌어지는 이야기이다. 브랜도의 야수적인 연기와 리의 히스테리컬한 연기가 끈끈한 재즈선율과 어울려 사실감을 더해 준다. 연극이나 영화뿐 아니라 오페라로도 각색되어 공연되는 것이 많다.

21일
카페 뒤 몽드

어젯밤에 숙소를 정하느라 많이 헤매다가 뉴올리언스에서 40분 가량 떨어진 슬라이델(Slidell)이란 곳까지 가서 잤다. 주말이라 그런지 잘 알려져 있는 호텔이나 모텔들은 모두 꽉 차서 난감해 했는데 어찌어찌 방을 하나 구했다.

아침에 나와서 그 길로 멤피스로 가려다가 차를 돌려 다시 뉴올리언스의 프렌치 쿼터로. 미련이 남아 그대로 떠나기가 아쉬웠기 때문이다. 그 중에서 가장 중요한 것은 카페 뒤 몽드(Cafe du Monde)에서의 아침 식사.

카페 안과 밖이 벌써 가득가득 사람들로 차 있었다. 우리도 줄 서서 기다리다 15분쯤 후에 들어가 앉았다. 베트남 처녀가 주문을 받는다(베트남이 프랑스령이었기 때문인지 그곳에서 온 종업원이 많다). 치커리 섞인 커피 두 잔과 프랑스 도넛인 베니에 2인분(1인분에 3개씩)을 시켰다. 음식을 기다리며 사람 구경하는 것도 재미있

아침 일찍부터
초만원인
카페 뒤 몽드

다. 다른 사람들은 우릴 구경하겠지?

한참을 기다리니 커피와 함께 밀가루처럼 고운 설탕가루 뒤범벅이 된, 프랑스 도넛이라는 베니에가 나왔다. 입가에 허연 가루칠해 가며 너무너무 맛있게 먹었다. 두 사람 합해 6달러에 이렇게 푸짐하게 먹다니. 그래서 사람들이 이렇게 많았구나! 너무 맛있고 싸고 푸짐하고. 나중에라도 그리워질 것 같다.

어제 못했던 도보관광을 안내지에 있는 대로 1번부터 13번까지 모두 짚어가며 돌아다녔다. 버본 스트리트(Bourbon St.)란 곳에는 재즈 연주하는 술집, 카바레 등이 모여 있고 로얄거리에는 갤러리 등이 많이 모여 있었는데 어제 보았던 악사들이 하나 둘 모여 다시 연주를 시작한다. 프렌치 쿼터의 중심에도 호텔들이 많은 것 같은데 하루 밤에 300달러

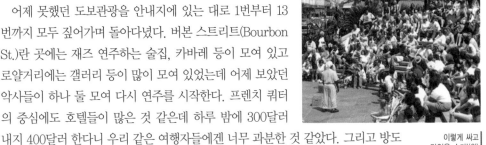

이렇게 싸고
맛있을 수가!(위)

오리지널 대학로
거리공연장(아래)

내지 400달러 한다니 우리 같은 여행자들에겐 너무 과분한 것 같았다. 그리고 방도 없다니 차라리 다행이 아닌가?

버본 스트리트의 쓰러져 가는 대장간 앞에 갔을 때 시누이 남편 쟈니 킴의 전화!

"행님! 뉴올리언스에는 다운타운 쪽 미시시피 강가로 가면 영덕게 같은 다리가 긴 게를 파는 곳이 있는데 'all you can eat(돈 얼마내면 실컷 먹을 수 있는 곳)'이 있으니 맘껏 잡숫고 오시라구요" 한다.

그러나 우리는 카페에서 아침 먹은 것이 아직도 든든해서 저녁이면 모를까 가고 싶은 생각이 나질 않는다.

11시 25분, 서울의 대학로처럼 둥그런 층계가 있는 곳에서 흑인 3명이 텀블링 등을 하며 공연하는 걸 구경했다. 일요일이라서 아이들을 데리고 온 사람이 많아서 그런지 넓은 자리가 거의 꽉 찼다. 너무 열심히 공연을 잘 하길래 박수도 많이 쳐주고 1달러짜리 하나를 교회의 헌금 바구니 같은 박스에 넣어 주고 일어났다. 떨어지지 않는 발길을 뒤로 하고 멤피스를 향해 떠났다.

한참을 서쪽으로 가다가 통화한 애틀랜타의 햇님 친구분, 자기가 내일모레 서울로 떠날 예정이니 지금 당장 오라고 한다. 그 길로 동쪽으로 방향전환. 달리고 또 달려서 앨라배마의 버밍엄(Birmingham)에 숙소를 정하니 저녁 7시.

오늘만 자그만치 752km을 뛰었다.

노래방 만평

*휴스턴 주택가 거실 노래방

-김 선배님 부인

검은 긴 치마(홈드레스 치마)를 찰랑찰랑 흔들며 부드럽게, 너무 크지도 너무 작지도 않은 목소리로 노래를 부르는 김 선배님 부인. 소파에 앉았다가도 자기 노래 전주가 나오면 얼른 일어선다. 나는 앉아서는 못해! 하면서….

-김 선배님

화면을 향한 얼굴을 옆에서 보니 얼마나 웃는 얼굴인지 기쁜 노래를 할 때도 슬픈 노래를 할 때도 언제나 웃는 상이다. 부인만큼 잘 부르시는 건 아니지만 (부인 말씀으로는 엄청 연습하셨다 함) 음정, 박자 모두 정확하시고 가끔은 나훈아 식의 '꺾기'가 제대로 나오시네요….

-햇님

목소리는 참 좋은데 훈련, 경험 부족이다. 처음엔 잘 나가다가 어느 한순간 삐끗하면 음정, 박자가 멀리 멀리 달아난다. 그래도 목소리는 워낙 크니까 점수는 잘 나온다니깐요….

*애틀랜타 진짜 노래방

-햇님 친구분 1(시인)

통칭 '애틀랜타 제비'이시니 오죽 하갔어요? 눈웃음 살살 치시는 게 벌써 전주 나올 때부터 심상치 않고 리듬 따라 슬슬 움직이는 몸 동작이 '얼래, 여기가 어딘감? 캬바레…?' 부드러운 목소리에 감정은 100% 실리고 올라가질 못하나, 내려가질 못하나, 자유자재! 정말 '카수'이십니다. 시인이라면서 글이 잘 안 써질 땐 노래연습만 하셨어유?

-햇님 친구분 2

치과 치료 받느라 음식을 못 잡수어서 국물만 홀짝홀짝, 술만 홀짝홀짝 드시더니 영 맛이 빨리 가셨네요. 워낙 노래는 잘 하신다던데 오늘은 영 똑바로서 계시지도 못 하시면서도 노래는 하시겠다고 마이크는 꼭 잡고 안 놓으시더니 「칠갑산」 반주가 나오니 머리만 흔드시네. 가사는 벌써 저 만큼 달아나는데 감정 잡으시느라 머리를 흔들다가 글씨가 사라지려 하면 "(칠갑산 산)… 마루에…" 하고 또 머리만 흔들다가 글씨가 사라지려하면 "(베 적삼이 흠뻑 젖)… 누나…" 하고, 그러면서도 마이크는 꼭 잡고 쓰러지듯 의자에 앉으시네.

오늘 너무 약주가 과하셨어요….

-햇님 친구분 2의 부인

늦게 오셔서 식사도 엄벙덤벙, 고기는 다 건져내고 설렁탕 국물에 밥 한술 말아 드시더니 "다이어트 중이라서…" 영 기분이 안 내켜 하시며 따라 오셨지요. 음료수 11개 들어온 거 빈깡통 내다 버리면 나중에 바가지 씌워도 할말 없다며 절대로 내가지 못 하게 하시네요. 남편분께서 엉망으로 취해서 고개 흔드느라 노래가사 구절마다 끝 부분만 부르는 걸 영 못마땅한 듯이 보고 계시지만 어쩌겠어요, 운전해서 집으로 모셔가야 하니….

* 카페 뒤 몽드(Cafe du Monde)

잭슨 스퀘어 건너편에 위치한 야외 카페. 메뉴는 단 한가지만 있어 매우 간단하다. 치커리 뿌리를 갈은 것에 알코올을 가미한 까페오레와 분말 설탕을 뿌린 뉴올리언스식 베니에가 그것이다. 매일 24시간 영업을 한다. 잭슨 스퀘어와 데카터 스트리트를 바라보면서 먹는 아침 식사는 색다른 경험을 제공한다. 평균가격 10달러 이하.

22일

애틀랜타, 조지아

조지아 주 길가의 안내판

어젯밤에 머문 버밍엄이란 곳에서 애틀랜타까지는 3시간 걸린다고 한다. 9시경 출발하여 1시간 반쯤 가니 조지아 주로 들어선다. 주 경계에 들어서자 금방 나오는 길가의 안내판.

"Welcome, We're glad Georgia's on your mind."

와아! 레이 찰스(Ray Charles)의 「Georgia on My Mind」란 노래의 멜로디가 가슴에 뭉클. 조금 더 가니 안내소가 나온다. 예쁘게 복숭아가 그려져 있는 간판에 다시 한번 "Welcome, We're glad Geogia's on your mind." 너무 반가워 사진 한 장 찍었다.

12시경에 애틀랜타로 들어서 햇님 친구분의 골프장으로 찾아갔다. 골프연습장(120타석)과 파 3홀이 18개 있는 골프장, 그리고 골프숍 등 생각보다 훨씬 규모도 크고 경영도 잘 하는 것 같았다.

우리에게 저녁 먹으러 갈 때까지 시간이 있으니 연습 좀 하라고 공을 넉넉히 빼준다. 햇님에게는 공을 원하는 방향으로 보내는 법을 일러주고 내게는 공을 똑바로 가게 휘두르는 방법을 일러주었는데 나는 계속 헤맨다.

저녁엔 근사한 일식집에 햇님 고교 친구 내외분들 모여 술도 한잔 곁들여 잘 먹었다. 저녁을 함께 한 햇님 친구분께서 예약해 준 시에라 스위츠(Sierra Suites)라는 호텔로 갔다. 이곳은 우리나라의 콘도처럼 냉장고, 전자렌지, 전기오븐렌지, 컵, 그

---

* 레이 찰스(Ray Charles)

조지아 주 알바니 출생. 6세 때 병으로 실명하여 맹아학교에서 음악을 배웠다. 일찍부터 캄보밴드를 결성해 활동하다가 1950년대 후반에 대형 밴드를 조직하여 인기를 모았다. 정통 블루스를 현대감각과 강한 개성을 살려 대중의 취향에 맞춤으로써 널리 인식을 새롭게 하고, 흑인 영가에도 새 경지를 열었다. 주요작품에는 「What'd I Say」, 「Georgia on My Mind」 등이 있다.

릇, 냄비 등이 갖추어져 있다(게다가 인터넷도 된다!!).

하지만 이런 곳에 묵게 되면 꼭 밥을 해 먹을 일이 없어서 아쉬워하곤 한다.

23일
마가렛 미첼과 「바람과 함께 사라지다」

애틀랜타를 세계적으로 유명하게 만든 세 가지는 마가렛 미첼(Margaret Mitchell)의 「바람과 함께 사라지다」, '코카콜라', 그리고 'CNN' 이다.

세계에서 성경 다음으로 많이 팔렸다는 「바람과 함께 사라지다(Gone with the Wind)」를 쓴 애틀랜타 출신의 작가 마가렛 미첼의 집과 박물관은 피치트리 (Peachtree)와 10번가가 만나는 곳에 있었다. 이 책은 1936년 발간된 이래 지금까지 32개 언어로 번역되어 전 세계적으로 거의 3천만 권이 팔려 나갔다. 책이 발간된

'타라로 가는 길'
박물관

1달 후에 그녀는 데이비드 셀즈닉(David Selznick)에게 영화 판권을 5만 달러에 팔았고 영화 「바람과 함께 사라지다」는 10개의 아카데미상을 수상했다.

세계 최초로 이 영화를 상영했던 로위스 그랜드 극장(Lowe's Grand Theater)은 1978년에 불타 없어졌다고 한다. 그때 그 지역 신문의 기사 제목은 '눈물과 함께 사라지다(Gone with the Tears!)'

내가 16년 전에 애틀랜타에 왔을 때는 365일 내내 「바람과 함께 사라지다」를 상영하는 극장을 새로 짓고 있는 중이라고 해서 다음에 오면 그 극장에서 꼭 봐야지 했는데 물어보니 몇 년 전까지 상영했었다고 한다. 16년 사이에 극장이 생겼다가 사라졌구나… 정말 섭섭했다.

마가렛 미첼은 1925년에 존 마쉬(John Marsh)와 결혼, 「바람과 함께 사라지다」의 대부분을 '덤프(The Dump)'라고 불렸던 작은 아파트에서 썼다.

바람과 함께
사라지다
머그잔과 캔디통

그 소설을 쓰는 3~4년 동안 그녀는 누군가가 오면 가장 먼저 하는 일이 타자기를 큰 수건으로 덮어 아무도 그녀가 무엇을 쓰고 있는지 모르게 하는 일이었다고 한다.

남편 존 마쉬의 도움 또한 컸다고 한다. 키가 160cm도 안되었다고 하는데 그래서 그런지 그녀가 쓰던 침대와 재봉틀까지도 작아 보였다.

다음은 길을 건너 영화 「바람과 함께 사라지다」에 관한 것들이 전시되어 있는 '타라로 가는 길(Road to Tara)' 박물관으로.

1939년에 세계 최초의 시사회가 애틀랜타에서 열렸을 때, 주연배우 클라크 게이블(Clark Gable)과 비비안 리(Vivien Leigh), 제작자 셀즈닉(Selznick) 등이 애틀랜타 공항에서 내리는 모습과 시사회에서의 작가 마가렛 미첼과 배우들의 모습 등이 조그만 흑백 TV에서 계속 상영되고 있었다.

그리고 가운데의 큰 방에는 세계 각국의 「바람과 함께 사라지다」 포스터들이 전시되어 있었다. 그 중 내 눈에도 가장 멋있어 보이는 우리나라 상영시 포스터를 중앙에 있는 이젤 위에 따로 놓여 있었다.

전부터 생각했었지만 이곳에 와서 보니 더욱 소설 속의 스칼렛 오하라(Scarlett O'hara)는 마가렛 미첼 자신인 것이 틀림없다는 느낌이 든다.

23일

물장사 코카콜라

친구와 함께 그가 근무하던 코카콜라 본사를 구경하러 갔다. 애틀랜타 시내, 아주 큰 면적에 건물도 여기저기 수십 채는 더 되어 보인다. 야! 이 친구들 물장사해서 돈 많이 벌었네!!

주차장이 가는 곳마다 만차라서 두세 번을 뺑뺑 돌다가 겨우 한군데 찾아 차를 대고는 '주차 복 있네~' 하면서 코카콜라 전시실로 갔다.

한국관광객도 많이 오는지 한국어 안내판도 있다. 3층으로 올라가니 빈 병에 콜라를 채워 넣는 공정부터 전 세계적인 음료가 되기까지의 많은 아이디어와 광고, 선전의 모든 과정을 전시와 영화 등으로 보여준다.

물장사
코카콜라 본사

코카콜라는 1886년 애틀랜타의 한 약사인 존 펨버튼(Dr. John S. Pemberton)이 여러 고객들을 위한 만능약을 개발하던 중 '코카(coca)'와 '칼라(kala)'에서 추출된 시럽이 두통에 도움이 된다고 생각하여 만들기 시작했다고 한다.

지금은 세계 170여 개국에서 판매하고 있으며 하루에만 600만 병이 팔리고 있다고 한다. 1886년 이래로 공급한 음료를 6.5 온스 병에 담아 늘어놓으면 달을 1,045번 왕복할 수 있다고 하고, 문 위에 있는 전자 표시기에는 초당 9,600개 이상의 코카콜라가 생산되는 것이 표시되고 있다.

게다가 코카콜라 만드는 법은 극비라서 회사 간부 몇 명만 알고 있다나? 그렇지만 결국 물에 설탕과 코카원료, 탄산가스 조금 넣고 파는 미국판 '봉이 김선달'이 아니겠는가. 게다가 가만히 둘러보면서 생각해 보니 '아니, 순 자기네 제품 광고 하면서 돈 받고 입장 시켰잖아? 이거 속았네' 하는 느낌이 들었다. 🌀

코카콜라 본사 내부
만국기가 보임(위)

선전용
코카콜라
집앞에서(아래)

23일

전 세계 뉴스의 메카 CNN

애틀랜타 시내, 붉은색 혹은 흰색으로 멋지게 장식된 CNN 간판이 보이기 시작한다. 이곳이 바로 전 세계 뉴스의 메카이자 테드 터너(Ted Turner)의 왕국. 수많은 뉴스 속 인물들의 사진으로 도배되어 있는 거대한 벽 위에 CNN이라는 커다란 붉은 글씨가 새겨져 있는 로비에서 사진 한 장.

1층 가운데는 식당가인데 그곳은 천장이 건물 높이만큼 뚫려 있어서 사무실들은 그 주위에 둥그렇게 둘러 세워져 있다. 지금 시각 오전 11시 30분, 벌써 점심 먹는 사람들로 붐비고 있었다.

먼저 에스컬레이터를 타고 한참을 올라갔다. 가이드가 대충 CNN의 역사를 보여 주는 연도별 사진들을 보라고 하더니 다음 방으로 안내한다. 우리는 마치 축구나 야구 경기를 중계하는 사람들이 유리창을 통해 경기장을 내려다보듯 수많은 컴퓨터

뉴스 속 인물들의 사진으로 도배 되어진 로비의 거대한 벽

와 모니터를 앞에 둔 CNN직원, 앵커들이 일하는 사무실 위쪽에 있는 둥그런 통로를 지나면서 유리벽을 통해 그들을 훔쳐보았다. 그들은 커피도 마시며 서로 농담을 하며 우리들이 위에서 자기들을 구경하는 걸 거의 신경 쓰지 않는 것 같았다.

또 다른 방으로 가서 모니터에 나오는 글자를 읽으며 아무 것도 없는 하늘색 칠판을 짚어 일기예보 하는 방법을 구경하였다.

헤드라인 뉴스룸, 브레이킹 뉴스룸, 기상예보, 스포츠, 세계에 나가 있는 지국들을 연결하는 방 등….

수없이 많은 방에서 수없이 많은 사람들이 바쁘게 움직여 우리가 보는 CNN 뉴스를 만들어 내고 있었다.

CNN본사 내부
가운데 천장이
뻥 뚫려있다(위)

맨 아래층에 있는
푸드코트(아래)

* CNN(Cable News Network)

1980년 6월 미국의 실업가 테드 터너(Ted Turner)가 설립하였다. 터너는 1970년 매입한 애틀랜타 단파방송국을 유선 뉴스 방송국으로 바꾸고, 이를 다시 24시간 내내 국내외 뉴스만을 방송하는 슈퍼스테이션 체제의 텔레비전 방송국 CNN으로 개편하였다. CNN이 세계적인 명성을 얻게 된 것은 1991년 걸프전쟁 때 피터 아네트(Peter Arnett) 기자가 이라크에서 생생한 현지 상황을 전 세계에 방송하면서부터였다.

24일
에모리 대학의 윤치호 선생 스페셜 컬렉션

LA의 친구가 애틀랜타에 가면 꼭 들려 보라던 에모리(Emory) 대학을 찾아갔다. 에모리 대학 중앙도서관으로 가서 우리나라 「애국가」의 작사자이자 한국인 최초의 미국 유학생인 윤치호(1865~1945) 선생의 기록을 묻자 컴퓨터를 두드리고 어딘가 전화하더니 10층 스페셜 컬렉션(Special Collection)으로 가 보란다.

이곳 도서관의 스페셜 컬렉션으로 보관된 기록은 우선 잘 분류 되어 있을 뿐만 아니라 이 자료를 보는 사람에 대해서도 자세히 물어본다. 왜 이 자료를 찾는지, 어떻게 이 자료가 있는 것을 알았는지, 주소와, 이름, 직업 등을 묻고 카메라, 볼펜 등 가지고 간 소지품은 일체 사물함에 보관하고 그곳에서 주는 연필과 백지종이만 가지고 들어 가게한다.

에모리 대학 캠퍼스 안의 구내 게시판과 도서관 간판

윤치호 선생께서는 매일 일기를 쓰셨던 것 같은데 처음 유학 와서는 한글과 한문으로 쓰셨고 그 후로는 영어 일기를 쓰셨는데 잉크를 찍어서 쓰신 펜글씨의 필체 또한 멋있다.

흰 두루마기 한복에 수염을 기른 채 유학하신 윤치호 선생. 특히 애국가의 가사를 지은 그 친필이 액자로 만들어져 보관되어 있었다. 반가운 마음에 사진을 찍고 싶었지만 촬영은 금지였기 때문에 베껴 적은 것으로 만족해야만 했다. ☪

공원 안의 유적지
존 올리버 플레이스

Great Smoky Mountains National Park

> 애팔래치아 산맥의 남부에 자리잡고 있으며, 95%가
> 삼림지대로 이루어져 있다. 1934년 국립공원으로
> 지정되었고, 1976년 국제 생물권 보호구로 지정되었으며
> 1983년 유네스코의 세계유산 목록 중 국립공원으로 등록되었다.

26일
그레이트 스모키마운틴국립공원

그레이트 스모키마운틴(Great Smoky Mountains)국립 공원으로 출발.

지름길을 골라서 간다는 것이 되려 길을 잘못 들어서 험한 산을 서너 개 넘어갔다가 다시 돌아와야 했다. 하기야 이곳이 모두 스모키 산맥 자락이라서 경치는 길 못 찾아 헤맨 곳이 오히려 더 좋은 것 같다. 국립공원이 별 거 있겠나? 경치 구경하는 것이지….

호수를 배경으로 핀 진홍빛 밥풀꽃과 파랗게 움트나는 나뭇잎과 이미 파래진 잔디 등이 어울려 한층 봄의 기분을 자아낸다. 국립공원 안으로 들어서서 카디스 코브(Cades Cove)라는 곳으로 갔다.

자동차로 둘러보게 되어 있는 공원 안의 이곳에는 중간중간에 유적으로 지정된 목조건물들이 있고 흰꼬리사슴, 야생칠면조, 흑곰 등을 볼 수 있다고 했는데 사슴 네 마리밖에 못 보았다.

루즈벨트 대통령이 와서 국립공원 선포식을 했다는 장소에는 기념 패널과 사진들이 전시되어 있었다. 내려오는 길은 마치 우리나라의 설악산 계곡 같은 곳이 있어서 발도 씻으면서 쉬다가 왔다.

그레이트 스모키마운틴(위)
한창 물 오른 밥풀꽃 나무와 어우러진 강물(가운데)
국립공원 자원봉사자와 함께(아래)

로레타 린의 목장
들어가는 길

27일

로레타 린의 목장

테네시(Tennessee) 주 녹스빌(Knoxville)의 외곽, 킹스턴(Kingston)에서 엘비스의 그레이스랜드(Grace Land)가 있는 멤피스(Memphis)을 향해 아침 9시 10분 출발했다.

가는 길은 I-40 동쪽으로. 도로 표지판에 음표모양과 함께 '뮤직 하이웨이(Music Highway)'라고 쓰여 있다. 하긴 테네시 주의 내쉬빌(Nashville)은 컨트리 음악의 고향이고 멤피스 또한 그레이스랜드가 있지 않은가. 얼마 안가 로레타 린의 키친(Loretta Lynn's Kitchen) 혹은 로레타 린의 목장(Loretta Lynn's Ranch)이란 간판이 자꾸 나온다. 그 유명한 컨트리 여가수 로레타 린의 고향이 여기인 모양이구나.

길을 찾아 로레타 린의 목장으로 들어섰다. 안내소에 들려 이것저것 물어보는데 어디서 왔느냐고 해서 "Korea"하니까 한국에서 여기 온 사람은 자기가 알기엔 처음인 것 같다고 한다.

로레타 린하면 컨트리 송을 무척 잘 부르는 여자 가수이고 그녀의 이야기를 영화화 한 「광부의 딸(Coal Miner's Daughter)」이란 영화와 노래가 엄청나게 히트했던 것으로 기억된다. 씨시 스페이식

로레타 린의 목장
기념품 판매소

(Sissy Spacek)이 주인공으로 출연한 영화로 아카데미 상 후보에도 올랐던 것으로 기억하는데….

아무튼 3.2km 가량 더 들어가니 목장과 오토바이 경주하며 노는 곳, 연못, 그리고 그녀가 살던 집을 재현한 곳 등을 보고 전시관에 들어가려 하니 3시간 후에나 연다고 하기에 그냥 단념하고 떠났다.

가면서 보니 테네시 주의 뮤직 하이웨이(Tennessee Music Highway - Ⅰ- 40)선 상에 있는 휴게소에는 각각 유명한 음악인들의 이름이 붙여져 있고 그들의 업적과 이야기들을 소개하는 글과 사진이 붙여져 있다.

'B.B. King/ Elvis Presley Welcome Center'
'Patsy Cline/ Chet Akins Rest Area'
'Loretta Lynn/ Hank Williams, Sr. Rest Area'
'Eddy Arnold Parking Area' 등이다.

로렌타 린/
행크 윌리암스 휴게소

유명한 음악인들을 기리며 여행으로 지친 이들의 마음을 푸근하게 해 주는 좋은 생각인 것 같다.

＊ 로레타 린(Loretta Lynn)

켄터키 출신인 그녀는 컨트리 음악계의 살아 있는 전설이자 미국의 상징적인 인물이다. 아이를 여섯이나 낳은 후에야 처음으로 빌보드 차트 톱10 리스트에 진입했다. 1971년 자신의 가난했지만 행복했던 어린 시절을 노래한 발라드 「광부의 딸(Coal Miner's Daughter)」로 미국의 국민가수로 떠올랐다.

28일
엘비스의 그레이스랜드

어제 오후 4시경 멤피스에 도착하여 곧바로 엘비스 프레슬리의 그레이스랜드로 직행. 모든 걸 다 볼 수 있는 플래티넘 투어가 트리플 에이 할인으로 1인당 24달러, 다음날 아침 10시에 시작하는 첫 투어를 예약했다.

상쾌한 아침, 간밤에 잘 자서 그런지 피로했던 눈도 많이 맑아져 가벼운 걸음으로 엘비스 프레슬리를 만나러 갔다. 어제 받은 예약 표를 오늘 것으로 바꾸고 투어가 시작되길 기다렸다.

언니들에게서 들어서 배운 「Love Me Tender」를 뜻도 모르고 따라 부르던 나는

그레이스랜드
맨션

중학교 2학년 때 흑백 TV로 그가 독일에서 군복무를 마치고 프랭크 시나트라와 함께 쇼에 출연한 걸 본 기억이 난다.

버스를 타고 그레이스랜드 맨션(Graceland Mansion)으로 갔다. 거실, 음악실, 식당, 부모님 침실, 그 다음 지하로 가니 당구장, 음악을 녹음하기도 했다는 정글 룸(Jungle Room), 그 다음 방은 그의 의상과 전자 오르간, 책상, 의자 등이 있었는데 그 중 하얀 상아 손잡이의 아주 작은 권총(콜트. 45)이 있는 서재, 태권도 도복도 전시되어 있는 운동하는 방 등이 있었고, 나오면서 보니 말들이 한가로이 노니는 목장이 있는 뒷마당은 햇빛이 가득했다.

특별전시관엔 수많은 골든 레코드, 플래티넘 레코드와 여러 곳에 기증했다는 그의 사인이 들어있는 수표와 연대별 사진들이 수도 없이 전시되어 있었다. 그리고 마지막으로 1972년 이후 그의 마지막 77년까지 입었던 그 유명한번쩍이는 흰 의상들.

명상의 정원(위)

엘비스 데뷔 50주년 기념현수막 (아래)

밖으로 나가니 '명상의 정원(Meditation garden)'이라는 곳엔 둥그런 분수가 있고 그 옆에 네 사람의 묘가 있다. 어머니, 아버지, 엘비스, 그리고 할머니. 묘비에 쓰여져 있는 글을 읽으며 마음이 숙연해진다.

밥을 먹기 위해 식당 쪽으로 가려는데 한쪽에서 뭐라고 하며 부른다. 맞아! 아까 투어 시작 전 지정 기념사진을 한 장 찍었지! 일하는 아가씨, 우리의 모습이 하도 독

---

* 엘비스 프레슬리(Elvis Presley)

1935년 1월 8일 미시시피의 투펠로(Tupelo)라는 곳에서 태어났다. 1953년(18세)에 처음 어머니의 생일선물로 노래를 하나 녹음했고 1954년에 다시 데모 레코드를 녹음했는데 그 회사가 바로 '선 레코드(Sun Records)' 사였고 프로듀서는 샘 필립스(Sam Phillips)였다.
1956년에 「Heartbreak Hotel」이 빌보드 차트에서 8주간 1위를 차지했고 처음으로 골든 레코드(백만 장 팔림)가 되었다. 그의 음악은 팝, 컨트리, 가스펠, 리듬 앤 블루스가 모두 합쳐져 어떻게 분류하기 힘들었고 그에게서 락 앤 롤이 완성되었다고 평가 받는다.

그래이스랜드의
식당에서

특(?)해서 인지 벌써 사진을 들고 기다린다.

'Elvis Presley's Graceland' 라는 큰 글씨 밑에 어벙한 모습으로 서 있는 두 사람. 그래도 기념이야요!

그보다 노래를 잘하는 사람들도 꽤 있었을 테고, 그보다 잘생긴 사람도 많았을 텐데, 말로는 설명할 수 없는 그만의 매력. 그 매력은 어디서 나오는 것일까?

아마도 젊은 날의 그에게서는 엄청나게 높은 전압의 전기가 자가발전되어 수억의 팬들에게로 날아갔던 같다.

나도 그 중의 하나로 전기쇼크를 받았던 것이 아닐까?

29일

Good bye! Rose

계속 날씨가 맑았었는데 아침부터 비가 내린다. 그동안 이곳저곳 누비며 너무 빨리 달린 탓인지 벌레들이 부딪쳐 더러워진 양쪽 사이드 미러 뒤랑 헤드라이트 부근 이곳저곳을 비에 맞아 젖은 김에 페이퍼 타월로 닦았다.

내쉬빌 근처에서 잤으니 잭 대니얼(Jack Daniel's) 위스키 양조장이 있는 린치버그(Lynchburg)로 가려면 남쪽으로 내려가다 지방도로 50번을 타야 하는데 바로 그곳에 파예트빌(Fayetteville)이란 소도시가 있다. 파예트빌은 뉴올리언스로 가던 날 아침 배턴루지의 호텔에서 만난 로비(Robbie)와 로즈(Rose)라는 중년 부부가 사는 곳.

근처에 왔으니 만나볼 요량으로 그곳에 거의 다 갔을때 전화를 했다. 남자 목소리가 나오길래 로비냐고 물으며 한국에서 온 두 사람이라고 하니 그는 자신은 로비가 아니고 우리들에 대해서 얘기를 들었다고 한다. 그리고는 "But I have to tell you that Mrs. Rose passed away"라고 한다.

나는 처음에 그녀의 어머니가 돌아가신 줄 알았다가 다음 순간 엘비스에게 뽀뽀를 받았다고 자랑했던 예쁘고 뚱뚱한 아줌마가 불과 이틀전인 지난 토요일(3월 27일)에 하늘나라로 간 걸 알았다.

세상에, 그렇게 건강해 보이고 행복해 보이던 분이…. 정말 믿을 수 없었다. 게다가 그날은 우리가 엘비스의 그레이스랜드에 있었던 날이 아닌가? 눈물이 자꾸 나와 말을 이을 수가 없었다.

10분쯤 후에 로비에게서 전화가 왔다. 남자라서 그런지 그는 그래도 담담한 말투로 자기 집 근처에 있는 주유소로 오라고 했다.

그가 이야기하는 텍사코 주유소에 도착해서 전화를 해 놓고 붉은 티셔츠를 입고 있던 나는 손에 잡히는 대로 하늘색으로 갈아입고 또 빈손으로 갈 수가 없어서 그곳에 딸린 조그만 가게에 들어갔다.

헝겊으로 만든, 꼭대기에 나비반지가 꽂혀있는 예쁜 핑크빛 장미를 3송이 골랐

배턴루지에서의
행복한 미소

다. 그녀는 이름도 Rose인데다가 예쁜 색의 장미를 좋아할 것 같아서였다. 카운터에 꽃을 올려놓고 돈을 꺼내려는 순간 로비가 그 가게에 들어섰다.

햇님과 둘이 와락 끌어안으며 두 사람 다 눈물이 뚝뚝. 그 다음은 내 차례.

"What happened…" "How did it happen…?"

돈을 계산하려던 종업원이 우리를 놀란 눈으로 바라본다.

"여행 끝날 즈음에 그녀가 심장마비로 쓰러져 집으로 옮겼으나 지난 토요일에 그만 떠나 갔다"고 눈물을 줄줄 흘리며 얘기하는 로비 아저씨.

먼저 장례식장으로 갔다. 방명록에 우리 이름을 쓰고 가져간 장미를 그곳에 있는 분에게 부탁하고 나왔다. 아직 준비가 안되어 로즈를 볼 수는 없었지만 로비는 그 꽃들을 로즈의 관에 넣어 주겠다고 했다.

배턴루지에서 찍었던 사진을 집에 가서 친척들 있는 곳에서 보여주면 더 좋겠다고 하는 로비의 말에 그의 집으로 따라 갔다. 비는 주룩주룩 내리는데 집에 들어서니 언니, 동생 둘 내외와 남동생 내외, 딸 그리고 손자 등 여러 사람이 모여 있었다. 우리가 들어서니 서로 소개하고, 인사하고, 더러는 우리가 만났던 얘기를 하니 눈물짓기도 하고….

식당 탁자, 햇님의 노트북에 로비와 로즈의 행복해 보이는 미소가 뜨자 모두들 속으로 "어머!" 하면서 다시 눈물.

사진을 보내기 위해 여동생 두 사람의 이메일 주소를 받고 점심을 같이 하겠느냐고 해서 같이 먹었다. 여기도 한국처럼 이런 일을 당하면 음식을 한가지씩 해다 주는 것 같았다. 너댓 가지의 음식과 디저트로 초콜릿 케이크까지….

그들과 함께 먹으면서 '죽은 사람은 죽었지만 그 옆에서 산 사람은 여전히 아구아구 먹는구나' 하고 여러 번 생각했던 한국에서의 영안실 생각이 났다.

장례식 때까지는 머무를 수 없어서, 안타깝지만 인사를 하고 떠났다. 우리가 안 보일 때까지 문 앞에서 계속 손을 흔드는 로비 아저씨. 보이진 않지만 얼굴은 눈물 범벅이겠지….

29일

미국 넘버원 위스키 잭 대니얼

잭 대니얼(Jack Daniel's)의 위스키 양조장을 둘러보았다. 나는 별로 이 술을 좋아하진 않았는데 영화감독을 하는 내 아들놈은 이 술을 좋아하는 모양이다. 아마도 영화 「여인의 향기」때문이리라…

　1866년에 세워진 이 양조장은 이곳 동굴에서 쉴새없이 흘러나오는 맑고 풍부한 물과, 밀워키 등지에서 생산되는 옥수수, 호밀, 보리를 비율대로 잘 섞어 발효시킨 후에 이곳 부근의 높은 곳에서만 자라는 사탕단풍(Sugar Maple)나무를 가로, 세로 5cm에 길이 2m 정도로 잘라 미음(ㅁ)자 모양으로 2m 정도 쌓아올려 태운 후 물을 뿌려 만든 숯으로 술을 걸러 낸 후에 참나무통 속에서 4년을 숙성시켜 내 놓는다고

미국 넘버원 위스키
잭 대니얼 양조장

한다.

이곳에선 술을 판매는 하지 않고 있으나(테네시 주에는 아직도 금주령이 있다) 투어 도중 안내자는 술통(지름 약 3m) 둘레에 관람자들을 둘러 세워 코를 대게 하고는 술통 뚜껑을 서너 번 들었다 났다 하면서 숨을 크게 들이마시라고 익살이다. 그러자 과연 향긋한 술 냄새가 코를 통해 들어오면서 기분이 좋아진다.

참나무통에 들어 있는 술은 밖의 온도 변화에 따라 술통나무 깊숙이 스며들었다 나왔다를 몇 번씩 거듭하면서 좋은 향의 술이 만들어진다고 하며, 이 참나무통은 절대 한번 이상 쓰지 않는다고 한다. 술을 거르고 난 후의 숯은 압축해서 좋은 품질의 향, 좋은 숯으로 다시 만들어져 월마트 등에서 판매된다고 한다.

Mr. 잭 대니얼 동상
앞의 가이드 아저씨(위)

잭 대니얼
올드 넘버 7(아래)

---

* 잭 대니얼(Jack Daniel's)

미국 남북전쟁 중 북군에게 위스키를 공급하여 유명해진 위스키로 남북전쟁이 끝난 후 귀향한 병사들의 입을 통하여 그 이름이 널리 알려지게 되었다. 1890년 세인트루이스에서 열린 위스키 경연 대회에서 '잭 대니얼 올드 넘버 7'이 최우수상을 획득한 이래 명실공히 미국의 대표적인 위스키로 군림하고 있다.

---

* 여인의 향기 (Scent of a Woman)

앞 못 보는 퇴역 장교가 젊은 청년을 만나면서 삶을 돌아보고 희망을 얻게 되는 내용의 드라마. 알 파치노와 크리스 오도넬이 공연했는데, 특히 탱고 춤을 멋지게 추는 알 파치노의 모습이 인상적이며, 그는 이 영화로 아카데미 남우주연상을 수상했다. 이 영화에서 알 파치노가 연기한 프랭크 슬레이드 대령은 '잭 대니얼' 위스키를 즐기는 것으로 묘사된다.

폭우 속의
고속도로 휴게소

31일

폭우 속의 고속도로

아침에 애틀랜타를 떠나 플로리다로 향했다. 날씨가 흐리더니 얼마 안가서 폭우로 변한다. 고속도로에서 폭우를 만나면 앞에 가는 차가 만드는 물보라 때문에 거의 앞이 보이질 않는다.

그런데도 모두들 110~130km로 달리니 지칫하면 큰일 날 것 같아 잔뜩 긴장하고 달렸다. 그렇다고 나 혼자서 천천히 가다간 뒤에서 오는 차에 받힐 것 같고….

희미하게 보이는 앞차의 후미등을 계속 째려보며 어쩔 수 없이 나도 그 흐름에 보조를 맞추었다. 그렇게 두 세시간 달리다 보니 비가 조금씩 가늘어지고 가끔 구름사이로 해도 보인다.

20여 년 전에도 휴스턴에서 애틀랜타로 가다가 집중호우를 만난 일이 있었다. 하도 앞이 보이질 않아 길 옆에 차를 세우고 비가 그치길 기다렸는데 20분쯤 지나 비가 개이고 보니 내 차 1m 앞에 차가 하나 서 있어서 깜짝 놀랐던 것이 생각난다.

그 차도 앞이 보이질 않아서 차를 세웠을 텐데 하마터면 그 차를 받을 뻔하지 않았나 생각하니 등골이 오싹했었다.

그러고 보니 이번에도 애틀랜타 주변에서 집중호우를 만난 셈인데 옛날보다는 심하진 않았지만 그래도 대단한 비였다. 나중에 TV를 보니 국지적으로 집중호우가 있었다고 한다.

비가 개고 차는 플로리다로 들어섰다. 차를 몰고 미국의 여러 주를 넘어서 달려보면 주마다 도로와 땅은 다 연결되어 있는데도 뭔가 다른 풍경과 다른 모습들이 느껴지곤 한다.

플로리다도 벌써 햇빛이 많은 걸 느낀다. 오늘은 탐파(Tampa) 부근까지만 가기로 했다. 🔯

---

* 고속도로에서 큰 비를 만나면

앞차의 물보라 때문에 거의 앞이 보이질 않는데도 보통 70~80마일로 마구 달리니 위험하기 그지없다. 따라서 우선은 안전한 주유소나 쉬는 곳을 찾아 들어가서 빗줄기가 가늘어지기를 기다리는 것이 좋다.

31일
시끌벅적 키 웨스트의 말로리 광장

미국 지도상에 고속도로는 붉은색으로 넓게 표시되어 있는데 간혹 초록색으로 표시되어 있는 고속도로는 유료도로(Turnpike)이다. 우리가 가고 있는 플로리다 남단을 가로지르는 일직선의 도로가 바로 이것이다.

미국 여행 중 처음 맞는 유료도로에 2달러를 내고 들어섰다. 도로에는 차들이 그리 많지 않다. 돈을 내고 들어와서 본전 생각들이 나서 그런지 차들이 속도가 무척이나 빠르다. 보통 145~160km로 달린다. 나도 그 흐름 중에서도 빠른 차를 따라같이 달렸다. 미국 여행 중 가장 빨리 달려 본 것 같다.

플로리다 남단 키 웨스트(Key West)의 관문인 홈스테드(Homestead)에 방을 이

끝없이 이어지는
섬과 섬을 잇는
시원한 길

틀 예약을 해 놓고 바로 키 웨스트로 향했다. 홈스테드를 거점으로 플로리다에 있는 두 개의 국립공원, 에버글레이드(Everglades)와 비스케인(Biscayne)에 가 보기 위해서였다.

키 웨스트로 가는 길은 여러 섬을 연결하여 만든 길이라 중간중간 다리도 많고 물 가운데에 흙을 부어 둑길처럼 된 곳도 많아 길이 좁은 곳이 여러 군데 있다. 그리고 속도 제한구역이 많아 시간이 많이 걸린다.

키 웨스트에 도착하여 모텔을 정하고 석양을 보러 키 웨스트에서도 제일 끝, 서남단에 위치한 말로리(Mallory) 광장으로 나갔다. 광장에는 세계 각국에서 온 듯한 사람들이 멀리 붉은색으로 멋있게 물든 하늘과 바다의 모습을 사진 찍기도 하고 넋을 잃고 바라보고 있기도 한다. 그런가 하면 배를 탄 채로 낙조를 구경하는 사람들도 있다.

광장의 이곳저곳에선 한국의 약장수들처럼 구경꾼들을 둘러 세워 놓고 저마다 재주를 보여주는 사람이 많았다. 외발 자전거를 높이 타고는 불방망이 세 개를 자유자재로 던져 올려 받고 또 던지는 사람도 있고 한편에선 잘 훈련시킨 개를 데리고 나와 갖가지 묘기를 보여주는데 특히 아이들에게 인기가 있어 보였다. 그 옆에는 기념품, 액세서리, 음료, 먹을거리 등을 파는 간이 판매대로 발 디딜 틈이

쓰레기통도
이렇게 호강을…

키 웨스트의
저녁노을

없다.

구경을 한참 하고 나니 배가 출출하여 중심가인 듀발 스트리트(Duval St.)에 있는 해산물 뷔페식당에 갔다. 1인당 25달러라는데 맥주를 너무 많이 시켜 먹었더니 둘이서 78달러나 나왔다.

원래 키 웨스트는 서부의 금광이 개발되기 전에는 미국에서 가장 돈이 많은 곳이었다고 한다. 하루에도 100여 척의 배가 들렀다고 하며 배에서 나온 값진 보석이며 물건들이 거래되어 경제적으로 풍족했다고 한다.

지금은 3월 말이라 날씨는 덥지도, 춥지도 않아 너무 좋은데, 원래 이곳의 시즌은 12월부터 그 다음해 4월까지라고 한다. 물론 호텔값도 이 기간 동안은 무척 비싸고 5월부터 11월까지는 무덥고 태풍도 잦아서 가격도 많이 내려간다고 한다.

특히 1992년 허리케인 앤드류(Hurricane Andrew) 때에는 엄청난 피해를 입기도 했다고 하는데 그 흔적이 아직도 군데군데 남아 있다.

말로리 광장의
이태리 식당(위)

듀발 스트리트의
아침(가운데)

외발자전거 위에서
불놀이 하는
서양 약장수(아래)

* 허리케인 앤드류

미국 역사상 최악의 천재지변이라 불리는 허리케인. 1992년 미국 플로리다를 덮쳤는데 시속 300Km 즉 초속 약 83m의 강풍으로 남부 플로리다 일부가 그야말로 황무지가 되어버렸으며 150~300억 달러(18조~36조)의 피해액을 남겼다. 그리고 앤드류가 휩쓸고 간 이후 쓰레기가 하루에 300만 톤씩 발생해 엄청난 환경 문제도 일으켰다.

시끌벅적 키 웨스트의 말로리 광장 **165**

April

. . . .

플로리다 주의 키 웨스트에서 시작한 4월의 여행은
트루먼과 헤밍웨이의 집을 들린 후 에버글레이드, 비스케인국립공원을
거쳐 가슴 떨리는 데이토나 자동차 경주장을 구경했다.

미국의 수도 워싱턴 DC의 국립미술관, 뉴욕의 휘트니 미술관을
방문하고 북쪽으로 올라가 아카디아국립공원을 거쳐 캐나다로 입국,
할리팍스, 케이프브레튼국립공원까지.

1일
트루먼의 작은 백악관

어제저녁 어슬렁댔던 듀발 스트리트. 트루먼 대통령의 '작은 백악관'과 '헤밍웨이의 집'이 모두 멀지 않은 곳에 있어 차를 모텔에 주차해 놓은 채 어제 낙조를 보느라 사람들이 와글대던 말로리 광장으로 다시 가 보았다. 어제 저녁에는 바닷가의 길을 다 터놓았었는데 오늘은 바다에 면한 호텔마다 자기들 쪽의 울타리를 막아 사람들이 드나들지 못하게 되어 있었다.

그런데 그 중 어제저녁에는 와글거리는 사람들 때문에 눈에 들어오지 않았던 호텔 간판 하나가 눈에 띈다. 'Hot Tin Roof' 엘리자베스 테일러와 폴 뉴먼이 나왔던 *「뜨거운 양철 지붕 위의 고양이(Cat on a Hot Tin Roof)」가 생각났다. 다음에 다시 키 웨스트에 오게 되면 Hot Tin Roof에 묵어야지 베란다에 앉아 석양도 즐길 수 있으니까.

부두에는 타이타닉호 같은 배가 정박해 있고 그 배의 맨 아래 있는 출구에서 사람

바닷가에 있는
Hot Tin Foof
호텔 모습

부두에 정박해 있는
타이타닉호 같은
여객선

들이 꾸역꾸역 광장 쪽으로 나오고 있다. 이름하여 크루즈 여행 중이겠지.

엇저녁과 너무 다르게 썰렁한데다가 커다란 배가 바다 쪽을 콱 막고 있으니 상쾌하질 않았다.

몇 블록 안 가서 나타난 트루먼의 작은 백악관(Little White House).

이곳은 원래 1890년대에 해군의 사령관 숙소 혹은 재정관들이 머무는 용도로 지었었는데(쿠바의 하바나가 145km 떨어져 있는 군사적요지이기 때문에) 20세기 초에 이곳 기지 사령관 가족의 숙소로 바뀌었다고 한다. 1차 대전 중에는 유명한 발명왕 에디슨이 이곳에 머물며 미국의 해군을 위해 연구하러 일하기도 했다고.

2층의 방 한쪽 벽에는 대형 사진이 걸려있는데 그랜드 피아노 건반에 손을 얹은 채 뒤를 돌아다보고 있는 안경 쓴 트루먼 대통령과 당시 19세의 로렌 바콜(Lauren Bacall)이 피아노 위에 다리를 꼬고 올라가 앉아 있는 유명한 사진이다. 60세의 대통령과 19세의 여배우…. 와아! 미국에서나 가능한 얘기이겠지.

1884년 미주리(Missouri) 주의 라마(Lamar)에서 태어난 트루먼은 1차 대전 때 육군 근무했고 제대 후에 미주리 주의 잭슨 카운티(Jackson County)에서 판사로 일하기 시작, 1934년에는 상원의원, 1944년에는 루즈벨트 대통령의 러닝메이트가 되었다. 부통령이었던 1945년 4월 갑작스런 루즈벨트 대통령의 죽음으로 대통령직을 승계 한 후 1952년까지 재임했다.

그는 한국전쟁 때(1951년) 맥아더 장군을 해임하여 우리 군대가 북쪽으로 진격하여 통일을 이루려는 것을 막아 한국인들을 분개하게 한 것으로 유명하다. 또한 그는 1945년 일본에 원자폭탄을 투하하여 2차 대전을 종식시킨 장본인이기도 하다.

그는 재임 중 1년에 175일을 여기에 와서 일해 이곳을 '겨울의 백악관'(Winter White House) 혹은 '작은 백악관(Little White House)' 이라고 했으며 반면에 백악관을 '커다란 흰색 감옥(Great White Jail)' 이라고 했다.

그는 모든 이들이 자기를 '해리(Harry)' 라 부르는 걸 더 좋아했고 기자들은 그를 '인간적인 트루먼(Truman the human)' 이라고 지칭했다고. 퇴임 후에도 그는 이곳을 가끔 방문했는데 1969년에 왔던 것이 마지막이었다 한다. ☾

> *** 뜨거운 양철 지붕 위의 고양이(Cat on a Hot Tin Roof)**
>
> 테네시 윌리엄스의 희곡을 영화화한 작품으로 좌절과 탐욕에 젖어 있는 가족 간의 갈등을 통해 인간의 내면을 적나라하게 해부한 영화. 이 영화는 극히 제한적인 공간의 사용을 통해 연극적인 미장센 연출의 극치를 보여주고 있다. 특히 폴 뉴먼은 인간의 허위의식에 저항하는 주인공의 내면심리를 탁월한 연기력으로 보여주고 있다.

1일
헤밍웨이의 집

트 루먼 하우스에서 남쪽으로 7~8블록 떨어진 화이트헤드 스트리트 (White Head St.)에 있는 헤밍웨이 집으로 갔다. 붉은 벽돌담으로 둘러 쌓여 있는 그의 집은 사람들이 주위에서 웅성거려 금방 찾을 수 있었다.

애초에 이 집은 아사 티프트(Asa Tift)란 사람이 1849~1851에 지었는데 1931년 헤밍웨이의 두 번째 부인인 폴린느 파이퍼(Pauline Pfeiffer)가 8,000달러를 주고 사서 많이 고쳤다고 한다.

벽에 있는 그림 중 바다 위의 배를 배경으로 헤밍웨이와 1954년 노벨문학상 수상 작인 그의 소설 「노인과 바다」의 모델인 그레고리오 푸엔테스(Gregorio Fuentes) 와 작가 헤밍웨이 두 사람의 얼굴이 그려져 있는 것이 눈길을 끌었다.

식당 쪽의 벽에는 헤밍웨이의 생애를 말해 주는 사진들로 가득 차 있었는데 특히 그의 4명의 부인 들 사진은 모두 한곳에 모여 있었다.

2층 계단 오른쪽에 있는 주인 침실, 푹신해 보이 는 흰 시트의 침대 두 개의 베개 사이를 가이드가 들치니 세상에, 침대시트 색깔과 똑같은 흰색의 고 양이가 그 속에서 낮잠을 자고 있었다!

헤밍웨이는 고양이를 무척 좋아하여 한때는 이 곳에 고양이가 60마리까지 있었다 하며 아직도 집 안 곳곳에 고양이가 많았다. 세익스피어, 세잔느, 에바 가드너, 제임스 스튜어트, 찰 리 채플린 등의 이름을 가진.

베개 밑에는 흰 고양이가 낮잠 중

이층 베란다의 주인 없는 등나무 가구들은 더운 여름 한적하게 그 위에서 쉬고 있 을 그를 상상하게 했다.

그는 풍운아와 같아서 파리, 키 웨스트, 스페인, 쿠바 등 여러 곳에서 살았고 또한

여행도 많이 하여 그때마다 만난 사람, 경험 등을 살려 소설을 썼다. 이태리에서는 부상 당한 경험을 살려 「무기여 잘 있거라」를 스페인에서의 경험은 「누구를 위하여 좋은 울리나」, 아프리카 여행 경험은 「킬리만자로의 눈」과 「아프리카의 푸른 언덕」 등을 썼다.

그가 생전에 쓴 18개의 소설 중 7개의 소설을 이곳에서 12년간 썼으니 키웨스트가 그의 소설가로서의 생애 중 가장 황금기였던 것 같다.

독립된 뒤채 건물 2층 서재에서 그는 날마다 아침 6시부터 정오까지 일 했고 오후에는 낚시, 저녁에는 '슬루피 조(Sloppy Joe's)' 술집에서 지인들과 맥주 마시기를 즐겼다고 한다.

헤밍웨이 사후 1961년에 잭 대니얼(Jack Daniel) 부부 (위스키로 유명한 잭 대니얼과 동명이인)가 평소 너무 좋아했었던 이 집을 샀다 한다. 그러나 사람들이 헤밍웨이를 추억하기 위해 자꾸 몰려오기 때문에 가지고 있을 수 없어 기증하였다고.

가이드는 이곳은 영혼이 사는 과거의 장소가 아니라 바다에서 돌아올 선장을 기다리는, 산에서 돌아올 사냥꾼을 기다리는 아내처럼 사랑이 살아있는 집이라 한다.

이곳은 여전히 그의 영감이 살아있고, 그의 빛나는 생애가 우리세대 그리고 다가올 세대에게도 영원히 살아있는 장소로 남아있을 것이라고 말했다.

나중에라도 쿠바의 하바나에 가게 된다면 거기에 있다는 그의 집을 한번 꼭 가 보아야겠다.

헤밍웨이가 즐겨 찾던 술집(위)

매달린 상어 앞에서(가운데)

키 웨스트의 티셔츠와 환상적인 칼라 매치? (아래)

헤밍웨이의 집－키 웨스트　173

이곳은 악어 세상
새 아저씨도 있네…

Everglades National Park

"

생물권을 보호하기 위하여 지정된 국립공원으로는
미국 최초의 자연공원이며, 북아메리카 대륙에서는 유일한
아열대 보호구이다. 1979년 유네스코의 세계유산 목록으로
등록되었으며 국제습지조약에 의하여 세계의 주요 습지
가운데 하나로 지정되었다.

"

2일
악어 세상 에버글레이드국립공원

에버글레이드(Everglades)국립공원엘 갔다. 이른 아침부터 많은 사람들이 모여든다. 10시 30분, 국립공원 가이드가 나타나서 천막교실 같은 곳에 사람들을 앉히고 주의사항과 더불어 이곳에 대한 설명을 한다.

에버글레이드국립공원은 미국에서 데스밸리, 옐로우스톤에 이어 세 번째로 면적이 광대한 곳이란다. 또한 다른 곳이 경치 위주로 된 국립공원인데 반해 이곳은 볼거리는 별로 없는 늪지대이지만 자연 생태계 때문에 국립공원으로 지정된 곳이라며 각종 어류, 조류, 식물, 동물에 대해 많은 관심을 가져달라고 한다.

관리소 앞에 있는 연못 같은 늪 가장자리 풀숲, 갓 태어난 어린 악어 두 마리를 보려 사람들이 몰려드니 어미 악어가 서서히 다가온다. 그 근엄하고 위압적인 모습….

설명하던 가이드가 사람들을 뒤로 물러서라 하며 악어가 어떤 때는 물 위로까지 뛰어오를 수도 있다고 한다. 동물이나 사람이나 자식 보호하려는 본능은 같은 것 같다.

워낙 넓은 곳이라 보통 16km, 32km씩 이동하며 구경했다. 거북이, 악어, 뱀, 가지가지 새들을 구경하고 나서 피크닉 테이블이 있는 곳으로 가 아침에 싼 김밥으로 점심을 먹으려는데 바로 옆에 햇볕을 쬐며 눈을 감고 있는 악어가 두 마리나 있다.

그 기회를 놓칠 수 없어 벌벌 떨면서도 가까이 가서 사진을 찍었다.

설명 중인
국립공원 가이드
(위)

잘 정비된
공원 안의
나무통로(아래)

Biscayne National Underwater Park

“

비스케인국립공원은 국제적으로 레크리에이션 장소로 알려졌다.

공원의 95%가 바다로써, 맹그로브(Mangrove) 해안선,

얕은 만, 미개발의 섬들과 살아 있는 산호초들로 이루어져 있다.

국립공원으로 지정하여 중요한 바다의 생태계를 보호하고,

보존하기 위한 노력을 많이 기울이는 곳이다.

”

3일

비스케인 수중국립공원

마이애미(Miami) 남쪽 1시간 거리에 있는 비스케인 수중국립공원(Biscayne National Underwater Park). 우리가 묵었던 홈스테이드에선 10분 거리라서 일찍 도착했다. 플로리다 반도의 동남쪽 끝에 위치한 비스케인은 어린아이의 그림처럼 단순하다.

깨끗한 푸른 물, 밝은 노란색의 태양, 큰 하늘, 어두운 쑥색의 숲들. 천국이 땅과 만나고(heaven+earth) 하늘이 물과 만나고(sky+water)….

항시 따뜻하고, 햇빛과 비가 풍부하여 나무도 많고 또한 바닷물이 너무 깊지 않기 때문에 산호초가 아름다운 색깔로 살아 있어 북아메리카 대륙에서 유일하게 살아있는 산호초가 있는 곳이라고 한다. 바다 속의 이 아름다운 생물들을 보호하기 위해 겉으로 보기엔 하늘과 바닷물만 보이지만 국립공원으로 지정해 보호하고 있다 한다.

배 가운데 아래 쪽이 길쭉하게 유리로 되어 있어 바다 생물을 배에 앉은 채로 관찰할 수 있는 보트 관광을 25달러씩에 예약했다. 밖을 보니 우리를 태우고 갈 배가 기다리고 있어 사진을 한 장 찍었다.

배에 올라앉아 어서 배가 뜨기를 기다리면서 뉴욕 주에서 왔다는 부부와 이야기를 하고 있는데 2층 사무실에서 손짓, 가보니 최소한 6명이어야 하는데 4명밖에 안되어 배가 뜰 수 없다고 한다.

어쩐지 아까부터 마도로스 모자와 선글라스를 쓴 선장이 옆에서 왔다갔다 하면서 6명이 되어도 손해라나 뭐라나 하면서 궁시렁궁시렁 하더라니….

결국 보트 관광은 취소. 아쉬웠던 비스케인국립공원.

언제 다시 올 수 있으려나?

지역작가 Captain Honk의 물고기 조각작품

4일
데이토나 자동차 경주장

데 이토나(Daytona)! 속도를 겨루고, 즐기는 자들의 만남과 겨룸과 흥분의 도가니! TV와 영화를 통하여 보며 가슴 끓었던 자동차 경기장!

1903년 3월 26일 그 당시 자동차 제조자였던 올즈(Olds)와 윈스턴(Winston)이 누구의 차가 빠른지를 겨루기 위해 오몬드 해변(Ormond Beach)에서 처음으로 자동차 경주를 한 것이 시작이라고 한다. 이렇게 시작한 모래 위에서의 자동차 경주는 해를 거듭할수록 점점 참가자도 늘어나고 관객들도 늘어났다.

올즈는 그 후 유명한 올즈모빌(Oldsmobile)의 창업자가 되었고 알렉

속도 내려고
발진 중인 경주차

산더 윈스턴은 미국에서 처음으로 V-8 엔진을 만든 사람이 되었다.

모래밭의 자동차 경주가 시작되고 56년 지난 1959년 자동차 경주 선수였던 빌 프란스(Bill France)라는 사람이 지금의 데이토나 자동차 경주장을 만들었다.

이곳 경기장에서 자동차 경주를 하는 차들은 모두 '굿 이어(Good Year)' 타이어만 쓰도록 되어 있고 가솔린은 옥탄가가 210(보통 승용차에는 87~93) 정도 되는 것만 쓴다고 한다.

특히 자동차 경기 도중 정비소로 들어와서 바퀴도 갈고 기름도 넣고 하는데 가장 인기 좋은 정비소는 26번 정비소라고 한다. 그 이유는 화장실이 가까워서라고. 경기에 출전하면 긴장되어 소변이 자주 마려워지는 모양이다.

본 경기장에는 130달러를 내고 신청하면 진짜 카레이서의 옆자리에 앉혀서 290km~300km로 세 바퀴를 달려준다.

한 바퀴 도는데 298km의 속도로 48초 정도 걸린다고 하는데 세 바퀴를 돌고 온 나이 많은 아주머니 한 분이 경주용 차에서 내리면서 고개를 절레절레 흔든다.

톰 크루즈와 니콜 키드만이 출연한 *「폭풍의 질주」란 영화도 이곳에서 촬영했단다. 폴 뉴먼은 74세 때 이곳 자동차 경주에서 단체 4등을 했다는데…. 이 몸은 구경만 하고 돌아간다.

함성이 들리는 듯한 관중석(위)

카레이서와 함께 (가운데)

세 바퀴 돌고 온 차 (아래)

* 폭풍의 질주(Days of Thunder)

토니 스콧 감독과 톰 크루즈가 펼친 카레이서 영화로, 데이토나 자동차 경주장을 배경으로 젊음의 열정과 사랑을 보여준 영화이다. 흥행에는 그다지 빛을 보지 못했지만 오랜만에 선보인 카레이서 영화라 팬들의 관심을 모았다.

머틀 비치에는
골프장이 지천으로
깔려 있다

6일
골퍼들의 천국 머틀 비치

노스캐롤라이나(North Carolina)의 랠리(Raleigh)를 거쳐 동남쪽으로 I-40을 타고 한참을 내려갔다. 말로만 듣던 '골퍼들의 천국'이라는 머틀 비치(Myrtle Beach)를 향해….

윌밍턴(Wilmington) 있는 곳을 지나며 17번으로 갈아타는데 표지판에 'Cape Fear'라 써 있어 지도를 보니 어라!

로버트 미첨(오리지날)과 로버트 드 니로(리메이크). 두 명의 로버트가 출연했던 공포영화 *「케이프 피어 (Cape Fear)」란 곳이 진짜로 있네!!

남과 북 캐롤라이나 주의 경계에 걸쳐 있는 통칭 머틀 비치 지역은 이 한 곳에만

135개의 골프장이 있다니 정말 골퍼들의 천국인 셈이다.

지나가다 보니 한 모텔에 '작은 부엌 딸렸음'이라고 씌어 있어 눈에 확! 들어가 보니 방 값도 비싸지 않고 바로 5분 거리에 있는 골프장의 할인티켓까지!(카트비 포함하여 30달러)

오랜만에 부엌이 있으니 오늘 저녁 메뉴는 스테이크!

햇님은 벌써 포도주 병따개를 코르크에 꽂아놓고 기다린다. 먼저 프라이팬을 달군 다음 넓적한 고기를 탁 올려놓는다. 찡!! 소리 한번 좋고!!

소금과 후추를 뿌리며 좀 익힌 다음, 간장과 설탕을 슬슬, 뒤집어서 또 한번 간장, 설탕~~~ 완성! 포도주와 샐러드와 무지하게 맛있는 스테이크, 진짜 환상이었다!

한쪽을 둘이 나누어 먹고 두 번째 굽는데 드디어 방에 있는 경보기가 작동. '삐--익'하고 소리가 난다. 어쩐지 환풍기를 틀어도 연기가 잘 안 빠지더라니….

수건을 들고 침대로 올라가 센서 근처를 마구 휘둘렀다(경보기 소리가 나도 당황하지 않고 침착할 수 있었던 건 지난 1월에 워너 스프링스에 갔을 때 방갈로의 센서가 너무 민감해 자꾸 울려서 교대로 침대에 올라가 수건을 휘둘렀던 경험이 있었기 때문이다).

주니어 골프 선수와

소리 때문에 굽다 만 스테이크는 화장실에서 문 닫고 브루스타로 마저 익혔는데 거의 레어(rare)로 구워졌지만 그래도 엄청 맛있었다.

스모키 마운틴(Smoky Mountain)이 아니라 스모키 모텔 룸(Smoky Motel Room)에서의 '판타스틱 스테이크'였다. 고기로 기운을 축척 했으니 내일은 골프를 잘 칠 수 있겠지….

---

* 케이프 피어 (Cape Fear)

62년 J. 리 톰슨 감독에 로버트 미첨과 그레고리 팩이 나왔던 동명 흑백영화의 리메이크판으로 싸이코 전과자(로버트 드니로)가 자기를 감옥에 보낸 검사 일가족에게 복수를 한다는 내용의 서스펜스 공포물이다.

여행 에피소드

못 말리는 잡생각…?

머틀 비치에서 길 가다가 '샌드 파이퍼 베이(Sand Piper Bay)'라는 선전 간판이 눈에 띄니 엘리자베스 테일러와 리차드 버튼이 나왔던 「샌드 파이퍼(The Sandpiper)」라는 영화 생각이 나고 또 킨케이드 갤러리(Kincaid Gallery)라는 간판을 보면 「매디슨 카운티의 다리」의 주인공 로버트 킨케이드(Robert Kincaid)가 생각나고 슈퍼에서 산 조그만 도넛 포장에 'Sweet 16 Donuts'라고 쓰여 있는걸 보면 「You're sixteen, you're beautiful, and you're mine…」이란 노래 생각이 나고 키 웨스트의 한 식당 간판에 'Diner Shores'란 걸 보면 「푸른 카나리아(Blue Canary)」를 부른 옛날 여가수 다이나 쇼 생각이 나니 나도 정말 못 말려….

어디 그뿐인가, 주유소 '엑손(EXXON)' 간판만 보면 「리쎌 웨폰 3편」에서 멜 깁슨이 악당들 있는 곳에 불지르려 휘발유탱크에 연결된 파이프를 쭉 빨아 탁! 뱉더니 '우! 엑손!!' 하던 게 생각나지, 노스캐롤라이나로 올라갈 때 I-95 선상에 142km에 걸쳐 거의 1.6km에 한 개씩 세워놓은 'South of the Border'라는 놀이동산인지 쇼핑센터인지의 간판이 있으니 딘 마틴의 'South of the border, down Mexico way…'라는 노래 가사가 생각나지 않을 수 있냐고요?

그런데 그게 햇님과 쿵짝이 맞냐고요? 글쎄~~요.

키 웨스트의
눈에 띈 간판

9일
나는 기계를 발명한 라이트형제

머틀 비치를 떠나 저녁이 다 되어 도착한 세다 섬(Cedar Island) 선착장 바로 앞에 하나밖에 없는 모텔에 도착하여 아침에 출발하는 오크라코크 (Ocracoke)행 *페리를 예약했다. 아침 일찍부터 차량들이 줄을 서서 예약 확인 후 돈을 낸다. 차량 1대당 승용차는 15달러, 중형차는 20달러, 대형차는 30달러씩이다.

안내에 따라 배 위로 차를 몰고 들어가서 거의 20~30cm 간격으로 차들을 차곡차곡 세운다. 배가 출발하니 바닷바람이 매우 불어서 모두들 차 안에서 책도 보고 잠도 자고 있거나 이야기도 하면서 보낸다.

이곳은 옛날 해적 출몰지역이었는데 검은 수염(Black Beard)이라는 유명한 해적이 이 근처에서 죽었다는 이야기가 있는 곳이다. 페리로 2시간 15분 정도 건너간 후 다른 페리로 갈아타고 40분간 바다를 건너 100년 전 라이트 형제가 비행기를 시험

라이트형제 기념관–
그들의 것과 같은
크기의 글라이더

하던 키티호크(Kittyhawk)로 갔다.

'라이트 형제의 기념 장소(Wright Brothers National Memorial)'라고 지정되어 있는 이곳에는 '킬 데블 힐(Kill Devil Hill)'이라는 27m 높이의 언덕이 있는데, 유난히 바람이 많이 부는 데다 모래로 되어 있어서 글라이더를 끌고 올라가서 날아 내려오다가 떨어져도 크게 다치거나 부서지지 않기 때문에 이곳에서 연습을 했다고 한다.

멀리 보이는 언덕이 Kill Devil Hill이다

68km 정도 되는 글라이더를 1,000여 번 언덕 위로 끌어올린 후 타고 내려오면서 작동 방법, 양력 등에 대하여 연구했다고 한다. 천 번도 넘게 올라갔다 내려오곤 했다니….

결국 1903년 12월 17일 4번의 비행으로 59초간 260m를 나는데 성공하였다고.

언덕 아래의 넓은 광장에는 그들이 1차, 2차, 3차, 4차 시도해서 날아가 착륙한 지점 네 곳에 글씨를 새긴 큰돌을 세워 놓았다.

노스캐롤라이나 주 키티호크의 킬 데블 언덕에는 오늘도 여전히 강한 바람이 불고 있다. 🎐

* 페리(Ferry) 이용하기

대체로 육로로 돌아가기가 멀거나 지형이 너무 험해서 도로나 터널을 뚫기 어려운 곳에 가면 거의 틀림없이 페리를 운행하고 있는데 요금을 계산해 보면 자동차로 가는 것과 거의 비슷하거나 조금 비싼 정도이다. 그러나 시간이 많이 절약되므로 이것을 이용하는 사람들이 의외로 많다.

11일
미국 해군의 요람 아나폴리스

비가 부슬부슬 내리고 찬바람이 부는 아침. 워싱턴 D.C.에서 약 30여 분 동쪽으로 가면 미국 해군사관학교가 있는 아나폴리스(Annapolis)항구가 있다.

1845년 설립된 이곳은 41만여평의 넓은 땅에 학교와 체육관, 생도대, 식당, 교회, 박물관 등을 지어 매년 1,000여명의 생도를 길러내고 있다. 이중 여자생도도 18%나 된다고 하며 졸업 후 약 20%는 해병으로 진출한단다.

한국 공군사관학교에서는(내가 누군가, 자랑스런 대한민국 공군사관학교 15기 졸업생이 아닌가!!) 1학년생을 '메추리'라고 부르듯 미 해사의 1학년생은 'Plebes(평민)', 2학년은 'Youngsters(꼬맹이)'라고 부른다고 한다.

입교할 수 있는 신체조건 중 키는 195cm까지라고 하며(아마 키가 너무 크면 군함

해군사관학교
정문 앞

이나 잠수함에서 머리를 부딪칠까봐 그런가?) 4학년 때까지 800m를 40분 이내에 수영할 수 있어야 한다. 또 다이빙을 못하면 졸업을 못한다고 한다(해군이니 당연한 말씀!). 그래서 그런지 올림픽 규격의 수영장, 레슬링, 유도장 등의 시설이 갖추어져 있고 하루 2~3시간씩 운동을 하게 하며 매 학기 테스트를 한단다.

미국에도 역시 미국도 삼군사관학교 체육대회가 있어서 경쟁이 대단한데 해군으로서는 거대한 육군이 버거운 듯, 1891년 처음으로 육군사관학교를 이겼다고 기록을 해 놓을 정도이다.

세계에서 제일 크다는 생도대(기숙사) 밴크로프트 홀(Bancroft Hall) 입구 양쪽에 종이 각각 하나씩 놓여 있는데 왼쪽에 있는 일본으로부터 기증 받았다는 종은 육사를 물리쳤을 때만 울리게 된다며 금년에도 이 일본 종이 울리기를 희망한다는 안내원의 이야기이다.

이곳의 생도대는 원래 한방에 2층 침대 두 개씩하여 4명이 기거했었는데 지금은 위층은 침대, 아래층은 컴퓨터 및 책상으로 개조하여 두 명이

아나폴리스 항구의 알렉스 헤일리 동상 (위)

깔끔한 생도대 내부(아래)

쓴다고 한다.

대형 무도장이 있는 메모리얼 홀(Memorial Hall). 들어서는 가운데 정면 벽에는 'Don't give up the ship(절대로 배를 포기하지 말라)' 이라는 문구가 크게 쓰여 있는데 이곳의 졸업생인 제임스 로렌스(James Laurence) 선장의 유명한 말이라고 한다.

메모리알 홀의 뒤편 바다 쪽으로 생도 식당이 있는데 4,000명의 생도가 30분 내에 식사를 끝낸다니 가히 기적의 식당이라고.

물의 신, 천사들이 그려 넣어진 매우 아름다운 스테인드 글래스가 여러 개 있는 교회는 일요일 예배시간을 다르게 하여 여러 종파의 교회로 쓰이고 있다고 하며 일반인도 참석할 수 있다고 한다.

교정에는 정갈한 제복의 생도들이 씩씩하게 발맞추어 지나가기도 하고, 데이트 중인 것 같은 생도들도 눈에 띄었다.

사관학교에서 가까운 아나폴리스 항구 앞에는 벤치에 앉아 세 명의 아이들에게 이야기를 들려주고 있는 「뿌리」의 작가 *알렉스 헤일리(Alex Haley)의 동상이 놓여 있다.

그의 조상 '쿤타 킨테'가 아프리카에서 노예로 잡혀 이곳 아나폴리스 항구로 실려 왔던 얘기를 해 주고 있는 것일까?

---

* 알렉스 헤일리(Alex Haley)

1965년 블랙 모슬렘(Black Moslem)의 투사 맬컴 X의 전기 「맬컴 X의 자서전」을 대필한 것이 계기가 되어, 서부 아프리카 감비아의 한 마을에 대한 사실을 끈질기게 추적하게 되었다. 그래서 노예로 처음 잡혀온 자신의 조상 쿤타 킨테 이래 6대에 걸친 노예의 억압받는 삶을 「뿌리」(1976)라는 소설로 완성하기에 이르렀다.

⫸ 달님의 미술관 관람기

12일
멕시코의 국민 화가 디에고 리베라

워싱턴의 국립미술관 동관. 2층으로 올라가니 멕시코의 국민화가 디에고 리베라(Diego Rivera)의 입체파(Cubist) 작품을 전시 중이었다. 그리 크지 않은 전시장에 약 20점 정도의 작품이 전시되어 있었다. 디에고 리베라는 스케일이 큰 벽화화가로 널리 알려져 있고 그의 입체주의 작품을 대하는 건 거의 처음이라 흥미로웠다.

전시 중인 작품들은 1913년~1915년 사이 리베라가 스페인과 프랑스에 머물던 시절 제작된 작품들로 조지 브라크(George Braque)나 파블로 피카소(Pablo Picasso) 보다 늦게 입체파에 합류하였던 그는 다른 입체주의 화가들보다 조금 밝은 색을 많이 썼고 큰 스케일의 작품도 눈에 띄었다.

최근에 나왔던 영화 *「프리다(Frida : 여류화가 프리다 칼로(Frida Kahlo)의 이야기로 리베라는 그녀와 1929년 결혼했었다)」에서의 마초 같은 인상이 내게는 너무 강해서 그의 입체주의 작품들은 의외의 발견이었다.

몽파르나스에 스튜디오를 가졌던 그는 모든 입체파 화가들과 교분이 있었으며 특히 피카소와 매우 가까웠다고 한다.

그의 그림에서 멕시코 민족주의의 편린을 찾기는 쉽다. 에펠탑이 있는 풍경의 배경에 창백한 프랑스 국기의 3색(흰색, 빨강, 파랑)이 깔려 있는가 하면 오른쪽 아래에 반복되어지는 세 가지 색깔이 이번엔 흰색, 빨강, 초록으로 멕시코 국기처럼 또렷하게 나타나며 가끔은 멕시코인들이 잘 두르고 다니는 우리나라 색동을 연상케 하는 선명한 색깔의 담요 세라페(serape)가 나타난다.

> *** 디에고 리베라(Diego Rivera)**
>
> 멕시코 출생. 파리 유학 중 입체파의 영향을 받았으나, 이탈리아 르네상스의 대벽화에 가장 깊은 감명을 받고, 멕시코 내란 종식과 함께 귀국하여 활발한 벽화운동을 전개하였다. 멕시코의 신화·역사·서민생활 등을 민중에게 직접 이야기할 수 있도록 공공건축물의 벽면에 늠름한 감각과 힘에 넘치는 벽화를 그렸다.

그리고 다른 그림들에서 반가웠던 것은 '초록색 액체가 든 병,' 즉 *압쌍뜨(absinthe)' 술이 그려져 있었는데 20세기 초 금주령이 있었음에도 우리가 아는 로트렉, 드가, 마네, 피카소 등은 그 술을 매우 즐겼다 한다.

지난 3월 우리가 뉴올리언스에 갔을 때 한 술집 간판에 'Absinthe' 라고 써 있어 흥미로웠지만 아침이라서 사 마셔 볼 수가 없었다.

두 가지 모두 싸구려 술이라 하지만 압쌍뜨와 '깔바도스(소설 「개선문」에서 라비끄와 조앙 마두가 항상 즐겨 마시던…' 는 언젠가 파리에 가면 한번 찾아서 맛보리라….

선명한 색깔의
세라페

여류화가
프리다 칼로

---

* 프리다 (Frida)

프리다 칼로의 삶을 그린 전기 영화. 프리다 칼로의 10대시절부터 47세로 세상을 뜨기까지의 일대기를 그리고 있다. 불운이 많이 따랐던 그녀에 대해 항상 정력적이고 고집 세며 독선적인 모습으로 묘사하고 있다. 영화는 그녀의 인생을 다루지만, 그녀의 작품에도 초점을 맞추고 있다.

---

* 압쌍뜨(Absinthe)

이 술은 18세기 말 프랑스의 의학자인 오르디네 박사가 혁명을 피해 스위스로 피난 가서 쑥의 일종인 웜우드(wormwood)와 여러 가지 약제를 혼합하여 만든 독한 술(알코올 68도)이다. 1797년부터 스위스의 페르노(Pernod)가 처방전을 얻어서 페르노라는 이름으로 생산하게 되어 압쌍뜨와 페르노는 지금까지 동의어로 쓰이고 있다.

고대 마야 예술품을 전시 중인
워싱턴 국립미술관 동관

⟫달님의 미술관 관람기

12일
고대 마야, 궁중 예술품 – 워싱턴 국립미술관 동관

　오늘의 메인 전시는 고대 마야의 찬란한 문화를 보여주는 궁중예술품 전시였다. 부조되어
있는 벽들, 벽화와 도자기들, 무덤에서 발굴되어진 작은 조각상들, 그리고 궁중 생활용품 등
이 전시되어 있었는데 막연히만 알고 있던 찬란한 마야의 문명을 엿볼 수 있는 계기가 되었
던 것 같다.

　마야는 현재의 멕시코 남부, 과테말라, 온두라스, 엘살바도르 등지의 50여 개의 도시에
살았던 종족으로 이번 전시는 서기 600년~900년경 그들이 문명 최대 정점이었을 때의 작
품들로 이루어져 있어 그들의 예술가로서의 면모, 수학자(zero의 개념을 처음으로 도입했다
고 한다)로서의, 전사로서의, 천문학자로서의 그리고 생활인으로서의 면모를 잘 드러내주고
있었다.

특히 눈을 끄는 것들은 무덤에서 발굴되어진 작은 조각상들(돌 혹은 테라코타)이었다. 거창한 머리장식에 갑옷을 입은 전사들의 모습과 그들과는 대조적인 벌거벗은 포로들 모습의 조각상들이 가장 많았다. 그 중 포로들의 고통스런 표정이 하나하나 다르게 표현된 것이 인상적이었다.

찬란했던 문화도 서기 1,000년경 사라지기 시작했고 500년 후 마야 인구의 반은 스페인 정복자들이 가져온 병으로 죽었으며 현재 약 600만 명의 마야인의 후손이 멕시코와 중앙아메리카에 살고 있고 미국에도 약 100만 명이 있다고 한다.

그들이 이 찬란했던 도시들을 버린 이유는 뭘까?

다음은 건너편 서관에서 열리고 있는 짐 다인(Jim Dine)의 드로잉 전을 보았다. 그의 드로잉 중에 '툴 드로잉(Tool Drawing)' 즉 망치, 펜치, 니퍼 등 기구들을 그린 그림은 좋았지만 나머지는 그렇게 감동적이라고 할 순 없었다. 사실 나는 그의 작품 중에서 까마귀를 그린 굉장히 큰 동판화 작품을 매우 좋아하는데 이번에는 볼 수 없으니 어쩌랴–참아야지….

벽에 붙여져 있었던 그의 '드로잉에 대한 생각'에 공감이 가서 그것으로 전시회 감상을 대신하려 한다.

"Drawing is not an exercise.
Exercise is sitting on a stationary bicycle and going nowhere.
Drawing is being on a bicycle and taking a journey."
2003, Jim Dine

(드로잉은 체력훈련이 아니다.
체력훈련은 가짜 자전거에 앉아 아무 곳으로도 갈 수 없는 것이다.
그러나 드로잉은 진짜 자전거를 타고 여행을 떠남이다.
2003, 짐 다인)

21일
브루클린 브리지, 드디어 걸어 건너다

얼마나 벼르던 일이었던가? 여행 떠나기 전 나 자신에게 혹은 다른 이들에게 이번 여행 중에 세 가지 꼭 해야 할 일을 이렇게 꼽곤 했었다.

첫째, 애틀랜타에 가서 「바람과 함께 사라지다」를 365일 상영하는 극장에서 한번 보기

둘째, 뉴올리언즈에 가면 크로피쉬(Crawfish)를 한번 맛있게 먹어보기

셋째, 맨해튼과 브루클린을 잇는 브루클린 브리지(Brooklyn Bridge)를 걸어서 건너 보기였다.

드디어 오늘 내가 머물고 있는 롱아일랜드(Long Island) 바닷가 멋진 집의 주인인 친구 희자, 그리고 햇님과 함께 셋이서 기차를 타고 맨해튼으로….

벤치도 있고
나무가 깔린
보행자 통로가 있는
브루클린 브리지

32가의 펜 스테이션(Penn Station)에서 내려 무조건 택시를 타고 브루클린 브리지를 걸어서 건너갈 수 있는 곳으로 데려다 달라고 했다. 택시 비는 팁까지 10달러.

1987년에서 1989년까지 브루클린에 있는 프랫 대학원(Pratt Institute)을 다닐 때 운전해 건너다니면서 나무가 깔린 보행자 통로 위를 자전거 타고 가는 사람, 어깨동무하고 걷는 연인들, 깔깔대며 장난치는 아이들, 외발자전거에 공 세 개로 저글링까지 하며 건너는 사람들을 보며 너무 부러워했었다. 언젠가 나도 한번 저들처럼 걸어서 건너보리라 했었는데… 드디어!

아! 브루클린 브리지!

대학 1학년 때 서울미대에 연극부를 새로 만들어 유진 오닐(Eugene O'neil)의 「다리 위에서의 조망(A View from the Bridge)」공연 준비할 때 제목 속의 'bridge' 가 바로 브루클린 브리지라는 걸 알았었다. 건설된 지 100주년이 된 1975년경에는 여러 잡지들에서 이 다리를 기리는 행사에 관한 기사와 예술가들의 작품들을 많이 보았었고 결국 1987년에 이곳의 학교를 다니게 되어 일주일에 몇 번씩이나 건너다녔었다.

건설된 당시에는 세계에서 가장 긴 다리였다는데 아름다운 이 다리 위에서 자살하려는 사람이 많아 지금도 자살 방지막 비슷한 그물을 쳐 놓은 것이 눈에 띄었다.

돌을 쌓아 세워진 기둥과 이를 지탱하는 철사들의 조화가 어느 각도에서 보아도 아름다운 모습이었다. 엄청나게 바람이 불고 추웠지만 그래도 희자와 햇님도 내 등쌀 덕분에 이 다리를 걸어 건너 보았다고 치하를 한다.

어느 각도에서 보아도 멋진 모습

어느 틈에 길어 보였던 다리가 끝나간다. 내가 자꾸 아쉬워 하니 햇님이 다시 되돌아가자고 한다. 말하자면 왕복.

브루클린 다리를 건너갔다 와 본 감상은?

글쎄요, 매일 그리워하면서 만나지 못하던 이를 몇십 년 만에 만나고 나면 기분이 어떨까요?

바로 그겁니다요.

달님의 미술관 관람기

22일
휘트니 미술관의 비엔날레

오늘로 맨해튼에 세 번째 나온다. 지난 일요일에는 대학교 친구들 5명을 만나 센트럴 파크(Central Park)의 가장자리쯤에 있는 예쁜 나무들이 가득한 정원에 갔었고 어제는 브루클린 다리와 9.11참사 현장을 보고 미국 친구 바바라를 만나 프랑스 식당에서 저녁을 같이 했다. 오늘은 75가로 올라가 휘트니 미술관(Whitney Museum)에서 하는 비엔날레를 구경했다. 입장료는 일인당 12달러.

짧은 시간에 소개책자도 없이 훑어보았기 때문에 아쉬웠지만 너무나 많은 비디오작품, 설치작품, 사진작품, 컴퓨터작품들 속에서 인상에 남는 작품 세 가지가 있었다.

첫째는 마리아 아브라모빅(Maria Abramovic)이라는 동구권 여성작가의 비디오작품.

방의 세 면에 각기 다른 영상이 계속 비춰지고 있었는데 가운데 화면은 둘로 갈라 왼쪽 오른쪽에 12~3살 가량의 소녀와 소년이 번갈아 가며 노래하는 모습이 비춰지고 양쪽의 화면에는 검은 옷을 입은 학생들의 합창공연 모습과 함께 운동장에 검은 옷을 입은 학생들 여러 명이 누워 별 모양을 만들었다가 흩어졌다 하는 모습이 비춰진다.

사실 소녀의 노래하는 소리가 하도 아름다워 그 방에 들어갔었다. 소녀의 노래 소리가 끝

꽃이 가득한 정원에서

나니 다시 소년이 이어 같은 노래를 하며 자꾸 반복되어졌다. 사전 지식은 전혀 없었지만 인간의 부주의로 인해 파괴되어지는 환경과 인간의 모습을 나타낸 것이 아닌가 하고 생각되었다.

그 다음은 로버트 롱고(Robert Longo)라는 작가의 「암초(The Ledge)」라는 제목의 목탄 그림. 화면 가득히 엄청나게 큰 파도가 압도적으로 그려져 있는 그림 앞에서 발을 떼기가 힘들었다.

셋째는 줄리안 슈왈츠(Julianne Swartz)라는 여성작가의 「Somewhere Harmony 2004」라는 소리작품.

미술관 건물 5층에서 1층으로 내려오는 층계와 건물 벽 사이에 크고, 작고, 구부러지고, 나팔처럼 벌어진 수도관 같은 아크릴 파이프가 무수히 연결되어 있었는데 층계를 내려가다 보면 작품 제목이 붙어있는 곳에 가끔 파이프가 잘린 부분이 있어 귀를 대어보니 *「Over the Rainbow」라는 노래를 여러 사람이 불러 어떤 때는 남자 목소리(배경에 깔린 다른 사람 목소리도 들리고), 어떤 때는 여자 목소리가 아주 가깝게 흘러나오는데 그 효과가 무척 재미있어 마치 어릴 때 두 개의 종이컵을 실로 연결해 한 사람은 그 컵에 대고 이야기하고 다른 사람은 컵을 귀에 대어 소리를 듣는 전화 놀이를 추억케 하는 재미있는 프로젝트였던 것 같다. ☽

---

* 오버 더 레인보우 Over the Rainbow

이 곡은 「오즈의 마법사」영화에서 주디 갈란드가 불러서 팝의 스탠더드가 되어버린 대표적인 곡이다. 이 곡은 1939년 아카데미 시상식에서 주제가상을 수상하였다.

여행 에피소드

맨해튼의 PC방

뉴저지 시절의 동료 집에 인터넷이 된다 하여 노트북을 메고 나왔다. 점심에 만난 친구들이 맨해튼의 PC방에서도 될 것이라 하여 멀리까지 왔다갔다 하느니 한번 '가 보자, 해 보자'하고 32가의 한국식당 건너편 5층에 있는 PC방을 찾아 올라가 보았다.

엘리베이터에서 내리자 바로 PC 열댓 개 정도가 있는 아담한 방이 나타난다. 주인은 한국사람, 내 노트북을 인터넷에 연결하여 쓸 수 있느냐고 하니까 바로 따라오라며 한쪽 끝에 테이블이 비어있는 곳으로 안내해 준다.
"전기는 여기 꽂으시고 인터넷은 이것을 연결하세요…"

인터넷을 연결하고 www.gabozahaeboza.com을 누르니 짠! Bingo!
뉴저지의 래디슨 호텔에서는 종업원까지 불러서 해 보려 했어도 잘 안되어 포기했었는데. 정신 없이 그동안 밀린 글과 사진을 올리고 e-mail 체크를 하고 나니 금방 2시간이 지났다. 요금은 처음 1시간은 4달러이고 이후 15분에 1달러씩. 8달러를 내고 나왔는데 그동안 밀린 숙제를 마친 사람처럼 기분이 홀가분하다.

역시 뉴욕에서도 한국인은 인터넷에 있어서 앞서가고 있었다. 명실 상부한 '인터넷 강국' 임을 실감한 하루다.

22일
롱아일랜드의 기차 타기

뉴 욕의 롱아일랜드(Long Island). 뉴욕 지도를 보면 악어가 입을 딱 벌리고 있는 형태의 위턱 끝자락 부근.

달님의 친구가 살고 있어 이곳에서 며칠을 지냈는데 그림같은 바다가 바로 집 앞이라서 석양을 거실에 앉아서 바라볼 수 있는 조용하고 좋은 곳이다.

그러나 City(이곳에서는 맨해튼을 '시티'라 부른다)엘 한번 나가려면 전날부터 완전히 준비와 각오를 단단히 하여야 한다. 왕복 6시간이 걸리는 길이 결코 만만하지 않으니까….

어쨌거나 오늘은 기차 타고 맨해튼 다녀온 이야기를 좀 해 볼까 한다.

맨해튼에서 친구들 5명과 12시 30분 점심 약속을 했다. 아침 6시에 기상, 9시 15

크레디트 카드도
사용 가능한
차표 자동발매기

분 출발, 자동차로 40분 걸려서 스토니 브룩(Stony Brook)대학 교내 주차장에 차를 주차 시켜놓고 10시 10분 기차를 탔다.

크지 않은 역에는 비용절감 등의 이유로 표 파는 사람들을 모두 철수시키고 기계로 대치해 놓았기 때문에 기계에서만 표를 살 수 있다. 표 사는 것은 현금과 크레디트 카드, 그리고 선불 내고 산 기차 카드로 살 수 있게 되어 있는데 화면에 나타나는 대로 누르면서 크레디트 카드를 사용해 보았다. '우와! 사인도 필요 없이 기계에서 그냥 표가 나오네…'

정 시간이 급하면 그냥 승차하고 검표원에게서 표를 사도 된다. 조금 비싸긴 하지만.

이곳의 기차 시간과 요금은 공휴일을 포함한 주말과 주중이 서로 다르며 같은 요일이라도 피크타임과 한가할 때의 요금이 다르다. 롱아일랜드가 부유한 동네라서 그런지 기차는 2층으로 되어 있었고 소음도 적어 무척이나 쾌적하였다.

조금 있으니 어디서 나타났는지 제복을 입은 철도승무원이 다가와 표 검사를 한다. 표에 구멍을 내어 돌려주고 다른 길쭉한 종이에 사람 숫자대로 다시 구멍을 내어 의자 위 손잡이 틈 사이에 끼워 놓는다.

롱아일랜드의
오리엔트 파크
해변

이곳에 앉아 있는 사람의 표는 검사했다는 자기만의 표시이다. 다른 사람이 이곳에 와 앉아 있으면 이 쪽지를 걷어가면서 금방 알 수 있도록 하기 위해서이다.

약 50분 정도 오면 도착하는 역에서 펜 스테이션(Penn Station)행 기차로 갈아탄다. 차내 방송은 세계 어딜 가나 알아듣기 힘드니까 눈치로 사람들이 많이 가는 쪽으로 따라가면 된다. 갈아탄 기차는 맨해튼 행이라 지하철과 연결되므로 아까와는 달리 1층 짜리에 조금 낡고 지저분하다.

펜 스테이션에 도착하니 사람들로 북적댄다. 지하역이라서 동서남북이 영 헷갈리기 때문에 안내지도를 잘 보고 여기저기 쓰여 있는 방향 표시를 잘 따라가야 제대로 빠져나올 수 있다.

워낙 맨해튼 주차요금이 비싸니까 이렇게 기차로 와서 지하철, 버스, 그리고 택시를 주로 이용하면서 다닌다.

뉴 포트의
한 선창

23일
뉴포트의 블랙 펄 식당

뉴욕 주의 롱아일랜드 동쪽 끝. 오리엔트 포인트(Orient Point)에서 페리에 자동차를 싣고 건너편 코네티컷(Connecticut) 주의 뉴런던(New London)으로 건너왔다.

페리 요금은 두 사람 탄 승용차 1대에 47달러라서 조금 비싼 듯 했지만 롱아일랜드에서 맨해튼을 거쳐 뉴런던까지는 자동차로 무려 5~6시간이 족히 걸리는데 1시간 반만에 푹 쉬며 올 수 있으니 오히려 싼 편이다.

운전만 하고 다니다가 배 위에서 여기저기 왔다갔다 하고 둘러보면서 어딘가를 가고 있다고 느끼니 그 기분 또한 그럴싸 하다. 갑판엔 아직 바닷바람이 쌀쌀하다.

뉴런던에서 북쪽으로 조금 올라가면 뉴포트(New Port)라는 작지만 조용하고 깨끗한, 전체가 잘 조화된 아름다운 항구가 있다.

롱아일랜드의 달님 친구의 남편이 꼭 가 보라고 권한 블랙 펄(Black Pearl)식당을

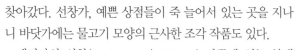

찾아갔다. 선창가, 예쁜 상점들이 죽 늘어서 있는 곳을 지나니 바닷가에는 물고기 모양의 근사한 조각 작품도 있다.

베커만의 선창(Beckerman's Wharf) 안쪽에 있는 블랙 펄이라는 식당은 20여 평 남짓해서 웨이터들이 다닐 때면 앉아 있는 사람이 의자를 조금씩 당겨줘야 할 정도로 비좁다. 오후 2시가 되었는데도 사람들이 많아서 여러 사람들이 자리가 나길 기다리며 줄 서 있다.

우리는 수프와 샌드위치, 그리고 이 집의 특제 햄버거를 시켜 먹었는데 옆 테이블의 독일인 부부는 홍합 삶은 것을 한 접시 시켜 흰 찐빵 같은 걸 곁들여 나눠 먹고 있다. 날씨도 쌀쌀한데 무럭무럭 김이 나고 국물도 얼큰해 보여 옆에서도 침이 꿀꺽 넘어간다. 달님은 '다음엔 저것을 한번 먹어 봐야지' 하며 벌써부터 벼르고 있다.

사실 음식에 대해 잘 모르는 우리는 식당에 가면 낯이 익은 메뉴들을 시켜 먹는데 가끔 옆의 외국사람들이 시켜 먹는 음식을 보면 늘 부럽고 손해 보는 느낌을 받곤 한다. 오늘도 예외는 아니었으니 앞으로는 샌드위치나 스테이크 같은 이미 먹어 본 메뉴는 가급적 피하고 새롭고, 모르는 메뉴를 시켜야지 하고 마음을 먹었다. 설령 잘못 찍어서 맛없고 돈 아까운 경우가 생기더라도…. 모험은 늘 설레는 것 아닌가.

뉴 포트의
블랙 펄 식당(위)

예쁜 색깔의
낚시 도구들(가운데)

바닷가의 조각작품
(아래)

23일
맨체스터에서 한국식품 장보기

메인(Maine) 주의 작은 동네 요크 하버(York Harbor). 세계에서 가장 아름다운 등대 10개 중 하나가 있다는 곳이다.

해변 제일 끝 쪽에 가서 등대를 보는 순간 달님이 「올인」이라는 연속극에서 이병헌과 송혜교가 만나던 장면의 뒷 배경으로 나온 등대의 모습과 너무나 똑같다고 한다(나중에 알고 보니 제주도에서 촬영을 했단다). 등대와 아름다운 해변을 마음껏

요크 하버의
아름다운 등대

바라보고 상쾌한 공기와 아침 햇살을 받으며 모래밭을 걸었다.

미국과 캐나다의 동북쪽에 있는 한적한 국립공원을 보름 정도 돌아다녀야 하므로 바닥난 쌀과 밑반찬을 보충해야 할 텐데….

인터넷에서 이 부근 한국식품점 리스트를 체크, 한 시간여를 되돌아 내려가 뉴햄프셔(New Hampshire) 주의 맨체스터(Manchester)에 있는 '서울식품'을 찾아갔다. 뉴저지에서 12년이나 살았었다는 식품점 주인 유사장은 5~6년 전 자녀교육 때문에 이곳으로 와서 장사를 하고 있단다(보스턴이 가까워 교육환경은 강남의 8학군 같은 곳이라나?).

우리 여행이야기를 듣고는 '우리는 언제나 한번 해 보려나' 하며 부러워하다 컵라면 한 상자를 협찬이라며 선뜻 내놓는다.

식품점 한쪽 편에는 비디오가 많이 있어 웬 비디오가 이렇게 많냐고 물으니 지금은 아무것도 아니라며 겨울이 다가오면 눈과 추위 때문에 왕래가 불편한 이곳 미국 북동부 지역에 사는 교민들이 겨우 내내 보느라 한번에 4~500개의 비디오를 빌려가기 때문에 뒤에 별도의 비디오 창고가 있을 정도라고 한다.

"혹시「이중간첩」이란 비디오도 있습니까?"하고 물으니

"한석규, 고소영 나온 영화요? 작년 겨울에 많이 나갔지요"한다.

나는 모처럼 어깨가 으쓱 올라가며 "내 아들이 그 영화 감독을 했지요"하고 이야기하니 유 사장은 더욱 반색을 하며 식품점 뒤에서 부지런히 김치를 담그던 부인을 데리고 나와 우리를 소개한다. 유 사장과 식품점 앞에서 사진 한장.

먹을 것 사 넣고, 기름 채워 넣고 아카디아국립공원의 관문인 바 하버(Bar Harbor)를 향하여 달렸다.

재스퍼 식당

24일

바닷가재 맛이 짱! 재스퍼 시푸드 레스토랑

바하버로 들어가는 입구의 엘스워스(Ellsworth). 유명한 음식점과 겸해 있는 재스퍼 모텔(Jasper's Motel)을 찾았으나 오늘이 토요일이라 그런 지 방이 만원이란다. 인근에 있는 다른 모텔을 찾아 방을 정하고 이 부근에서 바닷가재 요리 잘하는 식당을 소개해 달라니 서슴지 않고 방금 전 방을 구하러 갔던 재스퍼 식당이란다.

한걸음에 다시 돌아가 55년 전통이라는 이 식당의 명물인 조갯살 튀김과 삶은 바닷가재. 이렇게 두 가지를 시켜 2001년 호주산 적포도주를 곁들여 먹었는데 너무나 맛있어서 다음날 가던 길을 되돌아와서 식당 사진을 찍었을 정도이다.

'Jasper's Seafood Restaurant'
위치 : Route 1(US 1), High Street, Ellsworth, Maine
전화 207-667-5318

한가로운
바다갈매기 한쌍

Acadia National Park

> 66
>
> 아카디아국립공원은 섬과 해안, 파도에 깎인 바위들이
> 만들어내는 절경, 그리고 크고 작은 산, 호수와 숲 등
> 다양한 모습을 볼 수 있고 깎아 내린 듯한 절벽을 감싸고 있는
> 해안선의 다양하고 아름다운 모습을 만날 수 있다.
> 또한 공원에 있는 호수는 멋진 절경을 만들어 낸다.
>
> 99

25일

아카디아국립공원

어저녁을 맛있게 먹은 재스퍼 식당을 지나 바 하버로 들어서 미국 동북부에 하나밖에 없는 국립공원인 아카디아(Acadia) 국립공원으로 향한다. 다른 국립공원과는 달리 도로 자체가 개인 땅과 공원 땅을 넘나들게 되어 있어 공원길과 지방도로를 계속 갈아타면서 산과 해변들을 구경하였다.

5,000년 전에 사람들이 살았던 흔적이 남아 있지만 사뮤엘 샴플랭(Samuel Champlain)이라는 프랑스인이 바다 바로 옆에 높은 산들이 쭉 이어져 있는 아름다운 이곳을 탐험하여 '사막산 섬(Isle des Monts Deserts : Mount Desert Island)' 라고 이름 지은 것은 1604년이라 한다(미국 서부 쪽에 비하면 규모가 훨씬 작은 산들이지만).

150년 간의 영·불 전쟁이 끝난 1760년경, 영국인들이 이곳을 영구 거주지로 자리잡기 시작했다하며 19세기 중반 풍경 화가들과 방문객들이 찾아오기 시작하더니 뜻 있는 이들이 땅을 사기 시작하여 정부에 600만평이 넘는 땅을 기증하여 결국 1919년에 미시시피 강 동쪽에서는 처음으로 국립공원으로 지정되었다.

샌드 비치 입구 (위)

무엇을 보라고 손짓하는지? (아래)

아직 철이 일러 공원 안의 모든 곳이 열려 있진 않았지만 몇 군데 인상적인 곳이 있었다.

쌍둥이 산이
보이는
맑은 호숫가

먼저 샌드 비치(Sand Beach). 나무로 가려져 있어 과연 어떤 곳일까 했는데 해변 입구의 층계를 내려서니 하늘과 바다와 바위, 모래, 그리고 나무 등이 정말 한 폭의 그림처럼 눈앞에 좌악 펼쳐진다.

해변에 한가히 누워 있는 사람들, 아빠와 함께 모래 위를 마구 달리다 바위 틈새를 오르락내리락하는 꼬마들의 깔깔대는 소리. 밖의 세상은 모두 움직임을 멈추고 있고 파도들과 이곳에 있는 몇몇 사람들만 움직이고 있는 듯한 착각에 빠져 잠시 다른 세상에 와 있는 느낌이었다.

그 다음은 썬더 홀(Thunder Hole). 바위투성이인 해변에 유난히 산 쪽으로 깊이 들어와 패인 곳이 있어 파도가 밀려왔다가 튕기며 구르릉하며 천둥소리를 낸다 (최남선의 시 「해에서 소년에게」가 문득 생각났다. '처…ㄹ썩, 처…ㄹ썩, 척, 튜르릉. 콱' 바로 그거다).

그 다음은 지방도로를 헤매다 들어간 조던 연못(Jordan Pond). 산이 못 주위를 빙 둘러싸고 있어 아늑한 분위기의 연못이라기 보다는 호수 같은 곳인데 물가 바로 옆에 돌로 된 벤치가 있어 거기 쓰여 있는걸 보니 어느 부부가 늘 그곳에 앉아 있길 즐겨했었다고 한다.

그래서 우리도 한번 앉아 보았다. 쌍둥이 산이 바로 마주 보이고 바닥에 깔린 돌들이 너무나 선명하게 보이는 맑디맑은 물이 발 밑에서 찰랑댄다. 햇빛이 덜 드는 곳에는 아직도 얼음덩이가 많이 남아 있고…. 하염없이 앉아 있고 싶었지만 꿈에서 깨어나듯 털고 일어났다.

미국과 캐나다
동부에는 이런
페리선이 많다

25일
캐나다 국경을 넘다

부지런히 달려 저녁 6시경 미국과 캐나다의 국경초소를 통과. 우리가 가려는 캐나다의 *노바 스코시아(Nova Scotia)에 가려면 내일 세인트 존(St. John)이란 곳에서 페리를 타야 하기에 날은 어두워졌고 마음은 급한데 이게 웬일? 속도제한 80이라고 써 있는 게 아닌가?

우리는 '역시 캐나다야, 시속 80마일이라니…' 하며 신나게 달리는데 앞에 가는 여러 대의 차들이 시속 50마일도 안되게 거북이걸음. 조금 가다 보니 속도제한 90, 100… 계속 나오네? 아하, 여기가 캐나다니 마일이 아니라 킬로미터로구나. 그때부터 다시 속도를 줄여 조심, 또 조심.

숙소를 정하고 저녁 먹은 후 TV를 켜니 몇 개의 방송이 불어로 나온다. 그중 예술 TV 방송에서 비발디의 「사계」를 배경음악으로 모던 발레 작품을 만들어 제작한 프로그램이 나온다. 별로 크지 않은 무대, 배경의 아스라한 색깔들이 사계절에 따라 변한다. 처음에는 무대 뒤 분장실의 장면부터 시작해 나중에 공연이 끝난 후 무용수들이 무대에서 내려와 서로 악수하는 장면까지 나온다.

한 남자의 일생을 사계에 비유해 표현한 것으로
봄에는 요람 속의 아기
여름은 자라고 꽃피우고
가을은 사랑하고 헤어지고
겨울은 추위 속에 버림받은 그.
몸과 마음이 모두 춥다. 결국 죽음을 맞고….

그 프로그램 때문인지 캐나다에서의 첫 밤이 마치 파리에 온 것 같은 착각이 들었다.

---

* 노바 스코시아(Nova Scotia)

1600년경부터 프랑스가 식민지화하기 시작하여 처음에는 아카디아라고 불렀다. 1713년 위트레흐트 조약에 의해서 대륙 부분이, 그리고 1763년의 파리 조약으로 케이프브레턴 섬이 영국령으로 되었다가 1867년 이후 캐나다의 일부가 되었다. 노바스코시아는 라틴어로 '새로운 스코틀랜드'라는 뜻이다.

27일
캐나다 이민 역사의 현장, 피어21

"Au revoir, auf Wiedersehen, arrivaderci, good-bye(오 르보아, 아우프 비더제엔, 아리베데르치, 굿 바이). 어떤 말이라도, 어떤 상황이어도 집을 떠나는 건 결정의 순간이다. 캐나다로 오는 게 필요에 의해서였건, 선택이었건 당신은 사랑하는 이들을 남기고, 아는 모든 것들을 버리고 다시는 못 볼 수도 있는 집을 남기고 떠나는 것이다."

캐나다 할리팍스(Halifax)의 피어(Pier)21 부두. 1928년부터 1971년까지 100만 명이 넘는 이민자들이 발자취를 남기고 거쳐간 피어 21. 1999년 국립사적지 (National Historic Site)로 다시 오픈 되어 노바 스코시아의 할리팍스에 오면 꼭 가 보아야 할 곳으로 꼽히는 피어 21.

아침부터 비가 주룩주룩 내리는데 피어 21에 도착해 보니 공장지대 같은 곳에 사

옛날 이민자들의 빛바랜 흑백사진

람은 그림자도 없고 해서 마음 한켠으로는 '문이 닫혀 있을지도 모른다' 하는 불안한 생각이 들었다.

몇 대 주차되어 있는 차들 옆에 차를 대충 세우고 우선 햇님이 뛰어 갔다. 열려있나 보러…

공장 같은 건물 안으로 들어가니 마치 요술처럼 어디서 나타났는지 많은 이들이 그 안에서 웅성웅성. 우산을 맡기고 전시관 쪽으로 들어가는 정면에 80년 전 이민 오던 사람들의 빛바랜 흑백사진과 함께 'Au revoir, auf Wiedersehen…'이란 글이 쓰여 있다.

전시관 안에는 초기 이민자들의 사진, 소지품들이 전시되어 있고 버튼을 누르면 그때 일했던 사람들의 증언이 흘러나오며 조금 가니 옛날에 이민자들이 했던 것처럼 여자, 남자가 갈라 앉아서 기다리다가 이름을 부르면 나가서 가운데 책상 앞에 앉아 있는 세관원과 몇 마디하고 여권에 도장을 받는다.

그 다음은 이곳 피어 21의 역사를 보여주는 4-D 영화관.

연극무대의 반 정도 깊이에 폭은 약 20m 가량 되는 옆으로 긴 무대에 여러 개의 얇은 커튼 같은 스크린이 필요에 따라 나타났다 사라지며 여러 개의 영상을 동시에 비추어 준다. 제목은 「희망의 바다(Oceans of Hope)」.

먼저 1929년의 상황. 왼쪽의 스크린에는 러시아 이민가족의 배 위의 모습, 가운데는 통관검사를 기다리며 앉아 있는 이들, 오른쪽 스크린에는 통관이 끝난 이들이 기차를 타고 떠나는 모습들이 투영되어 마치 연극을 보듯 동시에 이야기하고 웃고 운다. 계속 시간이 흐르며 이곳 피어 21의 상황들도 변해간다.

입국심사 모습의 재현
(위)

옛날 이민자들의 모습
(아래)

1942년에는 다리를 다쳐서 전쟁에서 돌아온 군인(1929년 이민 온 가족 중 아이가 자라서). 1947년에는 2차 대전 중 전쟁터에서 결혼한 군인들의 영국인 신부들이 설레며 남편을 기다리는 모습. 1960년에는 홀로 코스트에서 살아남은 폴란드의 유태인 여인이 새로운 부모를 맞으러 도착한 모습. 그리고 활달한 이태리 2차 이민가족들의 모습이 변화무쌍한 화면과 더불어 감동적으로 그려졌다.

이제까지 여러 곳에서 홍보영화나 소개영화를 많이 보았지만 이번처럼 감동적인 것은 처음이었다. 영화를 보고 나서 이민자들이 할리팍스에서 밴쿠버(Vancouver)로 가기 위해 탔던 것과 같은 기차의 모형에 타고 끝없이 바뀌는 바깥 풍경을 보며 약 5분간 흔들리는 기차에 탄 것 같은 경험을 했다.

27일
대포 소리 요란한 할리팍스 요새

영국군이 1856년에 지었다는 별 모양의 할리팍스 요새.

언덕 꼭대기, 항구가 내려다보이는 곳에 있어 할리팍스가 대영제국 해군의 중요 작전 지역이었음을 짐작케 하는 이곳에는 대포가 여러 문이 있는데 그중 한 개를 매일 백파이프의 소리와 함께 12시 정각에 쏜다.

할리팍스 요새의 대포

피어 21에서 꼬불꼬불 비 내리는 할리팍스 시내 길을 거쳐 겨우 찾아 왔으나 주차할 곳을 찾느라 15분 정도를 허비하다가 할 수 없이 겨우 길가에 주차해 놓고 언덕 위쪽으로 난 층계를 헐떡이며 반쯤 올라 갔을까?

'뻥―' 하는 대포소리와 함께 희뿌연 연기. '단 한 발만 쏜다고 하니 벌써 끝난 게야' 하면서도 아쉬운 마음에 요새 안으로 들어갔다.

정말 별 모양으로 생긴 요새 안은 가게고, 전시관이고 모두 다음 주나 되어야 정식 개장을 한다고 한다. 대포를 쏜 병사 둘은 굴뚝소제용 솔 같은 걸로 대포를 열심히 청소하고 나서 기구를 정리하여 들고 내려온다.

우리말고도 조금 더 늦은 몇몇 사람들이 우리처럼 성벽 위를 거닐며 거기에 세워져 있는 대포들을 들여다본다. 그래도 우리는 소리라도 들었으니 다행이네~. 🌙

27일
파도가 끊임없이 철썩대는 페기스 코브

점심도 먹을 겸 어제 들르려다 지나갔던 페기스 코브(Peggy's Cove)로 갔다.

안개비에
싸인 등대

지방도로를 두 번 갈아타서 약 1시간 반 걸렸지만 여러 사람이 추천했던 곳이라 꼭 가 보고 싶었다.

역시 비가 내리고 추우니 사람도 많지 않고 잘 생긴 바위들이 후려치는 파도를 몸으로 감당해 내고 있는 곳에는 애교처럼 하얀 작은 등대가 있었다. 비가 그렇게 오는데도 우산을 쓴 사람은 우리 둘뿐이다. 어떤 이들은 파도가 자기 키보다 더 높이 치는 장면을 배경으로 넣어 사진 찍기 위해 내리는 비와 파도를 맞으며 한참을 서 있기도 한다.

하나밖에 없는 식당이자 선물가게 수 웨스터(The Sou Wester). 나는 해물 파스타에 핫 티를 시켰고 햇님은 *대구튀김(Fried Haddock)에 뜨거운 사과 사이다(Hot mulled apple cider)를 시켰다. 추운 날씨에 탁월한 선택! 특히 사과 사이다는

뜨거운 주스 맛이었다. 음식은 언제나 햇님이 잘 시키는 것 같네….
선물가게에서 'Peggy's Cove' 라고 씌어진 캡을 2개 샀다.

패기스 코브의
파도

---

* 햇님 친구 신철준 와인박사의 코멘트

'haddock' 이라는 생선은 대구 종류 중 가장 작은 것에 속하며(대개 2.3kg 정도) 요리방법은
튀기는 것 보다 기름에 살짝 익힌 소테(saut'e)가 낫죠.
음료 중에 'mulled' 라는 표현이 있으면 와인, 사이다, 맥주 등에 허브, 스파이스, 과일 등을
넣고 끓여서 그 향기가 들어가도록 한 것입니다. 그래서 뜨거운 사과 주스 맛이었을 겁니다.
그리고 해산물 요리에는 백포도주(피노 그리지오나 소비뇽 블랑 같은) 등이 잘 어울리는 거 아
시지요?

28일

안개+눈+안개 : 케이프브레튼

할 리팍스 항구가 바로 내려다보이는 야트막한 언덕 위에 그림 같이 지어 놓은 베이 뷰 모텔(Bay View Motel). 낮이고 밤이고 내다보는 경관이 좋은데다가 아직 시즌이 되지 않아 요금은 저렴한데도 시즌을 대비하여 카펫도 새 것, 샤워 룸도 깨끗하게 손 봐 놓은 모처럼 잘 고른 모텔에서 기분 좋게 이틀을 잘 지냈다.

도착하던 날부터 오던 비가 오늘까지 계속이다. 비만 오는 게 아니라 안개도 잔뜩 끼어 10미터 앞도 보기 힘들다.

안개 가득한
케이프 브레튼

할리팍스에서 출발, 킬로미터로 나오는 속도제한 표시를 마일로 환산하느라 헷갈렸지만 열심히 달려 케이프브레튼(Cape Breton)이라고 쓰인 다리를 건너니 왼쪽으로 세인트 로렌스(St. Lawrence) 만이 펼쳐지고 그 넓은 바다 같은 물 위엔 아직도 얼음덩이들이 허연 눈을 얹은 채 둥둥 떠 있다. 안개 속으로 저 멀리까지 이어진 얼음덩이들의 모습은 그야말로 장관이다.

달리면서 강 쪽을 보니 경치가 아주 좋은 곳에 벤치가 몇 개 있는 게 보여 저만큼 지나쳤다가 다시 돌아와 차를 세우고 쉬면서 점심도 먹으면서 강 위를 떠다니는 수많은 얼음덩이를 바라보았다.

돌산+물+얼음 (위)

아직도 눈이 가득 쌓인 케이프브레튼 (아래)

케이프브레튼 하이랜즈(Cape Breton Highlands) 국립공원에는 입구가 두 곳 있는데 하나는 세인트 로렌스 강 쪽에 있는 체티캠프(Cheticamp)와 또 하나는 대서양 쪽에 있는 잉고니쉬(Ingonish)라는 곳이다. 안내책자에 보니 시계방향으로 도는 것이 좋다고 되어 있어서 우리는 체티캠프 쪽으로 올라갔다.

국립공원이 아직 개장하진 않았지만 몇 군데 열려 있는 도로를 따라 아직도 내리고 있는 비와 안개 속을 뚫고 국립공원으로 들어섰다. 누구는 안개 때문에 그 좋은 경치를 놓쳤다고 하겠지만 안개를 곁들인 자연 그대로의 모습 또한 훌륭한 경치이며 언제나 볼 수 있는 모습이 아닌 우리만이 볼 수 있었던 특별한 경관이 아닐까?

안개와 비로 잘 보이지 않는 길을 달리다 보니 길이 없어졌다. 조그만 시골 빵집에 들려 물어서 되돌아 찾아 나왔는데 잘못 들어간 곳의 경치가 너무 일품이어서 오히려 길 잃기를 잘했다고 위로(?)하며 나왔다.

시계방향으로 한 바퀴 돌아 잉고니쉬 쪽으로 내려갔다. 이곳에는 하이랜즈 링크스(Highlands Links)라는 캐나다에서는 톱이고 세계에서도 69위나 되는 좋은 골프장이 있다하여 찾아 들어가 보니 20여 일후에나 문을 연다고 한다. 이곳이 워낙 북쪽이라 아직도 눈이 많이 남아 있어 다음에 오게 되면 6월경이 좋을 것 같았다.

B&B의
깔끔한 실내

바다에 면해있는 이 골프장은 한두 홀만 보아도 경관이 일품일 것이라는 느낌이 들었다.

두어 시간 더 달려 잠잘 곳을 찾아 남쪽으로 내려간 곳이 배덕(Baddeck)이란 곳이다. 미국과 캐나다 여행 중 아직 한번도 * 'B&B(Bed and Breakfast)'에 머문 적이 없었는데 마침 고속도로에서 들어서자 'The Worn Doorstep B&B' 라고 쓴 집이 눈에 띈다(문턱이 닳도록 손님이 많이 오기를 바란다는 뜻이겠지?).

문을 두드리니 두터운 흰 스웨터에 청바지를 입은 초로의 남자가 방을 안내해 준다. 방 값은 조금 비싼 듯 했지만 방, 거실, 부엌, 샤워, 식탁, 침대 등이 깔끔하니 마음에 들어 주저 없이 예약했다.

모처럼 부엌도 있으니 오늘은 외식보다는 갈은 마늘 듬뿍 넣은 신선한 생간 무침 +스테이크 +샐러드에 포도주를 곁들여 모처럼 근사한 저녁을 했다.

---

* 방 구하기

방을 미리 예약을 하면 편리한 점도 있지만 초행길에 찾아가느라 제대로 구경도 못하고 얽매이는 경우가 많을 수 있다. 예약하지 않고 찾을 경우 가끔 마땅한 방이 없을 때도 있지만 조금만 교외로 나가면 기대 이상의 좋은 방을 구할 수도 있다.
해가 지고 나면 낯선 곳에서 헤매기 십상이므로 가급적 해지기 2시간 전부터는 잠 잘 곳을 찾아야한다. 눈에 띄는 슈퍼마켓이나 주유소에 가서 조언을 구하는 것도 좋다.

---

* B&B(Bed and Breakfast)

아침을 제공해 주는 개인적인 숙박업소.
주인을 잘 만나면 맛있는 식사에 식구처럼 대해 주어 좋은 추억을 만들 수 있다. 우리나라의 민박보다는 약간 고급.

여행 에피소드

우동 안 파는 미국 고속도로 휴게소

미국의 고속도로는 그 길이와 규
모 면에서 끝내준다. '가도 가도
끝이 없는 외로운 길…'

조지아 주의
아름다운 휴게소

고속도로를 달리다가 다리가 오그
라져서 그대로 굳어지는 느낌이 들
때쯤이면 휴게소가 나타난다. 그런
데 요즈음은 겨울철이라서 그런지 모
처럼 휴게소가 나타나도 닫혀있는 경우가 많아 장시간 운전에서 오는 무릎
굳어짐을 풀어주는 운동도 못 하고 다음 휴게소까지 참고 가야 하기도 한다.
휴게소에 들려서 우동도 하나 사 먹고 호떡과 맥반석 오징어구이도 한 마리
사 들고 기름도 채우고 가고 싶은데 한국의 고속도로 휴게소와는 아주 딴판
으로 아무것도 없다.

미국의 휴게소는 화물차와 승용차가 주차하는 입구를 처음부터 다르게 구분
하여 주차하기는 매우 편한데 겨우 화장실과 피크닉 테이블 몇 개, 안내판 지
도, 그리고 기껏해야 콜라, 사이다, 커피 파는 자동판매기 정도만 있다. 미국
사람들, 이런 널찍한 고속도로 휴게소에다 한국처럼 먹고 마시는 가게를 차리
면 많은 돈을 벌 텐데….

재미있는 것은 주 경계를 넘어 다른 주로 가면서 휴게소를 보면 휴게소가 주
마다 다르다. 왜 그럴까? 이유는 간단하다. 돈 있는 집 화장실과 없는 집 화장
실 다르듯이…. ☾☺

29일
배덕의 닳아버린 문턱 B&B

경치가 그렇게 끝내준다는 노바 스코시아에 와서 처음으로 맞은 상쾌하게 맑은 아침. 정확하게 아침 8시 반, 배덕(Baddeck)의 '닳아버린 문턱 B&B(The Worn Doorstep B&B)'의 주인 윌리(Willie) 아저씨가 아침을 쟁반에 차려들고 베란다가 있는 뒤쪽으로 난 문을 쾅쾅!

먹음직하게 크고 두툼한 흰 빵 4조각, 머핀 2개, 우유와 주스는 피처로 1개씩, 복숭아 통조림 그리고 커피, 각종 티 등을 내왔다. 토스터에 빵 굽고, 커피 내리고, 가지고 있던 포도, 자두 등을 곁들여 행복한 아침식사를 했다.

TV가 놓인 위쪽의 경사진 천장에는 세 개의 유리창이 있어 어제 밤 자다 깬 햇님이 소파에 누워 보았더니 그 유리창 넘어 별이 총총했었다나? 그래서 그런지 오늘

닳아버린 문턱
B&B

은 날씨가 이렇게 맑구나….

잠시 후 윌리 아저씨가 또 문을 쾅쾅! 이번에는 자기와 부인 것이라는 스코틀랜드 전통의상을 가져와서 사진을 찍어 줄 테니 한 번 입어 보란다.

요즘 운동부족이라 배가 좀 나온 햇님은 초록색의 체크무늬 주름치마(킬트)를 겨우겨우 채우고 그 위에 주머니 같은 걸 차고 재킷을 입었다(모자만 있었더라면…). 나는 고무줄 허리의 체크

스코틀랜드 전통의상을 입고 (에구, 운동화가 안 어울리네…)

무늬 주름치마를 입고 검은 비로드 재킷과, 그 위에 치마와 같은 천의 목도리.

멀리 '황금의 팔 호수(Bras d'or Lakes)'가 보이는 햇빛 쏟아지는 옥상에 올라가 사진들을 찍었다. 윌리 아저씨도 1회용 카메라를 가지고 와서 찰칵 찰칵.

숙박비 계산하러 들어간 그의 사무실에는 온통 그림이 붙어 있었다. 그 자신 그림도 그리고, 스테인드 글래스 만드는 아티스트란다.

내 전시회 팜플렛과 작품이 인쇄된 카드, 그리고 영문으로 번역된 우리 신문기사 복사본 등을 주고 그는 자기 그림이 프린트된 걸 두 장 잘 포장해 넣어주었다. 고맙다고 몇 번 인사하고 떠났다.

'The Worn Doorstep!' 문지방이 닳도록 많은 사람들이 오길 기대하는 마음 좋은 아저씨 윌리.'

방에 있는 방명록에도 감상을 몇 마디 적어 놓았어요.

"Thank you & good-bye !" 🌀

알렉산더
그라함 벨 박물관

29일
전화의 발명가 알렉산더 그라함 벨

잠 잔 곳에서 5분 정도 거리에 있는 전화의 발명가로 유명한 알렉산더 그라 함 벨(Alexander Graham Bell)의 박물관에 갔다. 역시 아직 시즌이 아 니라서 모두 개장 되어 있는 것이 아니었고 약간의 소개 사진과 글을 보고 나서 큰 책처럼 하나씩 펼쳐 볼 수 있게 되어진 그라함 벨의 일생 동안의 사진들을 볼 수 있 었다.

귀가 안 들리는 사람을 위한 'Visible Speech'라는 교재를 만든 아버지의 영향 으로 그라함 벨도 농아들을 말할 수 있게 가르치는 일을 했다. 말하자면 '침묵과 소리(Sound & Silence)' 간의 가교 역할을 한 셈이다.

문득 사이먼 앤 가펑클(Simon & Garfunkel)의 「Sound of Silence」란 노래가 생각난다(Hello, darkness my old friend, I've come to talk with you again… 하는).

부인 메이블(Mabel)도 그의 제자 중 한 명이었고 스코틀랜드 출신인 그는 결혼한 후 배덕에 휴가차 들렀다가 너무 마음에 들어 이곳에 집을 지어 살았다 한다.

그는 일생 동안 여러 곳에 집을 갖고 있었으나(스코틀랜드의 에딘버러, 온타리오의 밴포드, 그리고 미국 수도인 워싱턴 D.C.에도) 이곳에 있는 집 'Beinn Bhreagh, Baddeck, Nova Scotia'를 가장 사랑했었다고 한다. 윌리 아저씨의 말에 의하면, 그라함 벨의 집안이 아주 부유해서 박물관이 있는 동산 전체가 그 집안의 소유라고 한다.

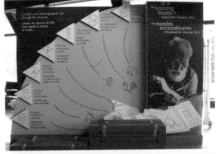

'황금의 팔' 호숫가에 있는 한적하고 아름다운 배덕이란 도시가 아주 마음에 들었다(날씨까지 한몫 한 건가…).

박물관
내부 사진(위)

그라함 벨의
젊은 시절 모습
(아래)

여행 에피소드

화장실 이야기

여행 중 가장 중요한 일은 먹는 일, 그리고 내보내는 일이다.
그 두 가지가 원활치 않으면 구경이고 뭐고 완전히 귀찮아 진다. 특히 단체
여행할 때 여행 가이드가 하는 일 중 가장 중요한 일이 적당한 시간에 적당한
화장실로 안내하는 일인 것 같았다. 지난 몇 달간 미국 여행 하면서 가지가지
화장실을 다 겪어 보았으니 어찌 감상이 없을까 하여 몇 자 적어 본다.

첫째. 주유소의 화장실
그곳에서 기름을 넣거나 딸려 있는 식품점에서 물건을 살 땐 아주 떳떳하게
간다. 가끔은 막대기 달린 열쇠를 가져가야 할 때도 있다. 바깥쪽에 있어 그
냥 아무 것도 사지 않으면서도 갈 수 있는 곳도 있으나 요샌 인심이 사나워져
서 고객이어야만 갈 수 있는 곳이 많아 급할 땐 할 수 없이 아무거나(물이라
도) 하나 산다.

둘째. 여행 안내소
여행하다가 여행안내소가 있으면 거의 들린다. 특히 주 경계, 혹은 도시 진입
하는 곳에 있으니 지도와 정보도 얻고 그곳의 화장실을 애용하는데 언제나
깨끗하고 칸이 많아 마음이 느긋하다. 가끔은 여행 안내소가 휴게소도 겸하고
있어 피크닉 테이블에 주섬주섬 먹을 걸 꺼내 밥을 먹기도 한다.
지난 3월 조지아에서 테네시로 가던 중 들렀던 조그만 도시의 여행안내소
안의 화장실은 어느 여염집 화장실보다도 더 예쁘게 꾸며져 있었다. 조화지
만 큰 꽃바구니가 한쪽에 있고 은은한 향기와 함께 종이수건 넣는 바구니,
휴지통 등이 모두 헝겊으로 만든 예쁜 장식으로 되어 있어 정말 기분이 상
쾌했었다.

셋째. 휴게소

갈 길은 멀고 화장실은 급한데 휴게소 간판이 나와 반가웠다가 '닫혔음' 간판을 보면 정말 때려주고 싶다. '다음 휴게소 95km' 하고 친절하게 써 있으면 그래도 참는다.

달님 화장실 간사이
에라, 한 숨 자자

휴게소의 풍경은 각 주마다 다르다. 좀 경제적으로 넉넉한 곳은 피크닉 테이블과 쉬는 곳도 아름답게 칠해 놓고 있어 피곤한 여행자들의 마음을 풀어 준다. 물론 그런 곳의 화장실은 안락하다(특히 조지아 주가 인상적이었다).
요샌 화장실 사용 후 자동 물 내림이 되는 곳이 많이 있어 편리하지만 처음 그런 곳에 들렀을 때 아무 곳에도 누르는 곳이 없어 이것저것 눌러보다가 할 수 없이 그냥 나오는데 뒤에서 저 혼자 '쏴—악!'
문 열다말고 뒤돌아보며 '아하!' 했던 기억이 난다. 그 다음부턴 어느 곳에 센서(sensor−electric eye)가 있는가 살펴보곤 한다(마치 죽어가던 터미네이터의 눈처럼 빨간 불이 등뒤에서 깜박깜박…).

넷째. 대도시의 화장실

대도시에서 공중화장실을 찾아 들어가면 럭키!
그러나 일은 급한데 그런 곳이 보이지 않으면 아무 가게 같은 곳에 들어가 물건을 사거나 아니면 화장실을 쓸 수 있나 물어 봐야한다. 꼭 필요치도 않은 물건을 샀는데 화장실이 없다? 그런 일도 일어날 수 있다.

워싱턴에서 국립미술관 구경하러 간 날 아침 5시 30분부터 커피를 마셔댄 햇님이 주차할 곳을 찾으러 헤매던 때부터 슬슬 급해졌다. 차를 댄 후 주차요원에게 화장실을 물어보니 열쇠가 없단다. 비바람 속을 둘이 우산을 같이 쓰고 국립미술관 쪽으로 길을 건너다 햇님이 갑자기 방금 지나쳐온 스타벅스 커피점으로 돌진해 들어가 화장실로 직행~(정말 급했구나ㅡㅡ)나는 5달러 짜리 핫초코를 시키고 자리 잡고 앉아 '화장실 사용료 비싸네'하고 생각했다.

그 다음은 내 차례.

(비싼 돈 냈는데 있을 때 가두어야지. 일인 당 약 5달러가 아닌감?) 열쇠를 달라 하니 테이블 위에 공책 만한 딱딱한 판자때기 끝에 조그만 열쇠가 달려 있다. 내가 쳐다보니 "그거 통째로 가져가는 거유!(You take the whole thing!)" 한다. (야, 진짜 험악하구나. 열쇠가 자주 없어 졌나봐~)

여자화장실 앞에 가니 스타벅스 종업원용 초록색 앞치마가 손잡이에 걸려 있다. '누가 안에 있나봐…' 하는데 무지 뚱뚱한 검은 종업원 아줌마가 와서 문을 꽝꽝!

"야! 제니스, 너 아직도 그 안에 있냐?"하더니 바로 옆에 있는 문을 판대기에 달린 열쇠로 열면서 "들어가유!"한다. 근데 문짝에는 '남자화장실'이라 씌어 있는데? 내가 머뭇거리니까 "들어가라니깐!"하며 밀어 넣길래 할 수 없이 들어갔다.

다섯째. 뉴욕 지하철역의 화장실

너무나 오랜만에, 거의 15년 만에 뉴욕 지하철역의 화장실에 갔다. 세상에 이렇게 깨끗해 졌을 수가…. 쥴리아니(Juliani) 시장이 재임하면서부터 뉴욕 거리가 그렇게 깨끗해 졌다더니 정말이네….

내 기억으론 지하철의 화장실은 너무 지저분하고 마약 중독자들과 마주칠까봐 겁나고, 구걸하는 애들이 문 앞에서 손 벌리고 서 있곤 해서 몇 푼씩 꼭 주었던 기억이 나는데, 정말 뉴욕 많이 달라졌어요.

여섯째. 장애자용 호텔 방

세 번인가 장애인을 위한 호텔 방에 든 적이 있다. 그때마다 느낀 건 화장실이 휠체어가 들락거릴 수 있게 넓고 옆에는 스테인리스 손잡이가 쭉 이어져 있고 변기의자가 휠체어에 맞춰 많이 높다는 것이다. 나 같이 다리 짧은 사람은 다리가 땅에 닿질 않아 허공에 대롱대롱…, 일이 잘 해결되질 않는다구요!!

May

날씨가 따뜻해지기 시작한 5월

캐나다의 토론토에서 국경을 넘어 일리노이 주의 시카고로…,
다시 서쪽으로 한참 달려 루즈벨트국립공원과 러쉬모어 산,
크레이지 호스를 둘러보았다.

덴버와 아스펜을 지나 블랙캐니언, 아치스, 캐니언랜즈국립공원 등을
눈에 담고 유타 주의 솔트레이크시티를 거쳐
미국의 제 1호 국립공원 옐로우스톤까지 달렸다.

2일
캐나다 토론토의 맥마이클 미술관

1920년경 당시의 유럽의 전통적 스타일을 배제하고 캐나다의 독특한 풍경과 생활을 보여주는 새로운 회화 스타일을 창조해낸 그룹으로 평가되는 '그룹 오브 세븐(Group of Seven)'의 집이기도 한 토론토 시내 서북쪽의 클라인버그(Kleinburg)에 위치한 맥마이클 미술관.

비가 내리는 중에도 안에 들어가니 사람이 제법 많았다. 전시 투어가 2시 30분에 시작한다기에 합류하려고 시간을 보내는데 그랜드피아노가 있고 많은 의자가 놓여 있는 메인 로비에서 2시부터 연주회가 시작되었다.

연주자는 헝가리에서 온 것 같은(그들이 나누어 준 조그만 프로그램에 인쇄되어 있는 예술 사진에 부다페스트라고 찍혀 있는 것을 보고 알았다) 중년의 첼리스트와 여자 피아니스트.

맥마이클
미술관 전경

미술관 앞의 곰 조각

앞서서 5번째로 연주될 슈베르트의 「소나타 아르페지오네」를 기다린다(슈베르트의 소나타 아르페지오네는 내 아들 김현정 감독이 연출한 영화 「이 중간첩」의 배경음악으로 쓰여져 내게는 감흥이 유별한데다가 2003년 10월 나의 개인전 당시 내 동생 진영이가 이 한 곡을 여러 악기로 연주된 걸 CD 한 개에 녹음해 가져다주어 전시기간 내내 행복했던 기억이 있다. 이진영, Thank you!!).

가끔은 틀리고, 손이 아픈지 피아노 반주 나올 때면 왼손을 털기도 하는 중년 연주자의 땀난 얼굴을 보며 CD로 늘 듣던 세련된 연주를 떠올렸다.

벌써 전시 투어 시작시간 2시 30분이 지나간다. 그러나 나는 고집스럽게 앉아서 마지막까지 들었다. 결국 2시 40분이 다 되어 곡이 끝나고 나서야 투어그룹 있는 데로 쫓아갔다.

'캐나다 인들의 초상' 전시. 인디언 출신인 것 같은 아줌마가 그림 하나하나를 짚으며 열심히 설명해 주고 있다.

또한 캐나다의 역사적, 지리학적 배경에 대한 설명과 더불어 전시되어 있는 이누이(Inuit: 에스키모)들의 그림과 인디언들의 그림, 조각 등을 보고 나서 배가 고픈 걸 보니 점심도 걸렀구나 하며 그곳을 나온 건 오후 4시경.

비스킷으로 점심을 때우고 햇님 친구 집으로⋯.

---

* 소나타 아르페지오네(Sonata Arpeggione)

아르페지오네(Arpeggione)는 첼로의 전신으로 기타처럼 지판이 있고 줄은 첼로보다 두 개가 더 많은 6줄이다. 이 악기의 이름이 등장하는 작품은 슈베르트의 이 곡뿐이며, 아르페지오네란 악기는 발명된 지 얼마 지나지 않아 곧 잊혀졌다. 전체 3악장으로 된 이 작품은 낭만주의의 감성이 가득하여 듣기에도 편하고 또한 선율이 아름다워 인기가 높다.

**튤립 가득한
미쉬건 거리**

7일
튤립이 한창인 시카고 거리

　시카고 거리엔 튤립이 가득했다. 바람이 한 겨울처럼 불어 '바람 부는 도시 시카고(Windy City Chicago)'를 실감하게 했지만 조카 소연이와 함께 지하철과 버스를 타고 다운타운으로 나가니 거리 곳곳에는 바람에 한쪽으로 쓰러질 듯하다가 다시 서는 튤립으로 장관이었다.

　먼저 미쉬건 애비뉴 남쪽에 있는 시카고 아트 인스티튜트(Art Institute of

Chicago)에서 열리고 있는 '렘브란트의 여정(Rembrandt's Journey)' 전시를 보러 갔다. 한국 사람들도 이곳 시카고 아트 인스티튜트에서 많이 공부한 걸로 아는데 학교 건너편에 있는 미술관은 규모도 크고 전시장이 부러울 만큼 좋았다.

조카가 이곳 주민이라 자기집 우편번호를 대니 3달러씩 깎아주어 일인당 12달러씩 내고 입장. 엄청나게 많은 관람객 틈에서 제대로 그림을 보기가 힘들 지경이었다. 작은 에칭 작품들을 자세히 보기 위해 많은 사람들이 돋보기를 손에 들고 다니면서 가끔은 그걸로 들여다본다. 그 모습이 너무 진지하여 나는 그림 구경보다 사람 구경이 더 재미있었다.

노인들, 휠체어 탄 장애인, 젊은이, 학생들이 열심히 완드(wand: 막대기 같이 생겨 지정된 곳에 가면 녹음으로 된 설명이 나오는 것)를 귀에 대고 작품설명을 듣고 있는데 전시실마다 어림잡아 50~70명이 한꺼번에 있으니 정말 그림을 보기가 매우 어려웠다.

조카 소연이와 미술관 앞에서

≫ 달님의 미술관 관람기 |

7일
시카고 아트 인스티튜트 – 렘브란트 전시

렘브란트는 영국의 문호 셰익스피어가 「리어왕」과 「맥베드」를 쓴 1606년에 태어나 1669년까지 살았는데 1634년 결혼한 부인 사스키아(Saskia)는 모델로써, 아내로써 많은 도움을 준 것 같았다. 그의 생애 동안 그린 많은 자화상 중 1659년 53세 때 그렸던 작품이 특히 눈을 끌었다. 농익은 화가로서, 또한 인간으로서의 면모를 아낌없이 드러내 보여주는 작품이었다.

이번 전시는 그가 화가로 뿐만이 아니라 동판화가로서 또한 제도자로서의 면모를 보여주는 전시로 특히 작은 동판작품들과 더불어 그가 판화작업 때 쓰던 기구들도 있어 동판화가인 내게는 특히 흥미로운 전시였다.

그리고 그 시대 화가들의 빼놓을 수 없었던 성경을 주제로 한 많은 그림들이 있었고 거리의 사람들이나 평민들의 생활 모습을 살아있는 것 같이 하나하나 잘 표현해 보여주고 있었다.

나의 느낌을 간단명료하게 보여주는 로저 프라이(Roger Fry)라는 사람의 글이 있어 여기

| 전시장 앞의 거리 악사

| 렘브란트 전시 안내판

소개한다.

'렘브란트가 그리려 하는 사람이나 대상들은 보통 평범한 이들이 전혀 볼 수 없는 걸 그에게 내 보인다. 즉 그들의 내재된 본능, 가장 본질적인 특성 등을…. 렘브란트와 셰익스피어. 이 두 사람은 실제로 살아 있는 것 같이 대상을 재창조하여 우리 눈앞에 보여주는 거의 기적에 가까운 힘을 갖고 있다. 그리고 그렇게 함에 있어 남들과는 비교될 수 없을 만큼 최소한의 획(stroke)과 단어만을 사용한다.'

유명한 66번 도로가
이곳에서
시작된다는 표지판

> *** 66번 도로(Route 66)**
>
> 66번 도로는 미국의 '간선도로'이자 '기회의 도로'라 불린다. 1926년 개통된 이 도로는 동쪽의 시카고의 미쉬건 호반에서 시작하여 총 8개 주를 거쳐 서쪽의 캘리포니아 산타모니카 바닷가에 이르는 장장 2,448마일 이상을 뻗으며 미국 땅을 횡단한다.
> 대공황 시대에는 많은 실업자들과 구직자들이 66번 도로를 통해 서부로 갔으며(존 스타인벡은 「분노의 포도」라는 소설에서 구직자들의 이동을 바라보며 이 도로를 '분노의 도로'라 표현했다) 많은 도시들이 이 도로를 따라 성장했다.
> 현재는 많은 고속도로의 건설로 이 도로는 일부만 남아있지만, 여전히 66번 도로는 미국에서 가장 유명한 간선도로이다.

7일
블루스 브라더스의 무대 시카고

피카소의 작품을 보러 워싱턴과 디어본(Dearborn) 거리가 만나는 곳에 있는 법원건물 광장으로 갔다.

왜 이곳에 꼭 와 보고 싶었냐 하면 영화 *「블루스 브라더스」마지막 장면에 선글라스에 검은 옷을 입은 제이크(제임스 벨루시)와 엘우드(댄 애크로이드) 두 사람이 사기까지 쳐서 번 5,000달러가 든 가방을 들고 우여곡절 끝에 이곳에 도착하여 자기들이 자랐던 고아원의 밀려있는 세금을 내고는 건물 밖 광장과 건물 안에 깔린 수

네이비 피어
(Navy Pier)

백 명의 SWAT팀에게 체포되는 곳이었기 때문이다. 넓은 광장 한 쪽에 작은 분수도 있고, 역시 피카소의 검은 철제 조각 작품이 점잖게 엎드려 있다.

점심은 유명하다는 피자 집에서 '딥 디시 피자'로 때우고 네이비 피어(Navy Pier)로 갔다. 네이비 피어에 있는 셰익스피어 극장에서는 보고 싶은 연극들이(「12야」, 「한여름 밤의 꿈」등) 아직 시작되질 않고 있어 그 옆에 있는 '페리스 휠'이라는 미국식 '허니문 카' 같은 걸 탔다.

올라가면 시내와 미쉬건 호수가 다 보인다니 한번은 타 볼만 하다나… 일인당 10달러씩 내고 40개의 곤돌라 중 1번에 올라탔다. 타자마자 들려오는 안내방송 또한 블루스 브러더스의 주제가 「Sweet home, Chicago」로 시작된다. 역시 시카고는 블루스 브러더스의 안방이네….

피카소 조각이 있는 법원 건물 광장(위)

네이비 피어에 있는 셰익스피어 극장 (아래)

이곳은 맥도날드가
락앤롤 카페네…(위)

얼굴도 예쁜 피자집
아가씨(아래)

여행 에피소드

정 두고 떠나기

"너 벌써 떠난 거니? 정말 너무나 아쉽다. 정말이야, 너무너무 아쉬워. 제대로 얘기도 못하고…. 게다가 네가 받으려 하던 우편물이 오늘 오후에 도착했단 말이야. 그렇게 바람처럼 왔다가 후딱 가버리다니…. 네가 떠난 목요일마다 널 위해 기도할게."

캐나다 국경을 떠나오며 통화했던 토론토의 친구 영봉이가 아쉬워하며 하던 말이 귓가에 뱅뱅돈다. 그리고 "너 6개월이나 미 대륙 여행한다면서, 뭐가 그리 바빠?" 하는 뉴저지의 영숙이, 경원이. 뉴욕의 복영이, 경애. 모두 제대로 얘기도 나눠보지 못하고….

휴스턴의 미세스 새비지(Mrs. Savage)는 벌써 80세가 가까우시니 다시 뵐 날이 올까? 워싱턴의 이모, 이모부님, 그리고 토론토에서 뵌 김용현 선생님 내외분은 아직 건강하시니까 그런 걱정은 안 한다.

그러나 뉴올리언스에서 만났던 로즈(Rose) 생각을 하면…
잘 가라고 손 흔들면서 마지막까지 우리를 똑바로 쳐다보지 못하던 몇몇 친구들. 생각해 보면 많은 이들의 사랑 속에 있는 우리는 정말 행복한 사람들일세….

강과 어우러진
공원 풍경

Theodore Roosevelt National Park

> 테오도르루즈벨트국립공원은 노스다코타 주에 위치하고 있으며
> 약 49만평에 달하는 면적을 가지고 있다.
> 원시적인 평야의 모습을 그대로 간직하고 있어,
> 한가로운 평야에서 풀을 뜯는 많은 야생동물들을 접할 수 있는
> 멋진 곳이다. 1978년 국립공원으로 지정되었다.

11일

루즈벨트국립공원

"내 생애에서 노스다코타(North Dakota)에서의 경험이 없었던들 대통령이 될 수 없었을 것이다"

미국의 26대 대통령인 테오도르 루즈벨트(Theodore Roosevelt)가 그의 생애를 통해 영향 받은 바에 대해 이렇게 얘기 한 적이 있다.

1883년에 처음 이곳에 왔다가 목축업에 관심을 보여 두 명의 파트너와 함께 목장을 열었으나 얼마 안 가 깨달은 것은 마구잡이 사냥꾼들과 병뿐만이 아니라 방만한 목축업 역시 야생의 작은 동물들과 또한 그들과 함께 하는 새들도 사라져가게 한다는 것이었다. 그 경험을 한 이후로는 '자연의 보존'이 그의 가장 중요한 관심사가 되었다.

루즈벨트 대통령의 여러 모습 (목장주, 러프 라이더, 정치인)

스페인과의 전쟁 중에는 * '러프 라이더(Rough Rider)'로써 활약했고 그때를 회상하며 '내 생애의 가장 찬란한 날들이었다' 했다고 한다.

주지사였던 1900년 그는 부통령에 당선, 1901년에는 맥킨리(McKinley) 대통령의 사망으로 대통령직을 승계, 미국 26대 대통령이 되어 1904년에 재선, 1908년에 다시 3선이 되었다. 노스다코타에서의 경험을 바탕으로 재임 중 5개의 국립

재현해 놓은
러프 라이더의
모습

공원을 비롯, 많은 국립삼림 (National Forest)과 야생동물 보호구역(Wildlife Refuge)등에 대한 국회승인을 얻어냈다.

시카고를 떠나 서쪽으로 달려 미네소타 주의 알렉산드리아(Alexandria), 노스다코타 주의 파고(Fargo)를 거쳐 루즈벨트국립공원이 있는 몬태나 주의 메도라(Medor)까지 왔으니 이틀간 562마일이나 움직인 셈이다.

오늘 오는 길은 엄청 비가 많이 내려 내심 '이 참에 세차 한번 잘 하네…' 하고도 생각했지만 차가 아플 것 같은 생각이 들 정도로 세차게 비가 내리니 운전하는 햇님은 무척 신경 썼을 것이다.

테오도르 루즈벨트(Theodore Roosevelt)국립공원이 있는 곳에 거의 다다르니 비도 멈추고 약간 해까지 나려 하여 공원이 가까워 온 것을 차창 밖의 풍경으로 금방 알 수 있었다.

규모는 훨씬 작지만 그랜드캐니언 등에서 익히 보았던 지층들이 보이는 산들이 여기저기. 그런가 하면 겨우내 누렇게 죽어있던 풀들 사이로 푸른 새잎들이 돋아나는 게 확실히 보이는 싱그러운 풍경들이었다.

공원 안으로 들어가 루즈벨트의 첫 목장을 둘러보고는 비가 오락가락하는 공원길을 차로 한바퀴 돌았다. 가끔 마주치는 들소 때문에 차 밖으로 나갈 수 없어 사진만 찍었는데 야생마 내외, 사슴들, 많은 야생동물들이 한가롭게 노닐고 있으니 '이렇게 넓은 곳에 살고 있는 너희들은 팔자도 참 좋구나' 하는 생각을 했다. 그들도 알겠지, 루즈벨트 대통령의 고마움을….

무법자
야생 들소(위)

강과 어우러진
싱그러운
공원 풍경(아래)

* 러프 라이더(Rough Rider)

러프 라이더는 거친 말을 잘 다루는 카우보이라는 뜻이지만 미국과 스페인 전쟁 시 지원병으로 이루어진 비정규군으로 말 타고 달리며 싸우던 용감한 병사들이었고 결국 미국의 승리로 전쟁은 끝났다. 러프 라이더의 전술적 역할은 미약했지만 그들의 존재에 미국 국민들은 열광했다. 애국심의 화신, 전쟁 영웅의 출현이었다.

지리학적
미국의 중심이
이곳 근처인 것
같은데…

12일
미국의 중심 - 벨 푸쉬

트 리플 A(AAA:미국 자동차 협회)에서 주는 한 장짜리 미국 전체지도를
보면 겉장에 성조기가 배경에 휘날리고 위대했던 미국의 4명의 대통령
얼굴이 바위에 새겨져 있는 사진이 있다. 바로 그 바위산이 있는 러쉬모어
(Rushmore)쪽으로 가는 길.

사우스다코타(South Dakota)와 몬태나(Montana)와 와이오밍(Wyoming) 주가

만나는 즈음에 벨 푸쉬(Belle Fourche : 불어로 아름다운 포크라는 뜻)라는 자그마한 도시가 있다. 안내소에 들러서 밖에 '미국의 중심(Center of the Nation)'이라고 써 있는 게 뭐냐고 물으니 가까운 곳에 '지리학적인 미국의 중심(Geographical Center of the United States : 면적, 높낮이 등을 고려한 지리학적으로 균형을 유지할 수 있는 한 포인트를 말하는 것 같다)'이 있다고 한다.

1918년까지는 캔자스 주의 레바논(Lebanon)이란 곳에 있었는데 나중에 알래스카 연방으로 추가 편입되면서 사우스다코타의 벨 푸쉬 근처 캐슬 락(Castle Rock)에서 11마일 떨어진 곳으로 정했다고….

호기심 부부답게 다시 차를 돌려 그곳을 찾아갔지만 오래된 낡은 헛간들만 있을 뿐 아무것도 찾을 수 없었다(물론 조그만 시멘트 받침에 붉은 막대기 하나 꽂혀 있는 곳이라고 했으니 안 보일 수도 있었겠지만…).

아쉬운 마음에 대충 이곳이지? 싶은 곳의 헛간 앞에서 사진 몇 장.

벨 푸쉬,
미국의 중심임을
알리는 간판(위)

붉은 막대기
(미국의 중심
지점 표시)
(아래)

큰 나라를 좁히고, 줄이고 있는 미국

미국!

너무나 광활하고, 너무나 다양하다. 너무 넓어서 다니기가 지겹기도 하고 또 한편 부럽기도 하고. 이런 미국엔 강과 바다, 하늘과 땅에서 넓은 땅을 좁혀 주는 것이 여러 가지가 있다.

하늘엔 비행기, 우주선이 날아 그 넓은 대륙을 수 시간, 수 분 대로 좁혀 놓았고, 바다와 강에는 한번에 수많은 물량과 사람들을 실어 날라주는 대형 선박들이 물자수송의 혁명을 이루었고, 그 넓은 땅 구석구석까지 만들어져 있는 도로와 철도는 그 규모와 길이가 상상을 초월할 정도다.

아침부터 저녁까지 달려도 달려도 끝이 없다. 차에 기름을 두어 번 가득 채웠다가 비워도 길은 끝날 줄 모른다. 그 길고 긴 도로 위를 차들은 쉴 새 없이 달린다. 그래서 미국은 줄어들고, 좁혀지고 있다.

일본 토요다 자동차의 '저스트 인 타임(Just In Time – JIT)' 시스템이 부품을 정시에 공급하기 위하여 고속도로에 부품 실은 트럭을 깔아놓고 시간에 맞춰 납품처에 도착시킨다는 이야기처럼, 미국은 그 넓고 끝없는 도로 위에 움직이는 창고를 어마어마하게 깔아 놓고 있다.

언젠가 들은 이야기로는 재일교포 컴퓨터 재벌 손정희가 미국유학 시절 미국의 고속도로를 처음 타 보고 고속도로에서 요금 받는 것 같이 인터넷에 고속망을 만들어 이용자로부터 사용료를 받는 아이디어를 생각해 냈다 했던가. 예전 같으면 몇 달을 걸려서 동부에서 서부로 말을 타고 갔었을 텐데 지금은 자동차로 2~3일이면 가고 비행기로는 불과 5시간. 그만큼 나라가 좁아지고 있다는 느낌이다. 🎴

미국 국민 애국심의 장소
러쉬모어 산

12일
대통령 얼굴조각이 있는 러쉬모어 산

남쪽으로 래피드 시티(Rapid City)를 거쳐 러쉬모어 산이 있는 키 스톤(Key Stone)으로 가는 길. 앞을 봐도 뒤를 봐도 온통 모텔, 인(Inn), 레스토랑들이 가득하다.

먼저 러쉬모어 산에 4명의 미국 대통령의 얼굴을 새긴 조각가 구촌 볼그럼(Gutzon Borglum)의 전시관에 들렀다. 거기에서 그가 애틀랜타에 있는 스톤 마운틴(Stone Mountain)의 조각을 맡아 하다가 그의 급한 성격 때문에 해고당했다는 것을 알게 되었고, 1924년 사우스다코타의 주 역사가였던 도에인 로빈슨(Doane

그랜드 테라스에서

Robinson)이란 사람의 초청으로 이곳에 와서 1927년부터 조각을 시작하여 1941년에 끝냈다고 한다(완전 마무리를 못하고 볼그럼이 사망하여 그의 아들 링컨(Lincoln)이 끝냈다고 하며 2차 대전 관계로 당시에는 축하행사가 없었고 대신 1991년에 50주년 행사를 했다 함).

원래 프레스코(fresco) 화가이기도 했던 볼그럼은 화가였던 엘리자베스와 결혼한 후 능력발휘를 하기 시작할 무렵 프랑스 파리로 가서 유명한 조각가 로댕도 만나 배웠다고 한다. 파리에서 돌아오는 배에서 만난 메리 몽고메리(Mary Montgomery)와 재혼한 후 그녀 덕에 힘있고 돈 있는 이들과 많이 만나게 되어 나중에 그들의 후원도 적잖이 받은 것 같았다.

전시관에서 러쉬모어 산에 대한 소개 영화를 보았다.

제목은 「민주주의의 성지」.

흰 구름이 둥둥 떠다니는 푸른 하늘을 배경으로 4명의 대통령(워싱턴, 제퍼슨, 루즈벨트, 링컨)의 얼굴이 멋있게 나타나며 볼그럼의 목소리가 뒤에 깔린다.

"그들이 어떤 이들이었는가를 후손들에게 보이기 위해 조각된 우리의 지도자들의 말씀과 그들의 얼굴들을 천국에 가장 가까운 하늘 높은 곳에 놓자. 그리고 조용히 기도하자. 오직 바람과 비만이 그들을 닳아 없어지게 할 때까지 이 기록들이 지속되도록…."

두 사람 모두 경건한 마음이 되어 진짜 돌산을 보러 갔다.

가는 길에 벌써 멀리에 있는 4명의 대통령 얼굴이 보이기 시작한다. 차 세울 수 있는 곳에서 다른 이들도 우리같이 사진 찍느라 분주.

막상 그곳에 들어서니 그랜드 테라스라는 돌산의 모습이 가장 잘 보이는 장소까지 가는 길에 의장대들이 행사할 때 두 칼을 부딪친 자세로 사열하여 그 안쪽을 걸어가게 하는 것처럼 미국 50개 주 깃발이 펄럭이는 곳을 통과해야 했다.

처음엔 대단한 미국의 민족주의라고 생각했지만 하긴 이곳이 미국 국민의 애국심을 자극하여 온 국민을 하나로 만들 수 있는 얼마나 좋은 장소인가 하는 생각이 들어 고개를 끄덕였다. 날씨가 그렇게 맑진 않았지만 그럭저럭 사진 찍고 '대통령의 길(president's trail)'이라고 씌어 있는 곳을 따라 한바퀴 걸었다.

13일

인디언의 영웅 – 크레이지 호스 메모리얼

'**크**레이지 호스(Crazy Horse : 미친 말).' 몇 십 년 전 리더스 다이제스트인가, 타임 잡지인가에서 이 크레이지 호스에 대한 기사를 보고 '야! 대단하구나' 하고 생각했던 적이 있다.

어제 오후에 들렸으나 안개와 진눈깨비로 앞이 보이질 않아 되돌아 나와 내일은 꼭 봐야지 하는 마음으로 인근 모텔에 방을 잡았다.

아침에 눈을 뜨자마자 커튼을 들쳐보았다. 안개는 어제만큼은 아니지만 대신 싸락눈이 조금씩 내린다.

입구에 도착하니 오늘은 안개가 있어서 잘 안보이니 원래는 입장료가 1인당 9달러씩인데 두 사람이 합해서 10달러만 내란다. 이 사람들 상당히 합리적이네….

아직 완공이 되지 않은 이 거대한 조각은 완공되면 세계에서 가장 큰 조각이 될

크레이지 호스
조각 안내판

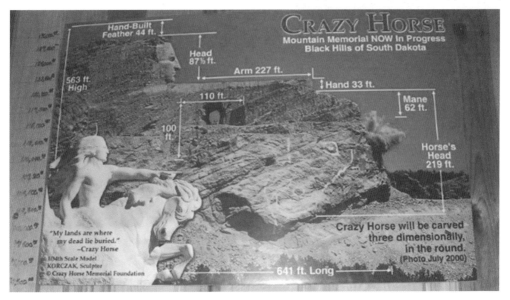

것이라고 하는데 1948년 6월 3일 첫 발파를 하면서 시작된 것이 56년 지난 지금은 인디언 영웅 크레이지 호스의 얼굴이 완성되었고 말의 머리부분 1/4정도와, 말 위에 앉아 멀리를 향해 뻗은 크레이지 호스의 팔 부분이 끝나가고 있다.

지올코프스키 부부의 초상(위)

크레이지 호스의 모델 조각과 멀리 공사 중인 산의 모습(아래)

1939년 뉴욕의 세계박람회에서 조각부분 1등 상을 받은 지올코프스키(Ziolkowski : 보스턴에서 태어난 폴란드 계)에게 시우(Sioux)족 인디언 추장 '서있는 곰 헨리(Henry Standing Bear)'는 이곳 블랙 힐(Black Hill)로 와서 크레이지 호스를 산에 조각해 달라며 아래와 같은 내용의 편지를 보낸다.

"My fellow chiefs and I would like the white man to know the red man has great heroes, too.(우리 인디언 추장들과 나는 백인들에게 우리네 인디언들에게도 위대한 영웅이 있다는 걸 알리고 싶다)"

러쉬모어 산에서 미국의 4대 대통령 조각에도 참여했던 지올코프스키는 그의 나이 40세때 인디언들과 약속을 하고 이곳에 와서 일을 시작했다. 이 일이 평생을 두고도 다 못할 거대한 사업임을 짐작한 그와 그의 부인 루스(Ruth)는 그가 죽은 후에도 이 사업이 계속되도록 하기 위해 자세한 계획 등을 책 3권에 담았다 한다.

지올코프스키는 이곳에서 34년 간을 조각하고 1982년 10월 그의 나이 74세에 세상을 떠났지만 그의 부인과 10명의 자녀들이 남아서 이 일을 계속하고 있다. 아직 작업 중이라서 1마일 밖에 세워진 전시관에서만 작업 중인 모습을 볼 수 있는데 낡은 스쿨버스로 1인당 3달러씩을 내고 공사장 아래 발치 정도까지 태워주고 설명도 해 준다.

1년에 한번 6월 첫 주말에 10km를 걸어서 얼굴 조각 앞까지 가는 행사가 있는데 매년 15,000여명정도가 참가한다고 한다(시간을 맞춰 왔으면 좋았을 텐데…).

이것은 만들 때부터 어느 누구에게도 얽매이지 않고 자유로울 수 있기 위하여 정부로부터나 어떤 이익단체로부터의 돈은 받지 않고 오로지 입장료수입과 인디언 카지노 등 기타 인디언들의 수입만으로 진행하고 있어서 처음 몇 년간은 재정적 어려움이 많았다고 한다.

이 프로젝트가 언제 완공될지는 날씨와 수입 등이 변수로 어느 누구도 장담을 하지 못하고 있으나 점차 관람객도 많아지고 컴퓨터 CAD와 첨단 장비 등이 동원되고 있어 그 완공 시기는 앞 당겨질 것으로 보인다.

완공되면 이곳에 대학과 인디언 박물관, 그리고 의료교육센터 등의 시설이 같이 들어설 예정이라 한다.

그 때에는 인디언들 자신의 주체성을 찾고 같이 모여 미래의 계획을 세우는 구심점 역할을 할 장소가 될 것 같다. 우리가 살아있는 동안 완공되면 꼭 다시 한번 와 보고 싶다.

전시관 안의
인디언 민속화
(아픈 만큼
성숙해 지고…)

* 크레이지 호스(Crazy Horse 1842~77)

미국 중부대평원에서 평화롭게 살아가다 결국 미주리의 황폐한 '인디언 보호구역'으로 내몰려 간 원주민 테톤 수 족의 마지막 전사였던 크레이지 호스. 전사로서는 몸집이 작은 사내였다. 키가 백인의 발로 여섯 발 크기에 못 미쳤으며 젊은 전사치고는 가냘팠다. 그러나 그는 백인과 수많은 전투에서 단 한 발의 총알도 맞지 않았고, 단 한번의 패배도 겪지 않았다. 후에 미군과 평화조약을 맺었으나 한 기병대원의 손에 피살됐다.

격자무늬의 바람동굴 내부

Wind Cave National Park

66

1903년 국립공원으로 지정되었다. 특히 윈드케이브라고
하는 거대한 동굴은 내벽이 투명한 6각주의 결정체로 뒤덮여
있어 세계에서 가장 아름답다고 한다. 한 여름에도 서늘한 냉기를
느끼기 때문에 따뜻한 옷을 껴입고 내부로 들어가는 것이 좋다.

99

13일
바람동굴국립공원

크레이지 호스에서 남동쪽으로 약 30마일 내려가면 바람동굴(Wind Cave)이라는 국립공원이 있다. 지난번 칼스배드동굴국립공원 같이 웅장한 맛은 없지만 1평방 마일 안에 약 100마일 길이의 동굴이 3층에 걸쳐서 깔려 있는 특이한 동굴이다.

1881년 톰 빙햄(Tom Bingham)이라는 사람이 어딘가에서 바람소리가 유난히 들려서 살펴보니 바위에 뚫린 사람 몸통 겨우 들어갈 만한 조그만 구멍에서 바람이 나오고 있어 그 속으로 들어가 큰 동굴을 발견하게 되었다고 한다. 그 후 1890년 앨빈 맥도날드 (Alvin McDonald)라는 당시 18세가 채 안되었던 청년이 본격적인 탐사를 시작한 이래 지금까지도 탐사가 계속되고 있다고 한다.

감자 칩같이 생긴 얇은 격자모양은 물론 팝콘 같은 모양, 서리 모양으로 굳어진 것들이 천장에 구석구석 만들어져있다. 가끔 크리스털도 있는데 이런 것들이 다른 어느 동굴보다도 특이하다는 설명이다. 그런데 크리스털 같이 특이한 것이 있는 곳에 오면 가이드는 혹시 훼손되거나 도난 당하지 않을까 해서인지 신경을 많이 쓰는 것 같았다.

동굴 안은 섭씨 11도 정도로 서늘하여 스웨터나 겉옷을 가져가야 좋을듯하고 신발은 바닥이 편평한 신을 신는 것이 좋다. 동굴 안에는 천장이 낮고 좁은 곳이 많아 여행 중 운동부족으로 배가 약간 나온 나는 두세 군데에서는 배에 힘을 주어 들여보내고 빠져나와야 했다.

바람동굴국립공원
안내판(위)

바위에 뚫린
구멍에서 끊임없이
바람이… (가운데)

바람동굴
내부모습(아래)

Badlands National Park

Badlands National Park
MAY 14 2004
Interior, South Dakota

66

세계에서 가장 풍부한 2,300만 년~ 3,500만 년 된
화석층이 있는 이곳에서 엄청나게 많은 양의 동물과 식물 화석이
무더기로 발굴되었는데 아직도 어느 정도나 더 묻혀 있을지
상상을 할 수 없을 정도라고 한다.

99

배드랜즈의 상징인
뾰죽산들

14일
배드랜즈국립공원

어제 크레이지 호스 메모리얼과 바람동굴국립공원을 보고 난 후 다시 래피드 시티(Rapid City)를 거쳐 90번을 타고 동쪽으로 60마일 가량 떨어진 곳에 있는 배드랜즈(Badlands)국립공원 입구까지 갔다.

아침 9시 모텔 건너편 주유소에서 기름 넣고 출발. 공원 입구에 들어서기 전부터 조금 이상하게 생긴, 마치 손을 세워 놓은 것 같은 돌산들이 나타나기 시작. 뾰죽뾰죽하니 우뚝우뚝 서 있는 돌산들이 두께는 얇아서 앞에서 볼 때와 옆에서 볼 때가 전혀 다르다.

옛날에 바다였던 이곳은 갑자기 융기하여 이루어진 돌산들이 모두 화석 투성이라고 한다. 조개, 나무, 동물 뼈의 화석과 또한 고대 거주인들(혹은 인디언들) 생활의 자취를 볼 수 있다고 한다.

1978년 국립공원으로 지정되기 한참 전인 1935년 이곳을 방문한 유명한 건축가 프랭크 로이드 라이트(Frank Lloyd Wright)는 "나는 세계 곳곳과 우리나라에서도 많은 곳을 다녀 보았지만 다코타의 배드랜즈라고 불리는 완전히 뜻밖의 곳에 와서 표현하기 힘든 신비로운 세상, 지구에서 창조되었으나 그보다 더 영적이고 끝없는 초자연적인 세계를 보고 느꼈다"고 했다 한다.

데스밸리를 연상케 하는 모습

주로 차로 이동하면서 보게 되어 있지만 가끔은 주차시켜 놓고 만들어 놓은 길

을 따라 올라갔다 오는 산책로도 있어 한두 번은 수많은 층계를 따라 오르락내리락 했다. 끝없이 펼쳐진, 끝이 안 보일 만큼 광활한 배드랜즈. 정말 땅 한번 넓구나….

삐죽삐죽 멋지게 생긴 얇은 산들 사이사이 이제 막 푸르러지기 시작한 초원에는 다람쥐도 아니고 두더지도 아닌 귀여운 '프레리 도그(prairie dog)'들이 구멍을 판 곳으로 들어갔다 나왔다 하고, 어느 곳은 한 떼가 몰려 있기도 해 '야! 이곳은 애들 운동장이구나!' 하면서 지나가기도 했다.

여름에 오면 저주스러울 만큼의 더위와 천둥번개를 만날 수 있는 한 편, 야생화, 야생동물들을 보며 흥분할 수 있고 겨울에 오면 혹한 속의 북풍에 얼어버린 달빛이 눈 쌓인 뾰쪽산들 위에 빛나는 걸 볼 수 있다고 하는데 우리는 그저 사진 찍고 바라볼 수 있게 날씨가 맑아준 것만으로도 감사해 했다.

14일

미국 공군사관학교

'**콜**로라도(Corolado)' 라는 말은 인디언 말로 'Color of red' 란 뜻이란다. 그래서 그런지 이 지역엔 유난히 붉은 바위산, 붉은 흙 등이 눈에 많이 띄었다.

이곳은 뉴멕시코의 세도나와 바위나 흙 색깔이 비슷하게 붉어서 그런지 세도나처럼 '기(氣)' 가 많이 있는 곳이란다.

미 공사의 상징
초현대적인 교회
건물

콜로라도 주의 수도인 덴버(Denver)는 '마일 하이 시티(Mile High City)' 라고도 불린다. 시청 청사 앞 계단 중앙까지의 높이가 해발 1마일(1,600m)이라서 붙여진 이름이라고.

580여 군데에서 서로 공군사관학교를 유치하기 위해 경쟁을 벌인 끝에 유치를 했다는 덴버 근교의 콜로라도 스프링스(Colorado Springs) 지역은 미래에 고공에서 비행을 해야 하는 생도들의 신체 적응력을 4년간 높은 지대에서 훈련시킬 수 있기 때문에 선택된 지역이라고 하다.

| 생도들과 함께

실제로 엊그제 이곳에서 2시간 정도 북쪽에 있는 록키마운틴국립공원에 갔을 때의 일이다. 주차장에 차를 세우고 급히 화장실을 다녀오던 달님이 갑자기 숨 가빠하며 한참을 괴로워한다. 여행 중 지금까지 아무 일도 없었는데 웬일인가 하고 살펴보니 공기가 희박한 곳이라서 그런 증상이 나타난 것 같았다.

이런 곳에서 4년을 단련하면 산소마스크 없이도 웬만한 고산은 갈 수 있다 하여 그런지 이곳은 올림픽 선수들의 훈련지로도 활용되고 있다 한다.

1959년 첫 졸업생을 배출시킨 미 공사는 생도 하나하나가 개인이 아니고 팀 중의 일원이라는 의식을 심어주고 있는데 특히 스카이다이빙, 수영, 미식축구 등 60여개의 클럽에서 각각 활동을 하면서 자신감, 이기려는 의지, 도전정신, 긍정적 태도, 지휘관 자질 등을 기르고 있으며 생각보다 매우 엄격한 명예제도를 실천하고 있어 중간에 많은 생도들이 퇴교 당하기도 한단다. 매년 900명의 졸업생이 배출되어 이학사 학위와 함께 소위로 임관을 한다.

안내소에서 나와 왼쪽으로 만들어진 길을 따라 조금 가면 미 공사의 사진에 상징처럼 나오는 뾰족하고 멋있게 지은 교회가 나오고 이곳에 서서 보면 학교 건물들이 거의 한 눈에 들어온다. 마침 일요일이라 교회에서 종교행사에 참석하려던 몇 명의 남녀 생도들이 들어가려다 시간이 다소 늦었는지 되돌아 내려온다.

다가가서 "내가 한국의 공군사관학교를 졸업
한 사람인데 여행 중 들렀다"면서 같이 사진 한
장 찍자고 하니 선뜻 응해 준다. 그 중 한 명은
'우연희'라는 이름의 한국인 여생도. 우연히 만
난 '우연희' 생도. 미국 이름은 모니카(Monica)
란다. 앞으로 4년의 힘든 생도 생활을 무사히 마
칠 수 있기를 바라는 마음이다.

전투기가 놓여 있는
미 공사 교정(위)

퍼레이드 하는
연병장(아래)

존 덴버의 노래와
함께 한
록키마운틴

Rocky Mountain National Park

> 66
>
> 덴버에서 북서쪽으로 100km 지점에 있으며 수많은
> 높은 봉우리와 넓은 골짜기, 험준한 협곡과 맑은 호수 등
> 웅장한 산악미를 자랑한다. 공원 안에는 해발 2,000m가 넘는
> 봉우리가 98개나 있으니 그 장대함을 짐작하고도 남는다.
>
> 99

15일

존 덴버가 사랑에 빠진 록키마운틴

우리나라에 백두대간이 있듯이 미국에도 컨티넨탈 디바이드(Continental Divide)라고 불리는 록키(Rocky) 산맥을 주축으로 한 산맥을 이은 선이 있다. 이 선을 기준으로 동과 서로 나뉘어 기후와, 식물, 동물, 사람 사는 풍습, 문화들을 다르게 하고 있다(빗물도 이곳에서 동과 서로 갈라져 흐른다).

미국에서도 한국처럼 이 록키산맥을 종주하는 사람들이 있는지는 모르나 이 산맥 쪽으로 많은 국립공원들과 주립공원, 기타 휴양지들이 널려 있고 자연을 보호하기 위하여 많은 투자와 노력을 하고 있다.

오늘은 3대 국립공원(데스밸리, 옐로스톤, 록키마운틴) 중의 하나인 록키마운틴국립공원엘 가 보았다.

해발 3,000m 이상인 산봉우리들은 5월 중순인 지금도 머리에 흰 눈을 쓰고 있는데 아침마다 흰 눈 덮인 산을 바라보며 반팔 셔츠로 출근하는 덴버 시민들은 기분이 얼마나 상쾌할까?

이곳이 좋아 이름까지 덴버로 바꾸었다는 존 덴버의 「Rocky Mountain High」라는 노래를 좋아하는 내 조카는 록키마운틴 가는 날은 늘 틀곤 한다며 자동차에 CD를 꽂는다. 록키마운틴국립공원은 덴버 시에서 가까운 곳이라서 그런지 주말에는 많은 시민들이 자전거를 타고 오기도 하고, 배낭을 지고 등산하러 오기도 한다.

높은 산 속의
푸른 호수
베어레이크

5월 중순인데도 아직 국립공원 상당부분이 닫혀 있어 극히 제한된 구역만 볼 수 있게 하여 놓았다. 게다가 이곳은 고도가 높은 곳이라 안내소 곳곳에 주의사항이 적혀있는 안내문을 비치하여 주의를 환기시키고 있다.

국립공원 안내문에 씌어진 몇 가지 주의사항

* 고산증세. 즉 두통, 어지럼, 메스꺼움, 의식불명 등이 나타나면 바로 하산하여 고도를 낮추어야 한다
* 번개를 조심하라. 번개예보가 있으면 가지 말 것이며, 만일 번개를 만나면 낮은 곳에 몸을 숨긴다
* 눈사태를 대비하여 사전에 이곳 산림경비대(ranger)에게 상의하고 입산하도록 한다
* 이곳에 살고 있는 곰과 산사자(mountain lion)들의 공격에 대비하여 여러 명이 모여서 다니도록 한다
* 급격한 체온저하로 생길 위험에 대비하여 바람막이 옷, 스웨터 등은 물론, 갈아입을 여벌의 옷을 지참해야 한다

록키마운틴의 눈은 8월까지 남아 있다고 한다

* 특히 고산과 건조한 기후에서는 탈수현상이 많이 생길 수 있으므로 물을 많이 준비하여 마셔야 한다, 등등…

공원 안에 들어서자 많은 사슴 떼가 여기저기 눈에 띄어 사람들이 지켜보고 사진 찍느라 모여 있다.

이곳에 서식하는 '엘크'라는 큰사슴은 그간 마구 잡아 거의 없어져 가고 있었는데 이들을 보호하기 위해 국립공원

으로 지정하고 부터는 점차 그 수가 늘어나고 있다고 한다.

　승용차로 가기 어려운 곳은 셔틀버스가 다닌다. 버스를 타고 20분쯤 올라갔다가 종점에서 내려 5분여 걸어가니 맑고 푸른 호수 베어 레이크(Bear Lake)가 나타난다. 높은 산 속에 이렇게 크고 아름다운 호수가 다 있다니…. 주위엔 아직도 눈이 쌓인 산들이 병풍처럼 둘러쳐 있어 분위기는 아늑했다. 정말 경치가 너무 좋고, 하늘 맑고, 공기 좋다.

　높은 저 산 너머로 스키를 메고 올라가서 타고 내려와 버스를 기다리는 한 젊은 커플의 건강한 모습이 매우 부럽다. 그들은 "이젠 눈이 많이 녹아 별 볼일 없다"며 녹는 눈을 아쉬워한다.

곰이 물 마시러
온다는
베어 레이크
앞에서(위)

길에서 만난
코요테(아래)

---

* 존 덴버(John Denver)

생전에 '무공해 목소리' 혹은 '자연에 가장 가까운 순수한 목소리'로 불리던 미국의 컨트리 싱어 존 덴버는 자신의 고향인 록키산맥 등 자연의 아름다움을 노래하고 인간과 자연의 친화를 주장하는 일관된 노래들을 불러왔다. 그의 음악은 팝 역사상 레코드 판매량에서 다섯 손가락 안에 꼽힐 만큼 한 시대를 풍미했으며 또한 환경운동가로도 적잖은 활동을 펼쳐왔다.

16일
올라갈 수 없어 쳐다보기만 한
파익스 피크

덴버에서 약 한 시간 30여 분 남쪽으로 가면 파익스 피크(Pikes Peak)라는 높은 산봉우리가 있다.

이곳은 해발 약 4,200m의 높이로 1806년 제브론 파이크(Zebulon Pike)라는 사람이 처음 올랐다 해서 파익스 피크(Pikes Peak)라고 불린다.

이곳은 3가지 방법으로 올라 갈 수 있는데,

우리가 놓친
파익스 피크행
기차역

첫째는 배낭 지고 고생고생하며 등산하기.

둘째는 자동차로 이리 꾸불 저리 꾸불거리며 험한 산길을 오르기.

(그러나 겨울 내내 거의 통행금지이고 5월 중순인 지금도 아직까지 통행이 금지되어 있다. 모처럼 맑고 따뜻한 날씨라서 그런지 많은 사람들이 자동차를 몰고 왔다가 아직도 닫혀 있는 걸 보고는 아쉬운 듯 우리처럼 발걸음을 돌린다).

셋째는 정상까지 만들어진 톱니바퀴를 이용한 기차 타고 오르기다.

마니토우 스프링 디포(Manitou Spring Depot)라는 곳에서 출발하는 이 기차는 1년 내내 운행은 하지만 계절에 따라 운행 횟수와 시간이 달라져서 가기 전에 미리 예약을 하든지 아니면 시간을 잘 알아 가야 한다. 요금도 만만치 않아 어른 27달러 어린이 15달러씩이다.

100년 전에 만들어진 이 기차는 정상에서 1시간 정도 쉬는 시간까지 왕복 3시간 10분 정도 걸리는데 정상에 오르면 60마일 북쪽에 있는 덴버 시와 깊은 계곡, 빽빽한 소나무, 크고 둥근 각종의 바위와 돌들, 그리고 계곡 아래 붉은 산들이 가득한 '신들의 정원(Garden of Gods)'이 펼쳐진 좋은 경치를 볼 수 있다.

해질 무렵의
신들의 정원(위)

작은 바위에서
암벽등반 연습 중
(아래)

이 기차에서 바라본 경치에서 영감을 얻어 「America the Beautiful」이라는 책을 쓴 사람도 있다고 한다.

요즈음에는 비시즌이라서 하루 한 번 밖에 없다는 기차 시간을 놓친 우리는 할 수 없이 인근에 있는 유럽풍의 아담한 마니토우 스프링(Manitou Spring)이란 동네의 샌드위치 가게에 들려 늦어진 점심을 먹었다.

19일
산 속의 예술 도시 아스펜

'Runaway Truck Ramp' 표지판도 나온다 (위)

산 밑자락의 민들레 밭(아래)

"Aspen-Easy to Love, Hard to Leave…(아스펜-사랑에 빠지긴 쉽고 떠나긴 정말 어려운 곳)"

어제 덴버에 있는 조카 집에서 떠나 차의 오일을 갈고 나서 보니 아뿔싸! 설거지를 하려 내 놓았던 우리에게 가장 중요한 전기밥솥과 수저 등을 챙기지 않은 걸 깨달았다. 다시 돌아갔으나 조카 등은 연락이 안되고…. 조카의 빈 집 앞에서 하루 종일 기다렸다(중간에 영화 한편 뚝딱!). 그러다 보니 하루가 다 가버려 할 수 없이 하루 밤을 그 집에서 더 자고 오늘 아침 7시에 떠났다.

국립공원은 아니지만 가는 길에 아스펜(Aspen)이 있으니 일부러 한번 들려 보려 한다. I-70 번을 타고 서쪽으로 계속 가니 과연 '컨티넨탈 디바이드'라는 록키 산맥의 등줄기를 넘어가는 길은 험했다.

가끔 표지판에 'Avalanche Area(눈사태 지역)'라고 있어 '겨울에는 겁나겠구나' 하는 생각이 들고 눈이 많은 이곳에서 차의 브레이크가 말 안 듣는 경우 내려가는 길 오른쪽으로 피할 수 있도록 범프(bump)가 높은 언덕을 향해 길게 만들어져 있어 'Runaway Truck Ramp'라는 표지판도 자주 나온다(우리나라 대관령에서도 몇 번 보았지만 크기와 길이에서 비교가 안 된다).

3시간 정도 걸려 아스펜에 도착했다. 아스펜 하면 스키장으로 유명하고 바이올린 하는 장영주가 가끔 아스펜 음악제에 참여했다는 게 들은 것의 전부였는데(올해에도 올 예정) 막상 와서 보니 비행장도 있는 작은 도시가 아름답게 산 밑에 자리 잡고 있었다. 길거리엔 발레스쿨, 뮤직스쿨의 플랜카드가 걸려 있다.

아직도 눈 덮인
아스펜 산(위)

아스펜 시내의
아트스쿨 현수막
(아래)

'아스펜 음악제(Aspen Music Festival and School)'는 1949년부터 시작하여 55년간 지속되고 있는 장래가 촉망되는 음악가들의 순례코스로 알려져 있는데 올해에는 6월 22일부터 8월 22일까지 두 달 간 열리며 스케줄을 보니 초반에는 베토벤의 곡을 공연하고 중반에는 슈만, 마지막으로 8월 17일부터 21일까지는 정치적 이유로 묻혀져 버릴 뻔했던 나치 치하의 유럽의 작곡가들의 음악을 공연하여 '잃어버린 세대의 음악(The music of a lost generation)'에 집중조명 한다고.

원래 아스펜은 씨와 뿌리로 번식하는 나무로서 이곳의 가을 단풍 풍경이 그렇게 아름답다는데 우리가 본 것은 앞쪽은 푸른 산, 뒤쪽에는 아직도 눈 덮인 뾰죽 산, 그리고 발아래 초원에는 노란 민들레가 가득… 너무 아름다웠다.

컨티넨털 디바이드
넘어가는 길

겨울이면 스키장이었을 곳을 차로 돌며 아트 스쿨의 아이들이 눈 덮인 산과 푸른 산에 둘러싸여 초록의 잔디 덮인 운동장에서 뛰노는 걸 보니 영화의 한 장면 같았다.

시내 가운데에 있는 공원의 이름이 바그너 파크(Wagner Park)라니 분위기를 짐작할 수 있지 않은가?

시간과 경제적인 여유가 되면 이곳의 4계절을 다 보며, 가지가지 스포츠를 즐기고 싶다.

> ### * 아스펜 음악제(Aspen Music Festival and School)
>
> 아스펜 음악제는 1949년 시카고에서 콘테이너 회사를 경영하던 기업인 월트 펩케가 '괴테 탄생 200주년'을 기념하기 위해 마련한 7가지의 행사 중 하나. 해발 1,600m의 고원도시로 한적한 시골 폐광마을에 지나지 않았던 아스펜은 세계 최고의 음악가와 음악도를 불러모으며 클래식의 메카로 자리잡고 있다. 한국을 대표하는 바이올리니스트 장영주는 아스펜 음악제가 낳은 대표적 현악스타다.

위는 눈 덮인 산
아래는 초록이
가득한 숲

산 속의 예술 도시 아스펜 267

Black Canyon of the Gunnison National Park

> 블랙캐니언이란 이름은 거무스름한 색의 편암, 화강암으로
> 이루어져 붙여진 이름이다. 이 국립 공원엔 19km의 길이에
> 이르는 거니슨 강의 빠른 흐름으로 인해 만들어진 깊은 협곡이
> 있다. 그중 일부는 깊이 823m로 절단되어 장관을 이루고 있다.

19일
겁나는 블랙캐니언

아스펜에서 점심을 먹고 씨닉 루트(Scenic route:경치
가 끝내주는 길을 지칭) 133번을 거쳐 블랙캐니언국립공
원으로 왔다.

이곳의 거니슨(Gunnison)강이 블랙캐니언(Black
Canyon)을 관통하는 길이는 77km밖에 안되지만 미네소
타에서 멕시코 만까지의 길이가 2,400km인 미시시피 강

보다 높이가 더 낮아진다. 즉 낙차의 폭이 그만큼 엄청나다는 것이다.

미국 내 국립공원 안에 있는 강들은 평균 1.6km에 30m 정도 낮아지지만 거니슨 강은 1.6km에 73m 정도 낮아진다. 깨진 돌들의 작은 파편을 싣고 이렇게 빠르게 흐르기에 이곳의 협곡을 더욱 가파르게 만들 수 있었던 것 같다.

블랙캐니언국립공원에 다다르기 전부터 과연 흙 색깔이 거무튀튀한 것이 조금 무서운 느낌이 들었다. 지질학자 월레스 한센(Wallace Hansen)이란 사람은 "북아메리카에서 이렇게 깊이와, 좁기와, 가파름과 어두운 모양새를 모두 복합적으로 가진 협곡은 이곳 블랙캐니언밖에 없다"라고 했다는데….

공원 자체가 그렇게 크진 않았지만 한 바퀴 돌고 나서 든 내 느낌은 키가 큰 케이크를 예리한 칼로 아주 좁은 V자로 잘라내고 그 갈라진 곳의 주위를 자동차로 돌며 가끔 내려 서서 얼마나 깊은가 내려다보는 형상이었다.

재미있는 것은 천길만길 낭떠러지 위에서 사진 찍으려고 몸을 굽히면 고소공포증에 걸린 겁쟁이 햇님이 내 바지 뒤를 꽉 붙잡고 도무지 놔주질 않는 것이다. 내가 떨어질까 봐 겁이 나서라나?

천길만길로 깎인 검은 협곡(위)

대조적인 가냘픈 야생화(아래)

| 아치가 두 개 겹친
| Double 아치

Arches National Park

> 66
>
> 미국에서 가장 많은 천연 아치들이 있다. 아치는 사암,
> 수직 석판 내에 풍화작용으로 구멍을 내어 형성된 것으로
> 이곳에는 총 2,000개 이상의 아치들이 있다. 아치만 존재하는
> 것이 아니라 다양한 동식물이 서식하며 도마뱀 같은
> 동물은 길을 걷다가도 쉽게 만날 수 있다.
>
> 99

20일

돌로 된 아치가 무려 2,000개!

아치스국립공원 애리조나 주의 자동차 번호판엔 사와로 선인장이 그려져 있듯이 유타 주의 자동차 번호판에는 붉은 델리케이트 아치(Delicate Arch)가 선명하게 그려져 있다. 차에 그려진 델리케이트 아치뿐만이 아니라 돌로 된 아치가 2,000여 개나 있다는 아치스 국립공원으로 왔다.

1억년 전에 소금밭이었던 곳에 여러 개의 층이 두껍게 얹혀져 바위로 굳어져 있다가 압력+물+얼음+바람 등의 작용으로 뒤틀리고 갈라져서 서 있는 바위들의 판들이 생겼다가 세월이 흐르면서 가운데 부분이 조금 떨어져 나갔어도 살아남아 서 있으면 그것이 아치가 되는 것이다.

구멍의 크기가 90cm 이상 되어야 '아치'로 규명되며 가장 긴 것은 '랜스케이프 아치(Landscape Arch)'로 90m의 구멍을 가졌다.

Three Gossips
아치(위)

South Window
아치 앞의
두 사람(아래)

이곳의 풍경은 새것이 생기고 오래된 것은 파괴되어 계속 바뀐다. 가끔 드라마틱한 변형도 있는데 1991년 가운데 부분에서 18m 길이가 떨어져 나가 지금의 90m 구멍을 가진 랜스케이프 아치가 만들어졌고 어떤 것은 윗 부분이 떨어져 나가 이제 더 이상 아치가 아닌 것도 있다. 하도 볼 것이 많아 차에서 열댓 번은 내렸다 올라탔다 했다. 보이는 것마다 신기해서 열심히 따라가 보는데 이름도 가지가지. Delicate Arch, Landscape Arch, Three Gossips, Tower of Babel, Broken Arch, Skyline Arch 등등….

햇빛은 쨍쨍한데 바람은 왜 그리 부는지 챙 넓은 모자를 쓴 나는 모자가 바람에 몇 번이나 날아가 모자 위를 손으로 짓누르며 다녔다.

20일

캐니언, 캐니언, 캐니언…

유타 주에는 국립공원이 다섯 군데(자이언, 브라이스, 아치스, 캐피탈 리프 그리고 캐니언랜즈)나 있다고 한다. 아침 일찍부터 아치스국립공원을 돌아보고 캐니언랜즈국립공원에 도착한 것은 오후 4시 30분 경이다.

대부분의 국립공원이 5시엔 문을 닫아서 걱정했었는데 다행히 이곳은 6시에 문을 닫으며 공원 내 도로는 밤 12시까지 둘러 볼 수 있도록 문을 열어 놓는다고 한다.

밤 경치는 과연 어떨는지? 거대한 괴물이 입을 벌리고 있는 형상일까?

이곳 국립공원은 콜로라도 강과 그린 강이 각각 흘러와 만나는 곳으로 이 두 강이 국립공원을 크게 세 지역으로 갈라놓았다. 북쪽으로 '하늘의 섬(Island in the Sky)', 서쪽으로 '미로(The Maze)' 그리고 동쪽으로는 '바늘(The Needles)'이다.

그 중에 우리가 둘러본 지역은 '하늘의 섬'이다. 모두 12km에 걸친 드라이브 코스에는 10여 군데의 볼 곳을 만들어 놓았는데 붙여놓은 이름들도 가지가지, 경관에 걸맞게 잘도 붙여 놓았다. 저 아래 그 옛

캐니언, 캐니언
또 캐니언(위)

사막에 꽃을 피운
선인장(아래)

날 우라늄 광산 개발을 위해 다녔던 길도 아스라이 자취가 남아 있고 나보다 더한 '가 보자, 해 보자' 호기심 족들은 4륜구동 지프로 흙먼지 날리며 그 발자취를 돌아보기도 한다고 한다.

둘러보는 도로변에는 이름 모를 야생화들이 줄지어 피어나고 있다. 알고 보니 1987년 이래 자연 애호가들이 씨 뿌리고 가꾸어 만들어 낸 자연과 사람의 합창이랄 수 있는 아름다운 풍경이었다. 🔲

까마득히
내려다 보이는
협곡과 광산 길

Canyonlands National Park

"

콜로라도 강과 그린 강이 흐르는 사막지대에 있으며,
오랜 세월의 유수(流水)와 바람에 의한 침식작용이
만들어낸 깊은 협곡군을 비롯하여, 붉은 사암이 깎여서
형성된 아치 첨탑, 길게 이어진 기둥 모양의 기암이
산재하며 인디언의 유적도 볼 수 있다.

"

>>달님의 박물관 관람기

21일
존 파웰 박물관

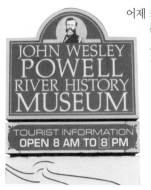

어제 캐니언랜즈국립공원을 본 후 I-70번을 타고 서쪽으로 달려와 숙소를 정하며 본 길가의 표지판에 그린 리버(Green River)라고 씌어있어 어쩐지 낯익은 이름이라고 생각했었는데 아침에 다시 가 보니 아니나 다를까. 존 파웰 박물관(John Powell Museum)이 바로 옆에 있는 게 아닌가?

여러 번 들었던 그 이름, 존 웨슬리 파웰(John Wesley Powell)! 지나칠 수 없지! 하고 들어갔다.

작은 마을 그린 리버에 있는 이 작은 박물관에 연간 24,000명이 다녀간다더니 소개 영화를 보여주는 강당이 유난히 크다.

「알려지지 않은 강」이라는 제목의 슬라이드 쇼였는데 이것은 와이오밍의 그린 리버에서 시작하여 그랜드캐니언의 골짜기를 흐르는 콜로라도 강을 두 번에 걸쳐 탐사한(1869년에 1차, 1871~72년에 2차) 존 파웰 대령의 보고서에 의거하여 마치 그가 말하는 것처럼 친절한 내레이션이 나온다.

"오늘은 날씨가 맑아 많이 탐험할 수 있었다. 오늘은 강바닥에 돌이 너무 많아 매우 어려웠고 우리는 그 지점을 '지옥의 반 마일(Hell's Half a Mile)'로 부르기로 했다. 별이 쏟아지는 밤에 송어를 잡았다. 물이 너무 탁해 '탁한 악마의 강(Dirty Devil River)'이라 부르기로 했다…."

원래 일리노이(Illinois) 주에 있는 한 학교의 교장이었던 그는 남북전쟁에서 오른팔을 잃고 1865년 퇴역하여 일리노이 주 웨스리안 대학(Wesleyan College)의 교수로 일하게 되었는데 그곳에서 자연과학에 심취하게 되어 1867년과 68년에 걸쳐 학생들과 함께 콜로라도의 록키산맥을 탐험하였다고 한다.

이때에 이들은 파익스 피크(덴버에 들렸을 때 우리가 올라가려 했던)에 올라갔었는데 길도 잘 나 있지 않았던 그때에 동행했던 파웰의 부인 엠마는 그곳에 올라간 최초의 여성으로 기록되어 있다고….

네 척의 배(부인의 이름을 딴 'Emma Dean'과 'Maid of the River', 'Kitty Clyde's Sister' 그리고 'No Name'—노 네임이란 배는 나중에 금방 파괴됨. 역시 이름은 잘 붙여야 하는구나 하고 생각했다)로 시작한 그의 콜로라도 강 탐험은 1869년 8명의 부하와 함께 와이오밍 주의 그린 리버에서 시작됐다.

두 번에 걸친 탐험 후 작성한 그의 보고서는 1875년 「스미소니안 인스티튜션」(Smithsonian Institution)에서 처음 발행되었다 고 한다.

필요 없는 형용사를 배제한 그의 간결하고 진솔한 문장은 그 시대에 유행했던 어떤 빅토리아식 산문보다도 현대적이어서 마음을 사로잡는 소설처럼 엄청나게 읽혔다 한다.

두 번째 탐험 때 동행하여 찍은 E.O.비만(Beaman)의 사진에 약간의 드라마틱한 과장을 더해 만든 토마스 모란(Thomas Moran)의 목판화로 된 삽화가 실려 있는 그의 탐험기 책을 하나 샀는데 과연 사진보다 그의 목판화가 더욱 실감 있는 풍경을 보여주었다.

토마스 모란의 목판화
(The Gate of Lodore)

도저히
건너갈 수 없는
암초(reef) 같은 돌 산

Grand Teton National Park
MAY 23 2004
Moose, WY

Capitol Reef National Park

❝

이 공원은 침식작용을 받은 여러 가지 형태의 색채가 풍부한
기암 · 기석이 가득하다. 우뚝 솟은 절벽과 그것들을
여러 부분으로 끊는 좁은 협곡 등이 모여서 장관을 이룬다.
곤충이나 조류가 많이 서식하며 인디언의 유적도 남아 있다.

❞

21일

캐피탈리프국립공원

우리가 가려는 캐피탈리프(Capitol Reef)를 지도에서 살펴보니 세상에, 3월 초에 우리가 갔었던 메사베르데국립공원이 바로 남쪽에 있는 게 아닌가?

우리가 묵었던 아즈텍과 듀랑고, 그리고 모뉴먼트 밸리를 갔다가 들렸던 카옌타 등이 아주 가까운 곳에 있으니 우리가 지난 2~3개월 동안 돌고 돌아 그 지점 근처로 다시 왔다는 게 신기하게 느껴졌다.

유타의 24번 웨스트를 타고 한참 달리며 씨닉 루트(scenic route : 경치 좋은 도로)라서 과연 경치 좋구나 하면서 가는 길. 멀리서 보니 이상한 성 같은 것이 우뚝우뚝 서 있는 게 보이기 시작한다.

마치 일본 애니메이션의 거장 미야자키 하야오의 만화 영화 「라퓨타」에 나오는 성 같이 생긴 것들이 드문드문 있다가 한꺼번에 많이 모여 있기도 하고…. 희한한 풍경들이 시작되었다. 그가 작품을 만들 당시 이곳의 풍경을 참조하지 않았을까? 하는 생각마저 들었다.

말하자면 아래는 흙둔덕, 그 위는 높이 올라가는 엄청나게 큰 흙기둥 같은 것이 있고 그 위에 세로로 금이 간 돌기둥들이 몰려 서 있다.

캐피탈리프국립공원 안으로 들어서니 이름대로 캐피탈(Capitol : 미국 국회의사당) 빌딩

캐피탈 빌딩의 돔 같은 바위산의 모습

이집트에서
본 것 같은
석상들(위)

만화영화
「라퓨타」의 성과
비슷한데…(아래)

의 돔 같이 생긴 바위산들도 있고 별별 희한한 형태의 돌산들이 즐비하다. 이상한 바위산들을 실컷 보고 나서 8마일 가량 남쪽에 있는 물웅덩이가 있는 곳까지 가 보는 산책로를 택해 오랜만에 등산을 했다.

거의 도착한 것 같다 생각하는데 마주보며 오는 어떤 이가 "큰 뿔 양들이 저 위에서 점심 먹어요"라고 한다. 올라가 보니 많은 구경꾼들이 있는 저쪽 바위산에 두 마리의 큰 뿔 달린 양이 키 작은 나뭇잎을 뜯어먹고 있다.

약 10분쯤 더 올라 가보니 물웅덩이가 있어 그 안에 조그만 물고기들과 올챙이들이 왔다갔다 하고 있다. 어떻게 이렇게 높은 곳에 물이 고여 있을까? 하고 희한하게 생각했다.

내려오면서 만나는 이들에게 우리도 "저위에 큰뿔 달린 양들이 후식을 먹고 있다. 그런데 지금쯤 커피 한 잔 하러 갔을지도 모르겠다"고 얘기해 주고 슬며시 웃었다.

물웅덩이에서 나오는 길. 오른쪽에는 이집트에서 본 것 같은 석상들이 줄줄이 서 있는 붉은 흙산이 있는데 이름하여 '이집트 사원(Egyptian Temple)'.

마지막으로 캐시디 아치(Cassidy Arch)를 보려 했으나 표지판을 한참 지나쳐 도저히 돌아갈 수가 없어서 아쉽지만 포기했다. 뜨거운 햇빛 아래서 한참을 돌아

가 다시 300m의 산꼭대기로 올라가야 한다니 말이다.

그러나 나는 마지막까지 미련이 많았다. 왜냐하면 영화 *「내일을 향해 쏴라」 중 폴 뉴만이 연기한 부치 캐시디 (Butch Cassidy)의 이름을 딴 아치라지 않는가?

저녁에 모텔에 들어가 TV를 켜니 마침 실존 인물이었던 부치 캐시디의 생애에 대한 흑백 영화가 나온다. 아! 이럴 수가….

범죄자이자 은행강도였지만 언제나 기지가 넘치고 유머를 잃지 않고 부녀자나 아이들은 다치게 하지 않았으며 그는 독실한 몰몬교도 집안에서 태어나 그의 어머니와 누이는 그가 범죄자임을 많이 걱정하고 슬퍼했다고 한다.

산꼭대기에 있는 물 웅덩이

많은 사람들이 영화에서처럼 그들 둘이 엄청난 숫자의 볼리비아에서 군인들에게 살해당하여 그곳에 묻혀 있다고 생각하지만 혹자들은 서너 명의 볼리비아 군인들이 들이닥쳤을 때 부치가 선댄스 키드의 이마에 총을 쏘고 자신도 나머지 총알로 자살했다고 말하기도 한다. 나는 그들이 수많은 군인들에 의해 희생당했을 것이라고 믿는 쪽이다.

---

* 내일을 향해 쏴라(Butch Cassidy and The Sundance Kid)

조지 로이 힐, 폴 뉴만, 로버트 레드포드 세사람이 모여 내놓은 웨스턴의 걸작. 뉴 시네마의 신경지를 개척한 작품으로 평가받고 있다. 1890년대에 남미 볼리비아에서 악명을 떨친 두 무법자 부치와 선댄스의 범죄 행각과 삶 속에 유머를 적절히 배합하여, 꿈을 좇는 젊은이들의 모습을 생생하게 묘사하였다.

22일

솔트레이크시티의 몰몬 교회

아침 일찍 이곳 유타 주와 솔트레이크시티의 상징인 몰몬 교도들의 전당, 몰몬 템플 스퀘어(Mormon Temple Square)로 갔다. 북쪽 문 가까운 곳에 길거리 주차를 했는데 토요일이라 주차가 공짜다. 역시 주차 복은 있다니까!

길 건너에 있는 어마어마하게 큰 컨퍼런스 센터(Conference Center)라는 곳을 보고 있으니 가운데 부분에 빌딩 옥상에서부터 내려오는 폭포 같은 넓은 물줄기가 조용하게 내려온다(인공폭포 까지도 몰몬교도들 같이 조용하다).

그쪽에서 길 건너오는 단정한 복장의 몰몬교도들. 결혼식이 있는지 드레스와 페티코트를 들고 걸어가는 한 무리의 젊은이들과 한 점 흐트러짐이 없는 건물, 보도, 잔디밭, 꽃밭 과연 여기가 21세기 미국인가 싶을 정도다.

몰몬합창단과 오케스트라로 유명한 타버나클(Tabernacle) 교회에서 공연한다는 세계에서 가장 많은 11,623개의 파이프로 만들어진 파이프 오르간의 연주를 듣고

160년 전
손으로 깎은 돌로
지었다는 몰몬 교회

싶었는데 시간이 맞질 않아 오늘은 들을 수가 없었다.

한쪽에 가니 몰몬교도들이 아이오와 주에서 종교적인 이유로 이곳으로 고생하며 옮겨오던 시절의 모습이 역마차를 비롯해 동상으로 재현되어 있었다. 그 옆에는 그들을 기근으로부터 구해 주었다는 갈매기를 기리기 위해 높은 돌기둥 위에 금색 갈매기 두 마리의 동상이 있다.

길 건너에 있는 컨퍼런스 센터에서는 잘 훈련된 몰몬교도 아가씨 두 명이 넓은 실내에 걸려 있는 그들의 종교 즉 '말일성도 교회(The Church of Jesus Christ of Latter-Day Saints)'의 역사를 그림으로 풀어 놓은 유화들을 하나하나 짚어가며 설명해 주고 큰 회의장의 내부를 보여주었다.

기둥 하나 없는 이 큰 홀에는 21,000명이 동시에 착석할 수 있다고 하며 앞쪽에는 100개의 다른 언어가 동시 통역될 수 있는 시설을 갖춘 좌석들이 있고 7,667개의 파이프로 이루어진 파이프 오르간도 있었다(타버나클의 것보다는 4,000개 가량 적다).

길 건너에 있는 또 다른 건물로 옮겨 몰몬교도들의 역사를 보여주는 영화를 보았다. 재미있는 것은 그 영화를 보기 전 기다리는 방에서는 무슨 이유에선지 독일 국가가 흘러나오더니 들어가는 곳 입구에 안경 쓴 아저씨 한 분이 '크리넥스' 휴지 상자를 들고 서 있다. 필요한 분은 가져가라 하며.

영화 중 그렇게 몽매에도 그리던 예수님이 북아메리카에 나타나 기적을 행하는 장면이 나오자 여기저기에서 감격에 겨운 나머지 눈물을 훔치는 이들이 많았다. 아하! 그래서 크리넥스였구나 하고 생각했다.

극장에서 나와 보니 결혼식을 마친 신랑 신부들이 행복한 표정으로 이곳저곳에서 기념사진들을 찍고 있었다(토요일, 일요일에는 70~80쌍의 결혼식이 행해진다고 함).

유타 주의 새
(Utah State Bird)
갈매기의 동상(위)

결혼식을 마친
신랑 신부(아래)

여행 에피소드

먹거리잡상 4

여행하면서 가장 중요한일 세 가지—
즉 '잘 먹고, 잘 자고, 잘 내보내고'다.
그 중에서 제일로 중요한 일은 잘 먹기다. 물론 영양가 찾아서 비싸고 좋은
음식만 먹고 돌아다니자면 끝이 없겠지만 배달민족이 속 쓰리거나 메슥거리
지 않게 먹고 돌아다닐라니 조금 힘든 일이다.

초반에 조슈아트리국립공원에 갔을 때 엄청나게 고생 한 후부터 해가 넘어갈
라치면 햇님은(나도 물론!) 마음이 급해진다. 잘 자리를 빨리 구해야 하기 때
문이다.
우선 하이웨이를 달리면서 입간판을 열심히 본다. '323번 출구에서 오른쪽으
로 무슨무슨 모텔 혹은 인(Inn)' 간판이 나오면 기억해 두었다가 찾아 들어가
기 위해….

트리플 에이(Triple A – AAA) 카드로 5~10% 할인혜택도 받고(트리플 에이 가
입비는 벌써 본전 뽑았다. 지도며, 숙박비 할인으로) 밥 해먹을 준비를 해야
하니 짐이 조금 많아서 언제나 1층(ground floor)을 선호한다.
또한 너무 고급보다는 약간 허름한 곳이 더 나은 것 같다. 가격도 가격이지만
조금 냄새를 피워도 괜찮을 것 같으니까.

햇님은 짐을 두 번에 걸쳐 옮기고 세수 뻑! 하고는 포도주나 맥주를 한 잔 따
라 놓고 노트북을 펼친다. 인터넷이 안되더라도 잊어버리기 전에 그날 찍은
사진과 있었던 일을 대충 적어 놓는다(어떤 때는 저녁 먹고 나서 술이 알딸딸
하게 취해 버벅대면서도 투닥투닥 노트북을 친다).

(나는 물론 할일이 많으니까(!) 밥
준비, 반찬준비, 그리고 씻고 정리
하는 일에 속옷빨래까지. 여자들은
왜 그렇게 시간이 걸리는지….)
햇님은 그렇게 내게 눈총을 주었던
된장찌개, 국밥, 곰탕 등을 내 막내
시누이 말대로 잘 먹는다.

한적한 공원에서
라면 끓이기

아침은 주로 호텔에서 주는 베이글
이나 머핀 등으로 때우고 반쯤 남아
있는 밥으로 김밥을 싼다. '돼할김밥', '돼할피김밥', '피스김밥' 등이 그래
서 태어난다. '돼할피스'란 **돼**지고기 장조림과 **할**라페뇨(Jalapeno : 멕시코의
매운 고추 절임) 그리고 **피**클과 **스**팸 등을 지칭한 것.

어줍잖은 패스트푸드점의 점심보다 이 김밥들이 훨씬 낮고 거기에 보온병에
끓여 넣은 즉석 미역국과 곁들이면 환상이다.

22일
솔트레이크 호수의 앤텔로프 섬

오전 중에 몰몬 교회를 보고 나서 마치 바다와 같다는 솔트레이크 호수에 한번 가 보기 위해 지도에 나타난 앤텔로프주립공원(Antelope State Park)을 찾아갔다.

진눈깨비가 내리는 이곳 주립공원 입구에 도착하여 입장료를 내고 섬까지 이어 만들어 놓은 뚝길을 달려 바다 같이 넓은 호수를 둘러보았다.

공원안내소의
엔텔로프 조각상(위)

앤텔로프 섬으로
들어가는 쭉 뻗은 길
(아래)

솔트레이크 호수안에 있는 8개의 큰 섬들 중 유독 이곳에만 '영양(Antelope)'들이 있어 이 섬 이름을 앤텔로프(Antelope)라고 붙였다 한다. 그레

이트 솔트레이크(Great Salt Lake)는 그 길이가 1,200km , 폭이 45km이나 되는 굉장히 큰 호수로, 주위에 둘러싸여진 높은 산들로부터 흘러내리는 4개의 강물이 매년 2.2백만 톤의 광물질과 더불어 물을 유입시키고 있는데 흘러나가는 곳은 없고 다만 증발하는 물 밖에 없는 곳이다. 그래서 고도로 농축된 광물질만 남아 있게 된 이곳에선 매년 2백만 톤의 소금을 추출한다고 한다.

유타 주의 80% 가까이가 이 솔트레이크에 면하고 있으며, 이곳에서 서식하는 짠물새우 등 먹이가 풍부해서 그런지 철새들의 집결지로 유명하다. 우리가 가 있는 몇 시간 동안에도 주변엔 온통 새들의 소리로 가득했다.

출출한 시간인데다, 바다를 보는 듯한 호수의 백사장 앞에 좋은 피크닉 장소가 있어 모처럼 먹고 싶었던 라면으로 점심을 했다.

광대한
그레이트 솔트레이크에
비친 눈 쌓인 산

오랜만에
라면을 끓여 먹었던
호숫가의 쉼터

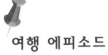

여행 에피소드

짧고도 멋있게 글 쓰는 법 가르쳐 주실 분!

덴버를 떠난 후 지난 일주일 간 국립공원만 여섯 군데를 본데다가 아스펜에 들렸었고, 존 파웰 박물관 그리고 솔트레이크시티에서 몰몬 교회와 앤텔로프 섬도 들렸으니 엄청나게 많은걸 짧은 시간에 본 셈이다. 그러니 차분하게 자세히 보지도 못하는데다가 저녁이면 모텔에 도착하자마자 피곤한 김에 포도주나 맥주를 한 잔 곁들여 저녁을 후딱 먹고는 눈감기가 바쁘다.

그러다보니 너무나 일기가 많이 밀리곤 해서 인터넷 되는 곳에 가서 일기를 쓰자면 가끔은 2주 전의 일기를 쓸 때도 있다. 엉터리로 휘갈겨 쓴 메모지를 들여다보지만 가끔은 기억이 가물가물해져 서로 물어 보기도 한다.
"그게 그때 그랬던가?" "아니지, 아마 그게 그럴 거야!" "맞어 맞어!" 하면서.
그래도 인터넷의 우리 홈페이지를 읽어 주시는 분들을 위해, 혹은 여행이 끝난후 만일 책을 내게 되면 독자들이 우리가 들렀던 곳을 갔을때 조금이라도 도움이 될까 싶어 열심히 쓴다.

국립공원 소개 영화를 보면서 어두운 가운데 필기, 가이드 따라 가면서도 열심히 필기, 안내 팜플렛 통독, 거기에 보고 들은 느낌을 합치려니 그것도 만만치 않다. 생각은 하늘 끝인데 펜 끝은 땅 아래이니 뜻도 제대로 전해지지도 않고. 게다가 빨리 끝내고 다음 걸로 넘어가야 하니 길게 돌아볼 틈도 없고.

그런데도 나는 쓰다보면 자꾸 길어져서 햇님이 가끔 쫑코를 준다.
"당신 논문 쓰는 거야? 대충하지 그래" 하며…
그러나 막상 쓰다보면 성격상 대충이 안 된다. 짧고도 멋있게 글 쓰는 방법 가르쳐 주실 분! 어디 안 계신가요?

| 제니호수의 선착장

Grand Teton National Park

_66_

이 공원은 높은 산과 맑은 호수, 그리고 넓은 목장이
만들어내는 경관이 스위스의 알프스와 비교될 만큼 아름답고
화려해 매년 500만 명 이상의 관광객들이 몰려든다.
야생동물을 위한 보호지역이 있어 북미 특유의 사슴 종류와
들소, 곰, 고라니들을 볼 수 있다.

_99_

23일

비바람 속의 그랜드티턴국립공원

이번 여행초반 서부지역의 킹스캐니언 올라갈 때 안개와 눈, 꼬불꼬불하고 경사 심한 길에서 조마조마하면서 운전했던 기억이 아직도 생생한데….

어제 그랜드티턴(Grand Teton)국립공원 가는 길목의 잭슨 홀(Jackson Hole)로 넘어가는 길은 경사 10도의 험난한 곳으로 킹스캐니언 때보다도 더했다. 기어를 2단으로 하고도 브레이크를 밟으며 조심조심 아주 저속으로 숨죽여가며 내려간다. 이 길만 보아도 그랜드티턴의 산세와 경관이 가히 짐작된다.

날도 저물었지만 다리가 후들거려서 더 이상 가기가 힘들 것 같아 잭슨 홀에 도착하여 방갈로 형식의 통나무집에 여장을 풀었다. 그랜드티턴은 그 아랫마을, 그러니까 우리가 묵은 잭슨 홀과 같은 높이였는데 지진으로 한쪽은 높은 산(그랜드티턴, 4,107m)이, 다른 한쪽은 낮은 마을과 여러 개의 호수가 됐다.

이곳은 경관이 매우 빼어나서 낚시나 도보 및 자전거 하이킹을 하는 사람들로 붐빈다.

다음날 아침 이 국립공원 안에서 세 번째로 크다는 제니 호수에서 왕복요금 1인당 7달러 50센트인 배를 타고 호수의 반대 편으로 가서 그곳 산에 있는 '숨겨진 폭포(Hidden Falls)'라는 데까지 다녀왔다. 올라가는 산중에 '이곳은 곰이 사는 곳이니 유의하라'는 팻말을 보고는 갑자기 곰이라도 서 있으면 어쩌나 하며 주위를 두리번거리곤 했다.

숨겨진 폭포
'Hidden Falls'

폭포는 어제 내린 눈으로 물이 더 많아졌는지 힘차게 많은 물을 쏟아 내리고 있어서 그 소리가 산이 떠나갈 듯하다. 산 중턱까지 30여 분, 턱에 숨이 차긴 했지만 아침 운동 삼아 잘 다녀왔다.

돌아오는 배 안에서는 진눈깨비와 거친 바람으로 모두들 추워서 벌벌 떠는데 우리 부부는 그동안 여러 번 배를 타 본 경험(특히 배를 탈 때는 추운 경우가 많아 두꺼운 옷 준비는 필수)으로 두꺼운 파카를 입고 있는데다가 대화를 나눈 사람들 모두 우리의 여행 이야기를 듣고는 무척 부러워한다.

엘로우스톤의
Upper 폭포

Yellowstone National Park

66

엘로우스톤은 남북으로 101km, 동서로는 84km에 걸쳐
있으며 면적은 27억 2천만 평으로 미국 내의 국립공원 중
데스밸리 다음으로 큰 면적을 차지하고 있다.
땅 밑의 물이 용암에 의해 데워져 가스와 함께 지표로 몰려
나오는 데 '핫 스프링(Hot Spring)', '간헐천(Geyser)',
'머드 팟(Mud Pot)' 등의 세 가지 형태가 있다.

99

23일
미 국립공원 제 1호 옐로우스톤

옐로우스톤(Yellowstone)국립공원은 그랜드티턴을 벗어나자 바로 나온다. 이 국립공원은 입구가 동서남북 4군데, 그리고 북동 문까지 자그마치 다섯 개나 된다. 또 와이오밍, 몬태나, 아이다호 이렇게 세 개 주에 걸쳐 공원이 자리잡고 있는 방대한 지역으로 1872년 미국과 세계에서 제일 먼저 국립공원으로 지정되었다고 하며 데스밸리 다음으로 넓은 면적을 가지고 있다.

먼저 남문으로 들어갔다. 50달러 주고 산 국립공원 카드(벌써 30번 가량 국립공원을 다녀서 이미 본전을 뽑고도 남은)를 보여주면서 가는 길을 물어보니 "엊저녁 눈으로 올드페이스풀(Old Faithful : 가장 유명한 간헐천)로 가는 길이 막혔다는데…"하는 것이 '안 가는 게 신상에 좋을 것 같은데요' 하는 눈빛이다.

그래서 도로 사정이 조금 낫다는 옐로우스톤 호수 쪽으로 방향을 잡았다. 옐로우스톤은 동양의 낯선 이방인에게 여러 가지를 다 보여주려고 마음먹은 모양이다. 싸락눈이 내리더니 진눈깨비가 추적 추적. 그것이 다시 비로 변하더니 바람이 몹시 불면서 눈이 옆으로 내린다. 잠깐

종횡무진
야생들소 가족

날이 개는 듯하다가 한겨울처럼 함박눈이 온다. 모두들 차에서 내려 눈 내리는 풍경을 카메라에 담느라 바쁘다.

어쨌든 이곳은 날씨부터가 범상치가 않은 곳이로구나!

요 며칠 전화도 불통인 산 속의 국립공원만 다니다 보니 그 흔한 햄버거 가게도 흔치 않아 개발한 '차내 도시락!' 차안에 앉은 채로 식탁보를 두 사람 무릎에 넓

1988년의 화재로
아직도 처참한
모습의 나무 숲

게 펼치고 모텔에서 준비한 도시락(밥+오이지 무침+김)을 꺼내어 보온병에 담긴 따끈한 즉석 미역국과 함께 점심을 먹는다. 다 먹은 빈 그릇을 비닐봉지에 담아 넣으면 시간도 절약하면서 느긋하게 경치도 감상….

서쪽으로 갈수록 지난 1988년에 난 *큰 화재로 탄 나무 사이로 새로 돋아나는 십여 년 된 어린 소나무들이 빽빽이 자라고 있다. 자연은 스스로를 없애고 새로 만들 줄도 아는구나….

차도를 마음대로 건너 다니는 야생 들소 가족의 행진이 끝나는 것을 보고 있는데 어디선가 유황냄새가 나며 허연 연기 같은 것이 무럭무럭 하늘로 솟는다. 찾아가 보니 '드래곤 마우스(Dragon's Mouth)'라는 마치 용의 입같이 바위가 뚫려져 있는 곳에서 '그르렁 그르렁' 소리를 내면서 유황냄새가 진하게 나는 김과 함께 걸쭉한 묽은 회색빛 진흙이 토해져 나오고 있다. 무섭기도 하고 신기하기도 하다.

조금 더 올라 가다가 들린 '아티스트 포인트(Artist Point)'라는 곳. 옐로우스톤 강이 흐르면서 폭포가 만들어진 곳으로, 주변이 온통 노란색 암벽으로 되어 있다. 옐로우스톤은 바로 이곳을 보고 붙여진 이름이라고 한다. 폭포는 그 높이와 풍부한 수량으로 웅장한 소리와 함께 장관을 이룬다. 옐로우스톤은 하루에 다 볼 수 없어 2~3일에 걸쳐 보기로 하고 우선 서쪽문 밖으로 나가 숙소를 정했다.

---

* 옐로우스톤 화재

1988년 6월부터 9월까지 단일 지역으로서는 최대 면적을 태운 대화재가 발생해 옐로우스톤 국립공원의 45%인 4,000㏊를 포함, 65만㏊를 폐허로 만들었다. 번개로 시작된 이 불길은 걷잡을 수 없을 정도로 번졌고, 수많은 관광객들이 피신을 했다. 이 화재로 260마리의 포유류가 생명을 잃었고 2만 5,000명의 소방수가 동원되었으며 1억 2,000만 달러의 재산이 손실됐다.

24일
옐로우스톤국립공원에서의 둘째 날

어제, 눈과 비 사이를 오락가락하는 동안 차가 너무 더러워져 1달러 25센트를 내고 셀프 세차를 했다.

햇님 왈 "너무 더러운 차를 가지고 신성한 옐로우스톤국립공원에 들어갈 수 없지 않은가…"

4분 10초 안에 모든 걸 끝내야 하기 때문에 한 사람은 비누칠, 한 사람은 물총질, 세차가 끝나고 나니 두 사람 다 숨이 헉헉, 햇님은 팔이 다 덜덜 떨린다.

옐로우스톤 서쪽 문으로 다시 입장.

아침부터 바이슨(Bison - 야생 들소 : 버팔로 보다 훨씬 양순해 보임)들이 찻길을 점령하여 모두들 사진 찍느라 야단. 우리는 어제도 많이 경험했기 때문에 서너 장 찍고 쿨 하게 기다린다. 저 멀리의 들판에도 수많은 들소 떼들이 천천히 풀 뜯으며

한 방향으로만
움직이고 있는
바이슨 무리

이쪽 저쪽 가득한
간헐천 밭(위)

카나리아 샘의
모습(아래)

동쪽으로 이동하고 있다(이유는 알 수 없지만 대개 동물들의 무리는 모두 한 방향으로 움직였다).

옐로우스톤은 1870년에 토마스 모란(Thomas Moran)이란 사람의 수채화로 알려지게 되었는데 나중에 그의 그림을 뉴욕과 뉴저지에서 이곳에 와 보지 못한 사람들, 특히 하원의원들에게 보여주어 깊은 인상을 주게 되었고, 그 결과 세계에서 최초의 국립공원으로 지정되는데 결정적인 영향을 주었다고 한다.

그랜드캐니언을 탐사한 존 파웰의 탐험기에 목판화로 삽화를 그리기도 했던 모란은 나중에 토마스 '옐로우스톤' 모란(Thomas 'Yellowstone' Moran)이란 이름으로 알려졌다. 그의 그림에는 항상 그 이니셜을 딴 TYM을 합성한 사인이 있다.

옐로우스톤은 간단히 말해 '화산 밭' 이다.

비와 눈 녹은 물 등이 땅 속 깊이 내려가 고여 있다가 그 보다 더 밑에 있는 용암에 의해 뜨겁게 데워져 끓으면서 펌프작용에 의해 가스와 함께 지표로 몰려나온다.

공원 북쪽, 본부 근처에 있는 맘모스 핫 스프링의 위쪽에는 카나리아 샘(Canary Spring)이 있다.

환상적인 푸른색의 물이 고여 있는 물웅덩이 안에는 상아색의 길쭉길쭉한 새의 깃털 같은 것이 쫙 깔려 있어 진짜 카나리아의 깃털 같이 보여 손으로 쓰다듬어 주고 싶을 지경이었고, 약간 아래 쪽에는 계단식 연못의 형태가 된 유명한 미네르바 테라스(Minerva Terrace)가 있는데 우리가 갔을 때는 아쉽게도 돌계단만 있고 물은 바싹 말라 있었다.

북동쪽으로 갔다 오는 길. 많은 차와 사람들, 그리고 공원 관리인들이 몰려있기에 무슨 사고가 났나? 하고 가까이 가서 보니 저 아래 나무 밑에 검은곰 한 마리가 움직이고 있었다. 이번 옐로우스톤에 와서 검은곰까지 보았으니 우리는 운이 좋은 셈이라나…? 🌙

25일

간헐천하면 올드페이스풀

'Old faithful – King of Geysers(올드페이스풀 – 간헐천의 제왕)'. 올드페이스풀은 100년간 변치 않고 거의 60~90분 간격으로 가스와 함께 끓는 물을 약 54m의 높이로 뿜어내는 것으로 유명하다. 간헐천 중 물의 높이가 제일 높진 않지만 규모가 크면서도 정기적으로 분출하기 때문에 가장 유명하다(오랜 동안 변치 않고 지속되니 이름도 'Old Faithful'이라고 지었는가?). 옐로우스톤에 오는 모든 이들이 이 올드페이스풀에 꼭 들리는 것도 이 때문이다.

그리고 그 옆에 있는 올드페이스풀 인(Inn)은 올해로 지은 지 100주년이 되는 해로 이를 기념하는 장식이 잘 되어 있어 많은 이들이 찾고 있다.

그곳에 도착해 보니 이미 많은 사람들이 올드페이스풀 가장자리에 둘러앉아 기

100년 넘게 변치 않는
간헐천의 제왕
올드페이스풀

다리는 걸 보고 우리도 빨리 가서 자리 잡았다.

앉은 지 1분도 안되어 그 유명한 올드페이스풀의 분출을 보았다. 햇님은 사진 찍느라 제대로 못 보았을 것이지만 정말 장관이었다. 반대쪽 하늘에 구름이 없었더라면 사진이 더 잘 나왔을 텐데…. 하며 아쉬워하는 햇님.

한 2~3분 지속되던 분출이 끝난 시간은 11시 30분. 다음 분출 시간은 12시 53분이라고 해서 아직 1시간 이상 남아 있으니 그동안 근처의 산책로를 돌았다.

이곳저곳 둘러보다가 이제 10분 정도 남았으니 빨리 가서 자리 잡아야지 하는데 갑자기 뒤에서 천둥치는 소리가 들린다.

아니, 혹시 화산 폭발? 하며 뒤돌아보니 조금 전 우리가 지나쳤던 비하이브(Beehive)라는 간헐천에서 요란한 소리를 내며 분출이 시작, 세상에나, 그렇게 작은 구멍에서 어쩌면 그렇게도 높이 솟구치는지…. 소리는 또 얼마나 요란한가!

도로 뛰어가 사진 몇 장 찍고 올드페이스풀을 다시 한번 보러 내려가 자리 잡았다. 두 번째는 첫 번째만큼 힘차게 분출하지도 않았고 시간도 짧았다. 햇님은 이번엔 사진 찍지 않고 감상하려고 별렀는

올 해로 지은 지
100주년 된
올드페이스풀 인(위)

놀랄만큼 강력한
비하이브의 분출
(아래)

데 매우 실망한 표정….

모텔로 돌아오면서 엉덩이가 하얀 노새도 아니고 사슴도 아닌 노새사슴(Mule Deer)떼들도 보았고 팔짝팔짝 뛰는 프롱 혼(Pronghorn), 낮잠 자고 있는 바이슨과 새끼들, 여우 등도 보았다. 많은 이들이 삼각대와 함께 망원경을 가지고 와 열심히 보고, 찍고 있다. 옐로우스톤에 오시는 분들은 쌍안경을 지참하고 가시면 무척 좋을 듯…. 🌙

여행 에피소드

여기는 한강, 낙동강 나와라 오버!

1987년 여름, 햇님이 뉴저지에서 근무하던 때 우리는 직장동료 Mr. 강 가족과 함께 나이아가라 폭포 등을 다녀오는 여행을 했다. 그때 차 두대로 움직이면서 서로 의사소통을 하려니 휴대폰도 없던 시절, 생각 끝에 아이들 장난감 중 16달러인가 주고 산 '워키토키'를 가지고 가기로 했다.

경찰 영화에 자주 등장하는 커다란 검은 워키토키를 Mr. 강과 햇님은 하나씩 나누어 갖고, 서울 출신인 우리의 암호는 '한강', 경상도 출신인 그쪽은 '낙동강'.

앞장서 달리던 우리 차, 햇님은 통신하고 싶으면 차창을 내리고 워키토키를 왼손으로 높이 든다. 그러면 통신 시작.

"여기는 한강, 낙동강 나와라 오버!" 하면

"한강, 여기는 낙동강이다, 오버!"

"다음 휴게소에서 내리겠다, 괜찮은가 오버!"

"알았다, 우리도 따라내린다, 오버!" 했다.

그런데 그때가 연상되는 일이 오늘 있었다.

옐로우스톤국립공원. 넓디넓은 마당 같은 곳에 형형색색의 진흙 솥이 여러 개 있는 곳. 통로를 따라 가다보니 길이 두 갈래로 갈라져 있다.

키가 아주 작은 동양 할머니와 함께 앞에 가던 키가 큰 서양 아저씨가 그곳에 서더니 휴대폰같이 생긴 라디오를 꺼내

"야 킴벌리, 들리냐? 누가 라디오 가졌냐? 우린 길 갈라지는데 있는데 너희들 어느 쪽으로 갔냐? 아! 너희들 그 꼭대기에 있구나. 오케이 우린 오른쪽으로 갈란다" 하며 손 흔드니 조금 떨어진 언덕 위에 한 무리의 젊은애들이 손을 흔들며 소리친다.

그때 나 혼자 피식 웃으며 생각난 게 '여기는 한강…'이다.

26일
아이다호 감자와 트윈폴스

어제 오후 3시경 옐로우스톤의 서쪽 문을 출발하여 오리건(Oregon)의 포틀랜드로 향하던 중 지난 22일 솔트레이크시티에서 옐로우스톤과 그랜드티턴을 향해 올라오던 길을 다시 거쳐 내려가게 되었다.

지난번 올라오던 때도 느낀 것이지만 '아이다호' 하면 생각나는 건 감자!

거의 모든 햄버거 가게의 프렌치프라이와 스테이크 집의 감자구이, 그리고 감자칩 등 감자에 관한 한 아이다호를 빼놓고 생각할 수 없다. 과연 끝없이 펼쳐진 감자밭, 감자밭, 또 감자밭…. 수평선까지 이어지는 곳도 간혹 있다.

아이다호 주의
끝없이 이어지는
감자밭

이제 조금씩 자라기 시작한 감자밭은 언뜻 보니 잎사귀가 한국의 그것보다 약간 길어 보이는데(30~50cm) 여하튼 그 방대한 규모에 입이 딱 벌어진다. 그 넓은 밭에 물을 주는 모습도 장관이다.

마치 100m쯤은 될 법한 길고 긴 파이프 중간 중간에 커다란 자전거 바퀴 같은 것을 수직으로 여러 개 달아 밭 위로 바퀴가 굴러가면서 파이프에 뚫린 구멍에서 나오는 물을 고루 뿌릴 수 있게 한다.

"이러니 게임이 안되지, 안 돼" 햇님은 계속 강원도 산 중턱에 있는 감자밭에서 쭈그리고 앉아 감자 캐는 한국의 아낙네들의 모습을 상상하며 한숨을 푹푹 쉰다. "도대체 이렇게 규모가 다르니 경쟁을 할 수가 있느냐고…!"

아이다호 죠 식당
앞의 아줌마들(위)

뱀처럼 구비구비
흐르는
스네이크 리버(아래)

포카텔로(Pocatello)에서 서쪽으로 방향을 바꾸어 84번을 타고 한참 가다가 트윈폴스(Twin Falls : 쌍둥이 폭포)라는 곳에서 묵었다.

올해로 도시가 생긴지 100주년 되었다는 이곳은 우리가 갔던 와이오밍의 옐로우스톤국립공원에서 뱀처럼 꾸불꾸불 흘렀던 스네이크 리버(Snake River)가 이곳으로도 흘러 몇 개의 폭포를 보여주고 있다는데(Shoshone Falls, Twin Falls 등등)…

오늘은 아침부터 밀린 숙제(일기)를 하고 나서 슬슬 동네를 돌아다니다가 폭포들이 있다는 강 쪽으로 가 보니 국립공원들에서 본 캐니언의 축소판 같은 계곡 사이로 스네이크 리버가 흐르고 그 강을 건너지르는 다리 위에서 행글라이딩 하는 사람들이 색색깔의 날개를 펴 날고 있었다.

저녁, 이곳에서 제일 유명하다는 '아이다호 죠(Idaho Joe's)' 식당에서 통감자구

아이다호 감자와 트윈폴스   **299**

이를 갈비스테이크와 함께 맛있게 먹었으니 '아이다호에 가면 감자를 꼭 먹어 봐야지'하는 원을 풀었다. 약간의 몸살 기운이 있었던 햇님, 그 좋아하는 포도주는 사양. 핫 티를 주문해 마시며 "핫 티가 이렇게 괜찮을 줄은 몰랐네" 한다.

그리곤 숙소로 돌아와 감기약 2알을 먹고 이내 골아 떨어졌다.

28일
보네빌 호, 댐과 온천

포틀랜드의 친구와 함께 부근에 있는 댐과 온천에 갔다. 보네빌 호와 댐(Bonneville Lock and Dam)은 포틀랜드에서 동쪽으로 65km 거리에 위치하여 미국 서북쪽의 전력을 공급한다.

1933년 건설이 시작된 이 댐은 1937년 프랭클린 루즈벨트 대통령 때에 준공되었으며 두 개의 발전소에서 년간 100만Kw의 전력을 생산하여 50만 가구에 공급을 한다. 이곳에는 이외에도 두 개의 갑문식 수문이 있어 선박들을 위 아래로 운행케 해 주고 있다.

또 하나 재미있는 것은 상류로 거슬러 올라가는 고기들을 위해 물고기 사다리라는 고기 통로를 만들어 놓았는데 이 통로를 통하여 상류로 올라가는 고기들을 관찰할 수도 있도록 댐 내부에 큰 유리창을 만들어 이곳을 지나는 고기를 볼 수 있게 하였다.

한편에는 이 통로를 아주 좁혀 놓아 한 마리씩 지나가도록 하여 하루에 어떤 종류의 고기가 몇 마리나 지나가는지를 세어 통계를 낼 수 있는 방도 만들어 놓았으며 한쪽 벽에는 지난 1년간 무슨 고기가 몇 마리 올라갔다고 써 붙여 놓았다. 댐 구경을 마치고 바로 옆에 있는 보네빌 온천을 찾아갔다. 그 옛날 인디언들이 이 물을 마시고 목욕을 하여 아픈 곳도 치유하곤 했던 곳이라고 한다.

한때는 여기에서 나오는 물을 병에 담아 10센트씩 받고 팔았다고 하는데 지금은 온천욕 중 한 컵씩을 마시라고 갖다 준다. 이곳은 다른 곳과는 달리 각자 욕조에 온천물을 받아 30분간 몸을 데우고는 타월을 잘 덮고(직원들이 누워 있는 사람 온몸을 타월로 꽁꽁 묶듯이 감아준다) 옆의 침대에 누워서 남은 땀을 흘리고 나서 샤워하는 식인데 그 외에도 마사지 등 각종 추가 서비스가 많고 그에 따라 요금도 다양하다.

땀을 흠씬 빼서 그런지 차게 식힌 온천물이 맛이 아주 좋다.

포틀랜드 외곽에 있는
멀트노(Multnomah) 폭포

30일

드디어, 수잔을 만나다! 포틀랜드 미술관

아침에 햇님 친구분께서 교회 가는 길에 우리를 포틀랜드 시내에 있는 하얏트호텔에 데려다 주고 갔다. 바로 몇 블록 떨어진 곳에 있는 포틀랜드 미술관에서 오후 1시에 수잔을 만나기로 했기 때문.

다운타운을 이럭저럭 걸어 다니니 그리 크진 않지만 아주 아름다운 곳이구나 하는 생각이 들었다.

오후 1시, 미술관 앞에서 7년 전 포틀랜드 국제 판화전에서 내 그림을 사 주어 알게 되었으나 한번도 만난 적이 없는 수잔과 윌슨을 기다리며 여러 번 헛다리를 짚었다. 저 사람들일까? 아닌가? 하며….

약 10분쯤 지나 저쪽에서 헐레벌떡 오는 중년의 부부. '이 아줌마 몸무게 조금 나가네…' 하고 생각하고 있는데 전화로만 듣던 수잔 특유의 높은 목소리로 "Young Ae?" 한다.

그림을 너무 좋아하는 수잔과 윌슨의 집에서

'이 사람이 내 그림을 사서 걸어놓고 행복해 한다는 사람인가? 너무 고마운 사람, 드디어 만나게 되었구나' 하며 반갑게 포옹!

함께 미술관 안으로 들어가 전시 중인 '라우 컬렉션(Rau Collection)'과 지하층에서 전시 중인 19세기와 20세기의 '종이에 그려진 작품' 전을 보았다.

구스타프 라우(Gustav Rau)라는 사람은 세계에서 가장 뛰어난 개인 컬렉션을 가진 사람 중의 하나로 꼽히는데 그의 소장품 중 15세기에서 20세기에 걸친 95개의 회화작품이 전시 중이었다.

우리에게 익숙한 꾸르베, 엘 그레코, 세잔느, 피카소, 모네, 드가 등의 작품이 전시 되어 있었고 수잔과 그의 남편 윌슨이 미술 전공인 나보다도 더 미술에 대해 박식하다고 느낄 정도로 그림을 보며 얘기하는 수준이 높았다.

건축가들의
순례장소라는
포틀랜드 시청
(위)

포틀랜드 미술관
앞에서

원래 의사인 구스타프 라우는 굉장한 개인 컬렉션을 가진 사람으로도 유명하지만 평생 결혼을 하지 않아 아이도 없었지만 아프리카의 소아 영양결핍에 대해 많은 관심을 가져 자신의 고국 독일의 유니세프를 위해 소장품을 팔아 기금을 마련 하기도 했다 한다.

같은 건물 아래층에 있는 고든 길키 그래픽 센터(Gordon Gilkey Center for Graphic Arts)라는 곳에서는 유럽과 미국의 19~20세기의 드로잉을 전시하고 있었다. 마네, 드가, 피카소, 그리고 현대의 리히텐슈타인, 호크니 등의 작품들이 60점 가량 전시되고 있었는데 자주 접하기 어려운 작품들이라 매우 귀하게 여겨졌다.

다리도 아프고 배도 고픈 참에 그들의 집으로 가서 액자가 되어 걸려 있는 내 그림 앞에서 사진도 찍고 정성 들여 준비해 준 저녁도 맛있게 먹었다. 난 참 행복한 사람이네….

June
·····················

캐나다의 밴쿠버에서 친구들과 작별.
다시 미국의 올림픽, 레이니어국립공원을 구경하였다.
시애틀에서는 마이크로소프트 본사와 유리박물관을.
그 후에는 레이니어 화산, 크레이터레이크 그리고 레드우드국립공원을 섭렵.

캘리포니아로 내려와 나파밸리의 포도밭 방문.
이번 여행의 하이라이트인 멕시코의 바하 캘리포니아의
낚시여행은 가히 환상적이었고…

LA에서 할리우드 보올의 하계 개막식 공연으로
우리의 미대륙 6개월간 여행의 피날레를 장식했다.

1일
밴쿠버 시 앞의 밴쿠버 섬

서울에서 온 두 친구 부부, 밴쿠버와 시애틀에 사는 친구 부부들, 그리고 우리부부. 이렇게 5쌍이 밴쿠버 섬의 크로프튼(Crofton)이란 곳의 한 모텔에서 만나기로 하였다.

오전 8시 30분 포틀랜드 출발, 5시간 가까이 운전하여 포트 오브 앤젤스(Port of Angeles)에 도착하였는데 선착장에는 자동차가 몇 대밖에 보이질 않는다.

알아보니 약 30분 전인 12시 45분에 페리가 떠났고 다음 페리는 4시간 후인 5시 15분에나 있단다. 미리 페리 시간을 알아보지 않고 떠난 것이 불찰이었다.

4시간이나 남아 할 수 없이 인근에 있는 올림픽국립공원(4년마다 열리는 올림픽

| 우리가 타기로 한
페리의 모습

경기와는 다름)을 대충 둘러보고 배 시간이 임박해서야 배를 타기 위해 선착장으로 왔다. 배를 탄지 90여분 만에 건너편 캐나다 영토인 밴쿠버 섬의 빅토리아 (Victoria) 시에 내렸다. 입국수속은 자동차에 앉은 채로 몇 마디 물어보곤 여권에 도장 찍는 것으로 끝이다.

밴쿠버 섬(Vancouver Island)은 남한 면적보다 조금 큰 밴쿠버 시 앞에 있는 섬인데 아주 일부만 개발되었고 나머지는 아직도 삼림으로 덮여있어 곰들도 많이 살고 있다고 한다.

유럽의 어느 도시를 연상시키는 아기자기한 빅토리아 시에서 출발하여 1시간 반 정도 걸려 크로프튼에 도착하니 모텔에 미리 와 있던 친구들 몇 명은 이미 게 틀을 바다에 넣어두고 돌아오고 있었고, 늦게 도착한 우리는 모텔 아줌마가 삶아준 게와 라면, 그리고 가지고 다니던 포도주를 마셨다. 잠은 남자, 여자로 갈라져서 한 방에 5명씩이다. 학창시절이나 군대생활 이후로 한방에 여러 명이 담요하나씩 나누어 덮고 자 보기는 아마 처음이 아닐까 하는 생각도 들었다.

적조현상 때문에
굴은 먹으면
안된다고
주의 받았음(위)

게 틀을 놓아
잡아 올린
게와 새우(아래)

당나귀 귀 같은
산이 저건가…?

4일
당나귀 귀 같은 산

밴 쿠버에 사는 동료화가이자 후배, 그리고 그의 남편 또한 햇님의 고교후
배. 안팎으로 꼼짝없는 후배 부부이지만 마음이 너무 순수하고 자유로
운 두 사람.

23년 만에 햇님을 만난 후배 남편은 사진 찍으려 하면 십리만큼 달아난다. 혹시
'지명수배?'

"형님이 오신다고 해 무리해서 스위트(Suite)가 딸린 집을 샀지요"

"일단 캐나다 국경을 넘어오시면 나의 영역권 안으로 들어오신 거니까 15분마다
위치 상황을 보고하셔야 합니다"

"뭐 하러 지도 가지러 비지터 센터엔 가십니까? 페리 타면 배 안에 안내책자 내지 지도가 이백 육십 칠 개나 있는데…"

"제가 사실 음주가 팔단인데…"

"야, 이거 내가 부부 사기 골프단에 걸려 가지고…"

애기를 할 때마다 입가에 미소를 짓게 만드는 위트의 소유자 햇님의 후배.

그들이 새로 샀다는 6천 평이나 되는 넓은 집은 한쪽에 있던 마구간을 내 후배의 화실로 개조하려 청소를 현재 네 번밖에 못했는데 앞으로 백 번은 더 할 거라고 한다.

확 트인 마당 옆의 숲에서는 가끔 정말로 곰이 놀러 나온다는데 아직 공사 중인 본채는 비어있고 우리 둘을 위해 서둘러 꾸며 놓은 별채 스위트(?)에 묵었다.

다음날 아침, 지도를 들고 골든 이어스 지방공원 (Golden Ears Mt. Regional Park)에 갔다. 정말 당나귀의 귀같이 생긴 높은 산이 있으나 올라갈 엄두는 못 내고 대신 산이 잘 보이는 호숫가에 차를 세우고 쉬었다.

피크닉 테이블의 긴 의자에 똑바로 누워 하늘을 보니 바람에 흔들리는 푸른 나뭇잎 사이로 햇빛이 가끔 가끔 눈을 찌른다. 조금 추운 듯하여 담요까지 덮고, 모자를 얼굴 위에 얹고 한잠 잤다.

아! 얼마 만인가? 이렇게 평화롭고 조용한 하루를 보내는 게.

아름다운
밴쿠버 시의 모습
(위)

멀리 눈 산이
보이는 호숫가의
쉼터(가운데)

누워서 본 나뭇잎
사이의 햇빛(아래)

골든 이어스
지방공원의
예쁜 팻말들

여행 에피소드

"너를 복 주고 복 주며…"

내가 반드시
너를 복 주고 복 주며
너를 번성케 하고
번성케 하리라
–히브리 서 6:14–

저녁마다
이런 풍경을 즐기시는 분이
반성할 일이 그렇게 많으신가?

화창한 아침.
밴쿠버의 햇님 친구분 댁. 열 몇 명
이 (다섯 부부+이 댁 따님 두 분, 합
이 열둘이요) 모두들 생각보다 일찍 일
어나 서성서성 바쁘다.
남자분들 테라스에 나가 두런두런 커피들 드시는데, 오늘 서울로 돌아가시는
햇님 친구분 한 분은 벌써부터 납작한 가방(여권, 돈 등이 들었겠지요)을 가께
걸이로 메고 실내에서 선글라스를 쓰신 채 왔다갔다 하신다.
그리고 모든 잡기에 능하여 자다가도 '카지노'하면 번쩍 눈이 뜨이고 시작한
지 얼마 안 된 골프도 이븐 파를 칠까 말까 망설이신다는 시애틀에서 오신 친
구분이 TV 골프 채널을 틀고 보시는가, 짧은 몽둥이 같은 골프 연습 채를 이
렇게 저렇게 휘둘러보시는가? 했더니 갑자기 '와하하' 혼자 웃는다.

부엌에 있던 다섯 아줌마 모두 고개를 돌려 '무슨 일?'하니 독실한 기독교 신
자이신 이 집의 거실에 걸려 있는 성경구절을 읽으셨다는 게 '…너를 번성케
하고 번성케 하리라'를 '…너를 **반**성케 하고 **반**성케 하리라'로 보았다나?
젊어서 좀 노셨다더니 반성할 일이 그렇게 많으신가? 아니면 원래 너무나 겸
손하신 분이신가?

5일
경치, 죽여줘요

환상적인
분위기의
안개낀 호수

샌 디에이고로 돌아가 막내시누이네와 함께 멕시코로 가야할 시간은 다가오고, 이럭저럭하다 예정보다 며칠 늦어지는 바람에 할 수 없이 캐나다에서 가 보려 했던 캘거리 (Calgary), 밴프(Banff), 재스퍼 (Jasper) 등을 이번 여정에서 뺐다.

아무래도 캐나다는 우리를 거부하는가?

지난번 캐나다의 노바 스코시아에 갔을 때는 가는 곳마다 개장을 아직 안 했거나 안개로 가려 풍경을 잘 보여 주질 않더니 이번에는 시간이 받쳐주질 않네.

후배부부는 "캘거리랑은 이곳에서 가까운데 들렀다 가셔야죠, 언제 또 오시겠어요…"하고.

'사실 왔노라, 보았노라, 찍었노라' 하려면 이틀이면 되겠지만 이번에는 그렇게 하고 싶지 않았고 '남겨놓고 가야 또 오게 되지 않느냐'고 하며 우리 자신을 위로했다.

후배가 정성 들여 싼 김밥을 네

줄이나 내게 내밀며 "맛이 없을지 모르지만 점심에 드시라고"한다. 이렇게 따뜻한 사람들이 가득한 세상이니 살만 하구나 하고는 받아들었다.

국경으로 가는 길까지 에스코트를 해 주고 "형님, 또 23년 후에나 만나게 되는 건 아니겠죠?"하며 헤어졌는데 미국 국경 세관원이 알루미늄 호일에 싼 우리의 김밥을 발견했다. 열어보라고 하더니 김밥 속을 가리키며 이거 소고기가 아니냐고 한다.

(캐나다와 미국 국경에선 음식물 통관이 까다롭다. 특히 광우병 파동 때문에 소고기는 절대 통관 불과!)

그것뿐이 아니고 차를 세워놓고 건물 안으로 들어오란다. 잽싸게 여행 떠나기 전 '경제신문'에 난 기사를 번역한 복사본 한 장을 들고 들어가 보여주니 세관원들의 태도가 180도 돌변. '아유! 대단하시네! 1년간 여행이라니…' 하며 오히려 부러워하는 눈치.

오렌지 두 개 있던 것 마저 내어주고는 휑하니 남쪽으로….

노스캐스캐이드(North Cascades)국립공원.

이곳은 말하자면 '쥑여주는 산 경치', 즉 'Breathtaking Beautiful Mountain Scenery'로 유명한 곳이다. 300여 개의 빙하가 가득하고 너무나 아름다운 눈산들이 가득하지만 우리 같은 보통사람에겐 '그림의 떡'이다. 아니, 너무 험하여 오를 수 없으니 '가까이 하기엔 너무 먼 산'이랄까….

산의 서쪽은 습하고 동쪽은 마르고 하니 이쪽과 저쪽에 사는 식물과 동물이 다르다. 비도 내리고 해서 그냥 산자락에서 헤매다가 내려왔다. 눈 덮인 뾰죽뾰죽 산들이 눈에 어리지만 몇 개의 폭포와 먼발치로 보이는 산들에 만족해야 했다.

눈 덮인 산과 디아블로(Diablo) 호수(위)

고지 크리크 폭포 (Gorge Creek Fall) (아래)

엄청난 규모의
산, 산, 산…

Olympic National Park

66

산악과 해안, 울창한 산림으로 유명하다. 최고봉인 올림푸스 산을
비롯해, 60여 개의 높은 산들이 늘어서 있으며, 빙하로 이루어진
11개의 강이 흐르고 있다. 미국내의 국립공원 중에 가장 변화가
풍부한 곳으로서 자연의 아름다움을 만날 수 있다.

99

6일
끝없이 이어지는 흰 봉우리, 봉우리

지난 3일 친구들을 만나려고 포틀랜드를 떠나 페리가 떠나는 포트 오브 엔젤스(Port of Angeles)까지 졸음을 무릅쓰고 달려왔지만 30분 늦어 배를 놓치게 되어 다음 배를 기다리는 동안 부근의 올림픽국립공원에 잠깐 들렀었는데 오늘 드디어 시애틀의 친구분이 운전하는 차를 타고 다시 찾은 올림픽국립공원 안의 허리케인 리지(Hurricane Ridge).

머리에 흰 눈을 얹은 봉우리가 끝없이 보이는 허리케인 리지 정상의 멋진 경치에 황홀해 하고 있는 참에, "악! 소리가 나야 되는데 오늘은 아니네…" 하는 친구분의 말.

봉우리 2천여 개 중 가장 높은 것이 구름과 안개에 가려 잘 보이질 않으니 친구분이 무척 아쉬워 하셨다. 꼭 자기가 가진 물건 자랑하려는데 잘 안 되는 것 마냥….

눈으로 보이는 왼쪽 끝에서 오른쪽까지 끝없이 흰 봉우리가 이어져 있으니 카메라로는 한 번에 사진을 찍을 수가 없어 몇 번에 나누어 찍었다.

올림픽 산맥은 그렇게 높진 않다. 가장 높은 올림푸스 산(Mt. Olympus)이 약 2,428m 밖에 안되니….

그러나 이 올림픽국립공원에있는 산들은 바다 수면으로부터 직접 올라갔기 때문에 더 높게 느껴진다(록키 마운틴이 있는 덴버 시는 시 자체가 해발 1,600m가 아닌가?).

태평양의 습기 가득한 바람이 동쪽으로 불 때 높은 산에 가로막혀 갑자기 온도가 내려가 눈이나 비가 되어 내린다.

높은 산의 눈이 어쩔 때는 8월까지 남아 있기도 한다는데 멀리 눈 덮인 산들만 보다가 주차장 앞 푸른 언덕을 보니 사슴 가족 하나가 한창 식사 중이다. 모두의 관심 집중. ☺

주차장에서 바라본 올림픽 산(위)

저 멀리는 흰 봉우리 아래는 사슴 가족 (아래)

⫶⫶⫶ 달님의 미술관 관람기

6일
시애틀의 유리박물관

지난 2월초 '아주관광'을 따라 나섰던 여행에서 거의 마지막 코스였던 라스베가스에서 저녁 관광 중에 들렀던 벨라지오 호텔의 로비 천장에 수많은 색깔의 유리로 만든 해파리 같기도 한 장식품이 걸려있던 걸 보았는데 그 작품을 만든 작가의 이름은 데일 치헐리(Dale Chihuly)였다. 시애틀의 유리박물관에 그의 작품이 많이 있다기에 올림픽국립공원에서 오는 길에 들렀다.

먼저 유리공예 작업을 실제로 보여주는 'Hot Shop'에 들어갔다. 긴 파이프에 달려 있는 뜨거워진 유리 덩어리를 불고, 돌리고, 자르고, 식히는 과정을 보여 주는데 17년 전에 나이아가라 폭포 쪽으로 여행할 때 가 보았던 코닝유리 박물관(Corning Glass Museum)이 생각났다.

다음은 치헐리와 친구였다는 이태리 출신의 작가 이탈로 스카냐(Italo Scagna)의 유리공예 작품과 조각 작품 특별전 '은유(Metaphors).'

이곳 워싱턴 주에 와서 가르치기도 하고 작업을 하였던 그는 지난 2001년 69세로 세상을 떴다고 하니 이것이 그의 회고전인 셈이었다. 원시예술, 아프리카 예술 그리스 조각, 르네상

치헐리의 작품이 가득한 '베니스 벽'

유리박물관의 현대적인 겉모습

데일 치헐리의
유리공예 작품
'크리스탈 타워'

스 회화, 표현주의 작품 등등…. 모든 것에서 영감을 얻는다는 그는 조각 작품의 재료로 쓰이는 물질에 대해 이런저런 이야기를 했는데 그 중 유리는 '열망(anxiety)'과 '연약함(fragility)'을 동시에 갖고 있다고 한 말이 마음에 와 닿는다.

마침 강당에서 검은 안대를 한 치헐리가 조수들과 함께 작업하는 과정을 보여주는 영화가 상영 중! 이게 웬 일! 아니, 웬 떡!

뚱뚱하고 푸실푸실한 머리에 검은 안대를 한(뜨거운 열을 너무 쬐어 한쪽 시력을 잃었다 함) 치헐리는 완전히 영화감독 같았다. 손은 하나도 대지 않고 말로만 계속 지시….

일단 유리로 된 큰 그릇 같은 걸 만들었다가 불에서 꺼내 손잡이 막대를 막 돌리니 그릇 형태가 주름이 잡히고 다시 불에 넣어 뜨거워졌을 때 막대기에 붙은 부분을 가위로 싹둑. 처음에 만든 작품은 마음에 안 드는지 여지없이 바닥에 던져 깬다.

청소 조수가 나타나 빨리 쓰레받기에 쓸어 담아 치운다. 다시 시작. 이번에는 마음에 드는지 그의 얼굴에 드는 미소.

그 다음은 '베니스 벽(Venetian Wall)'으로 불리는 박물관 바깥쪽 다리 위에 세워진 치헐리의 작품 전시 장소. 선반을 만들어 그의 크고 작은 작품들로 벽을 만들어 놓은 곳은 입장료도 받지 않는 공공장소이다. 환상적인 색깔과 형태로 값을 매길 수조차 없는 아름다움으로 많은 이들에게 행복감을 선사하는 치헐리에게 건배를….

* 데일 치얼리(Dale Chihuly)

워싱턴 주립대학에서 건축 인테리어 디자인 연구 과정과 위스콘신 주립대에서 조각을 전공했다. 1968년 미국인으로는 처음으로 베네치아의 무라노 섬에 있는 '베니-니' 공방에서 장인들이 지켜온 유리공예의 비법과 'Team Work' 방식을 터득했다. 미국 최초의 인간문화재 1호로 지정.

7일
마이크로소프트 본사

왼쪽 건물에
빌 게이츠의
사무실이 있음

오늘은 친구 아들이 다 닌다는 세계적으로 유명한 마이크로소프트 본사를 구경하였다. 이 회사가 있는 곳은 건물이 8개나 되어 워낙 넓어서 캠퍼스라고 부른단다.

아들 회사에 한 번도 가 본 적이 없다는 친구는 약도를 보며 겨우겨우 찾아갔다. 친구 아들이 근무한다는 24동 앞에 차를 세우고 기다리는 동안 친구 내외를 사진 찍어주고 우리도 사진을 찍었다. 조금 지나자 경비원 두 사람이 다가와 "당신들 사진 못 찍게 되어 있는 이곳에서 사진 찍으며 뭐 하고 있는 거냐" 한다.

이거야 원, 아들 회사 와서 이런 봉변을 당하다니.

잠시 후 나온 친구 아들을 따라 5층에 있는 그의 사무실로 가 보았다. 두세 평 남짓한 개인 사무실에 테이블. 그리고 손님용 의자 두 개와 컴퓨터. 벽 한쪽에는 'Yes, I Can'이라고 적힌 종이가 세 장 나란히 붙여져 있다.

빌 게이츠와 같은 층에 창문이 있는 독립된 방을 가지고 있고 이 마이크로소프트사의 자금운용을 총괄하고 있다니…. 친구 아들인데도 내가 가슴 뿌듯하고 든든

하다.

회사 박물관엘 가니 그 옛날 차고를 빌려 회사를 시작할 시절 초창기 멤버 10명의 사진이 있다. 이들은 지금 모두 백만장자들이 되어 각자 회사를 가지고 있고 빌 게이츠만이 회사를 계속하고 있다는데 그 시절엔 그가 제일 어린아이 같은 모습이다.

옆의 매점에서는 각종 기념품 등과 아울러 컴퓨터 프로그램도 파는데 직원을 내세워 사니까 시중 값의 1/10이라 서울의 둘째가 필요하다고 한 시중가 약 500달러 하는 소프트웨어 2개를 80달러에 샀다.

생각해 보면 이곳 시애틀은 세계적으로 유명한 것들이 많은 도시이다. 첫째, 빌 게이츠의 '마이크로소프트' 본사, 그리고 세계적인 커피점 '스타벅스' 본사, 인터넷으로 책을 파는 것으로 유명한 '아마존', 경관 좋기로 소문난 '올림픽 국립공원', 하늘을 주름잡는 '보잉' 비행기 제작소, 다른 곳에서는 보기 힘든 '유리 박물관', 그리고 '스페이스 니들(Space Needle)'이라는 꼭대기가 우주선 모양으로 생긴 탑….

아들 모습을 보며 으쓱해 하는 친구의 모습을 보니 내 배도 오늘 하루 덩달아 부른다.

마이크로소프트
창업 멤버들

8일
활화산 레이니어

모처럼 자태를 드러낸 눈 덮인 올림픽국립공원의 봉우리들을 뒤로하고 시애틀에서 남쪽으로 활화산 레이니어(Rainier)국립공원를 찾아 나섰다.

울창한 산림과 곳곳에 피어나는 들꽃들, 아직도 하얀 눈을 이고 있는 봉우리들, 험상궂은 빙하들의 모습들, 계곡 중간중간 눈 녹아 흘러내리는 폭포들이 어울려 국립공원은 절경을 이룬다.

이렇게 한눈에 보아도 멋진 모습이라서 그런지 이곳 워싱턴 주의 자동차 번호판은 물론 우유 광고, 목재회사 광고 등의 배경에 여지없이 이 산이 나타나고 있어 그 명성을 알만 하다.

습기를 듬뿍 머금은 태평양의 구름은 높은 레이니어 산을 넘지 못하고 기록적인 눈을 내리게 하는데다가 높은 봉우리라서 눈이 녹지 않고 계속 쌓여있어 지금도 26개의 빙하가 있다고 한다.

그 중 니스컬리(Nisqually) 빙하가 무너져 내려서 그 아래의 많은 나무숲과 산을 깎아내려 황폐해진 처참한 계곡의 모습은 머리에서 쉽게 지워지지 않는다. 언젠가는 다시 화산이 폭발할 가능성이 있다는 이곳은 땅 속에 들끓는 용암이 있어서 그런지 산세가 젊고 힘이 있어 보인다.

오늘은 구름과 안개로 정상의 멋진 봉우리들을 모두 볼 수는 없었지만흰 눈 덮인 봉우리들, 험악한 빙하들, 녹색의 나무, 아름다운 들꽃들, 폭포소리, 구름과 안개, 맑은 공기…. 오늘 본 레이니어 산이다.

어마어마한 눈 산 밑의 호텔 (위)

니스컬리 빙하가 훑고 간 계곡(가운데)

바람 때문에 이상하게 자란 나무들(아래)

안개가 가득 끼어
꿈 속 같은
레이니어 산

Mount Rainier National Park, JUN 08 2004, Ashford, WA

Mount Rainier National Park

> 정상에 만년설을 안고 육중한 그 모습을 과시하고 있는
> 레이니어 산은 명실공히 캐스케이드 산맥의 제왕임에 틀림없다.
> 레이니어 산은 현재 잠을 자고 있는 휴화산이지만 밑에서 솟아
> 오르는 열기 때문에 눈이 덮인 정상 일부는 눈이 쌓이지 못한다.

9일

포틀랜드의 로즈 가든

포 틀랜드 시가 '장미의 도시'라더니 국제 장미 시험가든(International Rose Test Garden)은 장미 향기로 가득했다.

'I beg your pardon, I never promised you a rose garden…(미안하지만 난 당신에게 장밋빛 정원을 약속하진 않았는데요…)' 하는 앤 머레이(Anne Murray)의 노래가 뱅뱅 맴도는 가운데 보슬비가 내리는 'Rose Garden'에 도착.

아니, 계절이 벌써 그렇게 되었나? 장미가 벌써 지고 있다니….

'…오월 어느 날 그 하루 무덥던 날, 떨어져 누운 꽃잎마저 시들어 버리고 모란이 지고 말면 그 뿐, 내 한 해도 다 가고 말아…' 하는 시인 김영랑의 「모란이 피기까지는」도 떠올랐다.

안개비 속에서도
아름다워라

또한 한남동에서 넓은 정원에 장미 가꾸기를 하셨던 내 친구 어머님께서 내가 집으로 놀러 갈 때마다 "요건 '퀸 엘리자베스'이고 요건 '나비부인'…" 하시면서 장미 이름을 얘기해 주셨던 게 생각난다.

5천여 평 달하는 이곳 장미정원에는 8,000그루 이상의 장미가 있으며 '테스트 정원(Test Garden)'과 '골드메달 장미정원(The Gold Medal Rose Garden)', '미니 장미 시험정원(Miniature Rose Test Garden)', '로얄 로자리안 정원(The Royal Rosarian Garden)' 그리고 '셰익스피어 정원(The Shakespearean Garden)'으로 이루어져 있다.

"Of all flowers methinks a rose is best(모든 꽃 중에 장미가 제일이리니)" 라고 셰익스피어가 말했다는데 안쪽에 있는 1945년에 조성된 셰익스피어 정원은 그의 연극에서 언급된 모든 꽃, 향기나는 풀들을 모아 놓은 곳으로 많은 이들의 결혼 장소로 이용되기도 한다고….

입구에서 계단을 내려가니 이름하여 'Queen's walk'이란 곳, 1907년부터 시작되어 해마다 그 해의 '장미축제의 여왕(Rose Festival Queen)'으로 뽑힌 장미들의 이름이 새겨진 동판들이 바닥에 놓여 있어 꽃과 이름 판을 계속 보면서 돌아보았는데 피노키오, 나비부인, 공작, 정열, 평화, 그라나다, Snow Fire, Summer Sunshine… 등등.

왜 그런 이름들이 붙여졌는지 꽃과 이름을 연관지어 상상해 보는 것도 괜찮았다. 꽃잎이 많이 떨어져 더러는 이름 판은 있는데 꽃이 없어 섭섭하기도 했다.

여왕의 길에 등록된 장미들 (피노키오, 평화)

골드메달 장미정원에는 상을 탔다고 해서 그런지 유난히 커다란 장미가 많았고 테스트 정원에는 실험 중인 것 같아 보이는 키 작은 장미들이 줄지어 있었다. 일생 동안 볼 장미를 다 합쳐도 오늘 우리가 본 장미만큼은 안될 것 같이 많은 장미를 보았다.

'I beg your pardon, I never promised you a rose garden…'
노래가 아직도 입 속에서 맴도네….

Crater Lake National Park

> ❝
>
> 크레이터레이크는 맑은 날 가장 푸른색을 보여주며,
> 사파이어라는 별명이 있다. 캐스케이드 산맥 중의
> 마자마(Mazama) 산이 폭발해서 생긴 신비로운 아름다
> 움을 지니는 칼데라 호수가 경관의 중심이다. 또한
> 많은 야생동물이 서식하는 대삼림지대이다.
>
> ❞

호수 가운데
'마법사의 섬(Wizard Island)' 도 보이고…

10일

미국의 백두산 천지-크레이터레이크

바람이 불면 잎사귀 하나하나가 흔들리며 반짝이는 아스펜 나무. 마치 신라시대의 금관에 달린 금판이 흔들리며 반짝이는 것 같다.

어제 오후, 기름은 달랑달랑하는데 비는 내리고, 가도 가도 크레이터레이크(Crater Lake)국립공원 표지판은 안 나오고…(안나오긴, 기름이 떨어져 가니 길이 더 먼 것 같이 느껴졌겠지)

겨우 공원 입구 초소에 도착하니 오늘은 안개가 너무 많아 들어가 봐야 소용없다는 안내원의 말에 다음날 아침 다시 와서 보기로 했다. 공원에서 알려준 대로 정확하게 27km 떨어진 곳의 포트 크라마스(Fort Klamath)라는 동네.

기름가게 아저씨가 알려주어 찾아간 모텔, 아스펜 여러 그루가 푸른잎을 바람에 찰랑거리며 서 있는 마당에 모텔 이름도 아스펜 인(Aspen Inn)이다.

사무실 밖에 아침에 포틀랜드의 로즈 가든에서 본 금메달을 받았다는 장미만큼

설명이 필요 없는
신선한 푸른 호수

6월인데도
눈에 파묻혀 있는
나무들

이나 큰 자줏빛 겹작약이 많이 피어 있기에 꽃이름을 물어보니 주인 아줌마가 '피오니(Peonie)'라고 말하면서 하나 잘라 가지라고 선뜻 가위를 꺼내준다. 물병 하나에 물까지 채워 주면서… 이런 고마울 데가….

오늘 아침 그 방을 떠날 때까지 창턱에 세워놓았던 예쁜 꽃을 보며 주인의 따뜻한 마음과 함께 작은 행복을 느꼈다. 방을 나오는데 주인여자가 오늘은 호수를 볼 수 있기를 바란다며 두 손가락을 꼬아 행운을 빌어주었다.

드디어 크레이터레이크!

인디언들은 이 곳 '푸른 물 호수(The Lake of Blue Waters)'를 '신성한 호수(Sacred Lake)'로 '위대한 영으로 가는 길(Great Spiritual Path)'로 여겨 이곳에선 몸과 마음과 정신이 하나가 된다고 생각했다 한다.

백두산 천지 같은 크레이터레이크는 8,000m 넓이에 주위의 절벽은 600m 정도의 높이인데 원래 마자마(Mazama)산이었던 이곳이 7,700년 전 거대한 화산폭발에 이은 붕괴로 인해 호수로 만들어졌다고 하며 590의 깊이는 미국은 물론 세계에서도 가장 깊은 호수 중의 하나로 알려져 있다.

1만 년 전부터 사람들이 마자마 산 주위에서 살았다 하니 아마 그 당시에 살았던 사람들은 이 거대한 화산의 폭발을 목격하였으리라.

그후 윌리엄 스틸(William Steel)이란 사람의 노력에 의해 '모든 이들의 정신적 성지'인 이곳이 1902년에 국립공원으로 지정되었다 한다. 백두산 천지를 가보질 못했으니 비교할 수가 없었지만 모텔주인이 빌어준 대로 푸른 물과 눈 덮인 산들이 잘 보여 감사할 따름이다.

감상을 말하긴 힘들다. 사진도 말해 주지 않는 것 같고, 그냥 마음이 경건해지는 것 같다.

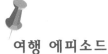

여행 에피소드

Bandon에서의 골프는 abandon 하다

크레이터레이크의 깊고 푸른 물을 너무너무 즐기고 나서 캘리포니아의 태평양 연안을 따라 내려가는 101도로로 가기 위해 서쪽으로, 밴던(Bandon)쪽으로 달렸다.

가다가 주유소에 들려 밴던 가는 길을 확인하니 기름 넣는 동안 유리창을 열심히 닦던 주유원 아저씨가 밴던에 기가 막힌 골프코스가 있는데 미국에서 10위내에 든다나? 그리고 한 번에 100달러쯤으로 비싸긴 하지만 멤버 아닌 사람도 들어 갈 수 있다고 한다.

그래? 그럼 크레딧 카드로 확! 긁지 뭐 하고 그곳을 향해 갔다.

길 이름이 밴던 듄스 드라이브(Bandon Dunes Drive). 찾아 들어가는 길에는 빌라 형 콘도들이 숲 이쪽저쪽에 잘 꾸며져 있는 것이 심상치 않았다.

피곤에 절은 우리는 짐으로 꽉 차 겨우 비집고 타고 내리는 혼다 차를 주차해 놓은 뒤 한번 뒤돌아보고 머리를 한번씩 쓸어 올리고 골프숍으로 향했다.

태평양 연안
101도로의 파도

앞을 보고 뒤를 봐도 너무나 멋진 부티나는 건물들이네…. 어쨌든 들어가 물어보니 이곳에는 2개의 코스가 있어, 퍼시픽(Pacific)은 해변에 연한 코스가 많고 밴던(Bandon)쪽은 모래언덕(dunes)이 많은 것 같았다.

그리고 미국 내 랭킹은 페블 비치(Pebble Beach) 다음으로 넘버 2 라고. 그린 피(fee)는 200달러며 100달러는 3년 전 이야기라고 한다.

크레딧 카드로 긁으면 안될까? 하는 햇님을 말리고는 대신 기념으로 '퍼시픽, 밴던 듄스' 라고 새겨진 공 몇 개씩 사고는 미련만 남기고 바이 바이!

BIG TREE

	FT	MTRS
HEIGHT	304	92.6
DIAMETER	21.6	6.6
CIRCUMFERENCE	68	20.7
ESTIMATED AGE	1500 YRS	

레드우드
정말 크긴 크구나!

Redwood National & State Parks
JUN 11 2004
California

Redwood National Park

“

1980년에는 UNESCO에 의해 세계자연유산으로
1983년에는 지구생태계 보존지역으로 지정되었다.
90m가 넘는 세계에서 제일 키가 큰 나무의 종류인 레드우드들이
살고 있으며 한 곳에는 매우 큰 나무를 관통하여 차가 지나갈 수
있도록 해 놓았다니 그 크기를 짐작할 수 있다.

”

11일

키다리 레드우드 나무들

미국 서부해안 워싱턴 주와 캘리포니아 주 경계 근처. 골드러시의 열기가 가라앉을 즈음 새로이 불을 지핀 것이 통나무 벌채였다는데….

이곳에는 세계에서 높이가 제일 큰 나무가 살고 있다고 하며 주위에 나도 질세라 모두들 키도 크고 둘레도 열 아름 이상 넘는 나무들이 빽빽하다. 워낙 나무가 미끈하게 곧고 키가 커서 재목감으로 안성맞춤이라 주로 가까운 샌프란시스코의 주택 건설에 이곳의 목재를 많이 가져다 썼다 한다.

숲이 매우 우거져 낮에도 햇빛이 거의 안 들어와 자동차 헤드라이트를 켜고 다니도록 되어 있다. 그렇게 많이 베어내고도 지금도 이렇게 나무가 무성하니 그 옛날에는 오죽했으랴…

이곳은 지역이 넓어 주립공원(State Park)으로 지정된 세 군데를 모아서 레드우드(Redwood)국립공원으로 했다는데 1923년 프레리 크릭(Prairie Creek), 1925년 델 노트(Del Norte), 1929년 제데디아 스미스(Jedediah Smith)라는 주립공원이 차례로 지정되었었다고 한다.

레드우드는 나무 속이 붉은색이기 때문에

거대한 레드우드

나무터널로
자동차가 통과!

붙여진 이름이라는데 나무껍질이 약 30cm 정도로 두껍고 갑옷같이 단단해 불이나 벌레 등으로부터 방어가 잘되어 탈 없이 잘 큰다고 한다. 토마토 씨와 같은 크기의 씨에서부터 자라나 500톤의 무게에 자유의 여신상보다도 크게 자란다고 하며 평균수명은 500~700년이라고 한다.

이곳에서 제일 큰 나무는 높이가 111m로 수령이 2,000년이나 되고 나무 밑둥의 둘레가 6.6m나 된다(세쿼이어국립공원에 있는 세쿼이어 나무의 경우는 높이가 93m에 수령이 3,200년이나 되고, 나무 밑둥 지름이 12m나 되어 레드우드보다는 덩치는 크나 키는 작다).

린든 B. 존슨(Linden B. Johnson) 대통령 부인의 이름을 따서, '레이디 버드 존슨 그로브(Lady Bird Johnson Grove)'라고 이름 지어진 작은 숲에서 한 시간 남짓 걸으면서 구경하였다.

울창한 숲 사이로 산책로를 만들어 놓은 이곳엔 모퉁이마다 연한 진달래 색깔이 나는 꽃이 햇빛을 통과시키며 분홍색을 더욱 환하게 보여주어 매년 4월 셋째 주에 다니던 북한산 진달래 능선의 진달래 생각이 났다.

국립공원 구역을 나와서 개인 소유라고 하는 725년 된 큰 나무를 찾아가 봤다. 나무 아래에 넓이 2.23m, 높이 2.9m의 터널을 뚫어 자동차가 다니도록 만들어 놓아 그 밑을 통과하며 기념으로 사진을 찍었다. (입장료 4달러!)

11일

미국 오리건에 웬 셰익스피어 페스티발?

오전에 레드우드를 보고 나서 다시 북동쪽으로 올라가 연중(2월~10월) '셰익스피어 페스티발(Shakespeare Festival)'을 한다는 애쉬랜드 (Ashland)로 갔다.

지난 4월 뉴욕에서도 연극이나 뮤지컬을 보고 싶었고 시카고의 네이비 피어에서도 셰익스피어를 보고 싶었는데 오늘 드디어 원 푸는 날이다.

오후 5시에 도착해야 티켓을 사서 저녁 공연을 볼터인데 햇님이 졸음은 오고, 갈 길은 멀고 하니 운전하면서 자꾸 눈을 꿈벅인다.

정확하게 4시 50분 경 애쉬랜드에 도착, 주차장에 차를 세우고 유럽풍의 아름답고 아기자기한 시내 한가운데 있는 매표소로 가서 *「리어왕」의 공연 티켓을 샀다.

셰익스피어 축제의 깃발이 날리는 애쉬랜드 시내

바로 맞은편에 있는 엘리자베탄(Elizabethan)극장에서 공연하는 리어왕은 이번 주까지 시사공연이라서 가격이 44달러로 저렴한 편이다.

표 파는 아가씨가 극장의 좌석이 그려져 있는 평면도를 보여주며 설명. 노란색은 44달러, 보라색은 38달러, 초록색은 27달러라고 하는데 유리창 너머로 보니 너무나 예쁘게 생긴 이 아가씨가 오른쪽 손목 있는 곳부터 없다. 어쩐지 아까부터 왼손만을 쓰더라니. 우리나라 같으면 긴팔 옷을 입고 빈 옷소매를 주머니에 넣어 가릴 텐데…. 반소매 옷을 입고도 정말 당당하고 아름답구나 하고 생각했다.

연극은 오후 8시 30분에 시작하지만 그 전에 극장 앞마당에서 '그린 쇼(Green Show)'를 7시 15분부터 시작한다고 했다. 시간에 맞추어 메인 공연 전의 오프닝 공연 같은 그린 쇼를 하는 극장 앞 잔디밭으로 갔다.

어떤 이는 누워 있고, 앉아 있고, 먹으며 서 있고…. 이 공연은 열린 공간에서 무료로 하는 것이니까 너무나 자연스럽게, 감상을 한다. 한편으로 '참 부러운 문화구나' 하는 생각이 들었다.

극장은 사람들로 매우 붐볐다. 1,200석이 거의 다 찰 정도이니 그 열기가 대단하다.

밖에서 보면 둥근 건물이 안에 들어가면 하늘이 뻥 뚫린 공연장으로 무대 배경으로 쓰는 중세 풍의 건물은 고정으로 세워져 있고 무대장치는 많이 변경하지 않으면서도 효율적으로 사용되고 있었다.

9시까지는 해가 있어서 그런 대로 괜찮았는데 9시 30분경부터 바람이 솔솔 불어 티셔츠에 스웨터 하나 입은 햇님이 추워서 몸을 웅크린다. 담요 같은 판초를 가져간 나는 두툼한 잠바를 꺼내오지 않은 햇님을 속으로 원망하면서 같이 덮었다.

배우들이 등장하는 곳은 무대 가운데와, 양 옆, 그리고 객석의 왼쪽과 오른쪽으로 난 지하로 통하는 통로 두 곳 이렇게 다섯 군데이고, 조명은 드러나지 않게 건물의 속에 가려져 아주 자연스러운 분위기를 만들고 있었다. 배우들의 언어는 확실한 영국식 영어도, 미국식 영어도 아니었다. 아마도 너무 미국식으로 하면 셰익스피어 연극 기분이 나질 않기 때문일까?

리어왕이 가장 사랑하던 셋째 딸로 나온 줄리 오다(Julie Oda)라는 동양인 여자 배우는 아주 작은 몸집에도 불구하고 카리스마가 있어 박수쳐 주고 싶었다. 주인공 리어왕보다는 조연급 배우들이 더 연기를 잘 하는 것 같이 느껴졌다.

모두들 추워하는 분위기 속, 10시 30분 드디어 중간 휴식시간. 무대의 불이 꺼지니 둥그렇게 보이는 하늘에 북두칠성과 북극성이 너무나 가깝게 보이는 게 아닌가?

밤하늘을 쳐다본 게 얼마 만이고 북두칠성을 이렇게 가깝게 본 건 얼마 만인가?

추워하는 모든 이들이 모두들 밖으로 우르르 몰려나가 화장실 앞에 줄이 약 20m. 매점 앞에도 장사진. 와인, 코코아, 커피, 핫 사이다 등이 불티난다. 우리도 핫 초코와 핫 애플사이다를 사서 나누어 마셨다.

밤 11시 30분.

연극이 끝나고 나오는데 보니 각 호텔의 셔틀버스가 기다렸다가 자기네 손님들을 태우고 떠나고, 차를 가져온 사람들은 담요, 파카 등을 둘둘 감고 혹은 질질 끌기도 하면서 모두 주차장으로 간다. 오랜만에 문화생활 한 것 같은 느낌도 들고 차 안의 히터가 그렇게 고마울 수 없었다 (Honda, 고마워!).

레드우드를 보고 남쪽으로 그냥 내려가려고 한 우리에게 일부러 전화 걸어 애쉬랜드에 들르라고 상기시켜준 '잠 못 이루는 시애틀' 에 사시는 햇님 친구분.

Thank You!

* 리어왕(King Lear)

1608년 간행된 이 연극은 모두 5막으로 구성되어 있으며 1605년에 쓴 것으로 추정된다. 「맥베스」, 「햄릿」, 「오셀로」와 함께 셰익스피어의 4대 비극이라 불린다. 리어왕은 영국의 전설적인 국왕으로 16세기의 영국문학에서도 가끔 등장하는데, 셰익스피어는 그 만의 방법으로 재 창조해 내었다.

아직도 엄청나게
남아있는 눈

Lassen Volcanic National Park

66

라센 화산은 1980년 세인트 헬렌(St. Helens) 산이 폭발하기
전까지만 해도 미국 내륙 48개 주에서 가장 최근에 폭발한
화산으로 알려져 있었다. 1914년 5월 라센 피크(Lassen Peak)가
소규모로 폭발하기 시작해, 1915년에는 최고의 폭발을 하였고,
그 후 1921년까지 7년간 화산활동이 계속되었다. 라센 산은 활화산
으로 온천수, 증기를 내뿜는 분기공, 진흙탕과 유황 분출구가 있다.

99

12일
이번 여행의 마지막 33번째 국립공원

셰익스피어에 취해 12시가 넘어 숙소로 돌아와 어찌 어찌하여 새벽 1시 반인가 잠을 자게 된 우리는 오늘 아침 조금 늦잠을 잤다.

33번째! 미국과 캐나다 내의 국립공원으로는 마지막이 될 것 같은 라센볼케닉(Lassen Volcanic)국립공원을 향해 오리건의 애쉬랜드에서 다시 캘리포니아로.

이곳은 경치가 굉장한 것보다는 미국 대륙 내에서 가장 빈번한 화산 활동을 하는 지역으로 알려져 있는, 말하자면 화산현상의 실험장이라고도 할 수 있다.

가장 최근의 분출은 1914년 메모리알 데이(Memorial Day:5월 30일, 미국의 현충일)에 분출이 시작되어 1921년에 끝났다고 한다. 그 기간 중 가장 큰 분출은 1915년 5월 일주일 동안 가스와 바위가 엄청나게 솟구쳐서 버섯구름이 11km까지 뻗쳤다고 하며 이때 테하마(Tehama)로 알려진 원래 화산의 꼭대기가 없어져 버렸을 정도로 근처의 풍경을 완전히 바꾸어 놓았다 한다.

쌓여있는 화산재

우리가 보는 라센의 정상은 크레이터레이크처럼 분화구에 물이 채워지지 않았고 용암이 식으면서 메워져 현재와 같은 모습이라고 한다.

지난 1980년 세인트 헬렌(St. Helens) 산의 유명한 폭발로 인해 이곳의 유명세가 조금 퇴색되긴 했지만 그간 70년 넘게 화산활동의 실험장소였던 이곳이 앞으로 세인트 헬렌 산 등이 회복되어지는 양상을 미리 가늠할 수 있게 하는데 톡톡한 역할을 할 수 있을 것이라 한다.

화산재와 함께 뜨거웠을 돌들이 굴러 떨어진 곳에 남아있는 큰돌이 '뜨거운 돌(Hot Rock - 아직도 뜨거우냐고? 벌써 식었지요!)' 이고, 화산재가 쓸어버린 산의 한쪽 면은 '황폐지역(Devastated Area)' 이라 불리우고….

우리가 돌아다녀 본 중 가장 높은 곳으로 올라온 듯, 차도 옆에 눈이 한 길 넘게

눈사태가
날것 같은
엄청난 눈 산

쌓여 있는 곳이 아직도 많았다.

'뜨거운 돌' 이 있다는 곳을 보러 갔다가 주차장으로 돌아오는데 두 명의 스키를 맨 젊은 이들이 걸어온다.

'호기심왕자' 햇님, 또 가서 말을 건다. 한 명은 샌프란시스코에서, 또

한 명은 버몬트에서 왔다는
데 산꼭대기에서 스키를 타
면서 만나 서로 친구가 되
었다고 한다. 사진 찍자고
하니까 흔쾌히 응하며 자기
들도 이틈에 서로 카메라를
꺼내어 사진 찍어달란다.

눈 산에서
스키타고 내려온
젊은이들과

우리가 여행 시작할 때
햇님이 먼저 덴버로 가서
스키를 타자고 해서 내가
여행 초장에 다리를 부러뜨리고 싶지 않다고 했던 이야기를 해주니까 샌프란시스
코에서 왔다는 친구 왈(曰):

"그럼, 유럽에서 여행하고 끝날 무렵 스위스에서 스키를 타시죠. 그땐 다리가
부러져도 집으로 실려 가면 되잖아요" 한다.

어른 놀리네 참!!!

두 시간 스키를 메고 산을 올라가 스키장도 아닌 눈 산에서 그냥 스키 타고 내려
왔다는데, 글쎄… 우리가 이십대라도 그렇게 해 보았을까? 그들의 용기와 젊음이
마냥 부러웠다. ☪

12일

말로만 듣던 나파 밸리 – 과연…

오전에 라센볼케닉국립공원을 보고 나서 남쪽으로 샌프란시스코 약간 북쪽에 있는 미국 포도주의 중심지인 나파 밸리(Napa Valley)로 향했다. 나파 밸리에 도착한 것은 오후 6시경.

안내소에 지도라도 얻으러 갔다가 지역신문 하나를 뽑아들고 들여다보며 어느 곳으로 가야 잠자리를 얻을 것인가, 내일 어느 곳으로 가서 구경할 것인가 궁리하고 있는데 흰 티셔츠를 입고 안경을 쓴 동양계 학생 하나가 헐레벌떡 뛰어오더니 우리가 앉아 있는 곳의 옆 벤치에 잃어버리고 갔던 것 같아 보이는 포도주 등이 담긴 쇼핑백을 허겁지겁 챙겨들고 간다. 그걸 본 햇님이 따라나서서 말을 붙인다.

그는 한국유학생으로 이곳에 '앰트랙(Amtrak)'을 타고 왔는데 와이너리 투어

끝없이 펼쳐진 포도밭

(Winery tour)를 하고 포도주 몇 병 산 것을 이곳에 깜박 놓고 간 걸 뒤늦게 알고 찾으러 뛰어 왔다고 한다.

친구가 기다린다는 곳으로 우리도 따라가 나파 밸리의 와이너리(Wineries of the Napa Valley)라는 지도 한 장을 얻었다. 그들은 금방 나타난 앰트랙 버스를 타고 떠났다. 지도를 손에 넣은 우리는 48km에 걸친 나파 밸리를 한번 쭉 훑어보고 나서 잠잘 곳을 정하기 위해 북쪽으로 올라갔다. 남쪽부터 욘트빌(Yountville), 오크빌(Oakville), 러더포드(Rutherford), 세인트 헬레나(St. Helena), 칼리스토가(Calistoga), 이렇게 다섯 지역으로 나뉘어져 끝도 없이 포도밭이 이어져 있었다.

가다보니 '와인 트레인(Wine Train)'이라고 쓰여있는 기차가 움직이는 게 보였는데 기차를 타고 와서 구경하고 또 돌아가면서 음식과 함께 포도주를 마셔보는 투어가 아닐까? 하고 상상했다. 곳곳에 들어본 이름의 와이너리들이 눈에 뜨이지만 역시 오크빌과 러더포드, 세인트 헬레나 쪽에 많이 몰려 있었다.

햇빛을 잘 받을 수 있도록 간격은 넓게

Inn이나 Bed & Breakfast라는 간판이 보이기만 하면 들어가 물어 보았으나 토요일이라서 그런지 모두 'No Vacancy(빈 방 없음)'.

우리는 나파 밸리가 워낙 유명하니까 모텔이나 인이 많이 있을 줄 알았는데 우리의 예상이 완전히 빗나갔다. 날이 점점 어두워지자 지도를 다시 살펴보고 조금 글씨가 큰 산타 로사(Santa Rosa)라는 곳을 점찍었다.

나파의 북단 칼리스토가에서 산을 하나 넘어 산타 로사로 가는 길, 'Petrified Forest Road'라고 지도에 나타나 있는데 이렇게 꼬불꼬불 산길일 줄이야.

산을 하나 넘고 나니 또 산, 지난 1월 처음으로 조슈아트리국립공원에 갔다가 잠

잘 곳을 구하지 못해 막내시누이 집으로 가던 때가 생각났다.

기름은 달랑달랑, 깜깜하고 꼬불꼬불한 산길….

그러나 오늘은 산길이지만 기름도 여유가 있고(여차하면 샌프란시스코까지 가지 뭘… 하면서) 차들도 많이 다니니까…. 게다가 우리가 누군가? 미국 내에서 5개월 남짓 여행하며 산전수전 다 겪은 선수들이 아닌가?

이윽고 산을 두어 개 넘고 나니 산타 로사의 불빛이 보여 너무 반가웠다. 무조건 다운타운 쪽으로 들어서서 한참 가다보니 지방 고속도로가 시작되는 곳에 힐사이드 인(Hillside Inn)이라는 간판이 어렴풋이 보인다.

얼마나 운이 좋은가? 한 사람이 금방 예약을 취소했다며 방을 내준다. 게다가 들어가 보니 부엌까지 딸린…. 하느님 감사합니다!

* 앰트랙(Amtrak)

1970년 철도여객수송법에 의거하여 미국의 도시간 철도여객 수송을 목적으로 설립된 법인이다. 1971년 5월 1일부터 전국 기본철도여객 시스템으로 지정된 뉴욕~보스턴, 워싱턴~뉴욕, 뉴욕~시카고, 시카고~로스앤젤레스 등 100만 명 이상의 도시권을 잇는 21개 노선으로, 300개 이상의 도시를 연결하여 철도여객 수송업무를 개시하였다.
철도시설의 사용 등에 대해서는 종래의 회사와 계약을 맺고, 정부로부터 보조금과 채무보증 등의 지원을 받는다.

14일
로버트 몬다비 와이너리

산 타로사에서 다시 나파 밸리로 산을 넘어 갔다. 25분~30분 남짓 걸려 나
파 밸리의 북단 칼리스토가로 나와서 이번엔 남쪽으로 훑으며 내려왔다.
아침 햇빛 속에 질서정연한 포도밭, 포도나무들이 모두 양팔을 벌리고 줄 맞추어
나란히 서 있는 것 같다. 줄과 줄 사이의 길은 뻥 뚫려 있고 포도나무 아래쪽에 작은
초록색 포도 알들이 송이송이 달려있는데 포도 알들이 햇빛을 많이 보게 하려고 잎
사귀들을 그런 모양으로 자라도록 해 놓는다고 한다.

대개 모든 와이너리의 투어는 10시에 시작이다.

우선 보우리우(Beaulieu)라는 잘 알려진 와이너리에 가서 간판 사진 찍고, 바로
맞은편에 있는 「대부」, 「지옥의 묵시록」의 영화감독으로 유명한 코폴라(Coppola)
가족의 *「니바움 – 코폴라(Niebaum – Coppola')」 와이너리도 보고….

로버트 몬다비
와이너리 입구

드디어 그 유명한 로버트 몬다비 와이너리(Robert Mondavi Winery)로 갔다.

투어가 9시 30분에 시작한다는 간판을 발견하고 차를 재빨리 돌려 들어갔다. 들어가는 입구에 있는 멋있는 동상과 분수 앞에서 사진 찍은 다음 일인당 15달러씩 내고 투어를 신청했다.

중국 여자처럼 생긴 눈이 크고 키가 작은 동양인 가이드가 챙 넓은 밀짚모자를 쓰고 나타났다. 12명쯤 되는 오늘의 1차 투어그룹. 먼저 지도가 몇 개 붙어 있는 방으로 가 나파 밸리에 대한 설명을 듣는다.

미국 전체 포도주 생산의 90%가 캘리포니아에서 생산되나, 나파 밸리에서 생산되는 양은 미국 전체의 5% 밖에 안 되며 나머지는 주로 캘리포니아의 중앙지대에서 생산, 값싼 대중 와인을 생산한다고. 나파 밸리는 40km의 길이에 1.6km의 넓이인데 이는 프랑스의 보르도의 1/40 밖에 크기 밖에 안 된다고 한다.

포도밭 안에 있는
여인 조각상(위)

영화감독인
코폴라 가족의
와이너리(아래)

이곳은 낮엔 덥고 밤엔 차고 습한 공기가 안개와 함께 샌프란시스코에서 올라오기 때문에 포도생산의 적지라고 한다.

포도주용 포도는 화씨 50°F인 처음 3월이면 싹이 트고 자라기 시작, 60°F가 되는 이른 5월에 꽃이 피기 시작하여 곧이어 열매를 맺기 시작하는데, 이때 특히 햇빛을 잘 받을 수 있도록 신경 써주어야 하며 나무 사이의 간격은 120cm정도를 유지해야 한다.

6월이 되면 포도열매의 색깔이 변하기 시작하는데 이때에 단맛은 올라가고 신맛이 내려간다. 포도 종류마다 익는 시간이 틀리기 때문에 수확하는데는 약 3주가 걸린다 하며 늦는 것은 10월에 수확하는 것도 있다고 한다.

이곳에서는 물주는 양, 시기를 조절하는 것이 매우 중요하며 또한 언제 수확할 것이냐를 정하는 것이 관건이라고 한다(특히 수확 직전에는 물을 절대로 안 준다).

수많은 나무통들이 즐비한 창고를 지나 병막이 하는 공정을 구경한 후.

드디어 이 투어의 하이라이트 시음시간!

처음 맛본 것은 2001년 산 '소비뇽 블랑 (Sauvignon Blanc : 포도나무의 종류)' 이것 은 차게 하여 해산물이나 치킨 등과 같이 먹 는 게 좋다고 하면서 한 잔씩 권한다.

포도주를 처음 따라 받으면 흔들어서 코를 잔 속에다 처박듯이 하여 냄새를 맡는데 그것 이 나중에 입 속에 물고 이리저리 굴리며 음 미하는(taste)것 보다 훨씬 맛을 좌우한다.

즉, 먼저 코로 냄새를 느껴 보는 것이 무엇 보다 중요하다고.

포도주 시음장 |

두 번째는 2001년 산 '피노 느와(Pinot Noir)' 적포도주. 비치는 듯한 붉은 색깔 로 연어나 칠면조, 혹은 아주 가벼운 고기 종류와 어울리며 체리와 블루베리 향이 났다.

세 번째는 2000년 산 '까베르네 쏘비뇽(인기 짱!)' 각진 어깨를 가진 병에 담긴 이번 것은 우리에게도 익숙한 맛.

가이드가 비치는 유리병에 깔때기를 꽂고 한번 따랐다가 그걸 다시 우리들 잔 에 따라주었는데 그걸 에어레이션(aeration)이라 한다하며 오리지널보다 훨씬 순 했다.

다음은 '후식 와인(dessert wine).' 작은 병에 든 무척이나 달면서 향기가 진한 백포도주인데 차게 해서 마시는 것은 필수. '모스카토 도로(Moscato d'oro)'라는 상표로, 늦게 수확한 포도로 만든 것이라 했다.

로버트 몬다비 – 그 궁금했던 미국 포도주의 대명사. 오늘 조금이나마 궁금증을 푼 것 같다. 올해로 만 91세가 되는 로버트 몬다비 씨. 현재는 그의 자식들이 이 사 업을 이어받아 경영하고 있다고 한다.

16일
바하 캘리포니아 낚시 여행

멕시코로 낚시 떠나는 날짜를 6월 16일로 잡았으니 시간 맞춰 내려오라는 막내 시누이네들의 독촉에 다소 서둘러 어제 밤늦게 도착했다.

잠을 자는 둥 마는 둥 하고 새벽 2시경에 모두 일어나 막내시누이 남편 쟈니 킴이 우리가 미국 도착했을 때부터 한번 꼭 같이 가야 한다고 했던 캘리포니아 남쪽, 좁고 길게 남쪽으로 뻗어있는 반도인 멕시코 땅 바하 캘리포니아(Baja California)의 산 퀸틴(San Quintin)이라는 곳으로 떠나기 위해 짐을 챙겼다.

힘 좋은 '토요타 툰드라(Toyota Tundra)' 픽업 트럭에 얼음을 가득 채운 커다란 아이스박스 2개, 텐트 2개, 침낭 4개, 옷가방들, 슬리퍼, 낚시도구, 비옷, 큰 물통 3개, 플라스틱 양동이, 깔개, 장작, 먹을 것 등을 차곡차곡 실었다. 그리곤 시골길을 마구 달리면 물건들이 날아갈 테니 양쪽 끝에 쇠고리가 달린 고무줄로 바느질을 해서 꼼꼼하게 마무리를 한다. 이윽고 4시 반 경 출발. 멕시코로 들어가기 직전 마지막 출구로 나가 기름 가득 넣고 5시 35분경에는 멕시코 국경을 통과했다.

꼼꼼히 바느질 한 픽업 트럭

티후아나(Tijuana).

풍경이 벌써 확 바뀐다. 푸른 숲이 거의 없고 집들의 형태도 지붕이 납작하고 흰 칠을 한 스페인 풍. 엔세나다(Ensenada) 항구를 지나 가다보니 폭스 스튜디오 바하(FOX STUDIOS BAJA)라는 영화사 간판. 하긴 남쪽으로 몇 시간 더 내려가면 있는 로자리토(Rosarito)라는 곳의 앞 바다에서 유명한 영화 「타이타닉」을 촬영했다는데 주인공 로즈가 죽을 둥 살 둥했던 그 무서운 바다를 촬영하기 위해 세계에서 가장 큰 영화 촬영용 물 탱크를 만들었었다 한다.

양념된 고기를
척척 구워내는
타코집 아저씨(위)

빨간 무를 곁들이면
더욱 맛 좋고…
(아래)

가면서 계속 막내시누이 남편은 다른 차를 타고 같이 가는 일행과 통화한다. "여기는 페창가!, 여기는 페창가! 팔라 나와라 오바!"(꼭 한강, 낙동강 같네? 이들이 잘 가는 카지노 이름이라나! 한 사람은 'Pachanga'에서 또 한사람은 'Pala'라는 곳에서 끗발이 나서 붙여진 암호란다)하면서 항상 가는 타코 집에서 만나기로 약속, 저쪽 차에는 세 사람이 타고 있다.

콧수염이 멋진 타코 집 아저씨. 쟈니 킴이 인사와 함께 흐드러진 '에스파뇰(스페인어)'로 새 고기를 구워서 우리 일곱 사람에게 '타코'를 만들어 달라고 주문.

로스구이용보다 조금 더 두꺼운 양념한 소고기를 냉장고에서 꺼내 석쇠 위에 척척 얹어 지글지글 굽는다. 고기가 구워지는 동안 한쪽에서는 아보카도를 으깨어 놓고 한국 길거리의 호떡구이용 같은 커다란 프라이팬에 만두피보다 조금 큰(약 12cm) 밀가루 빈대떡을 굽는다.

왼손에 종이 한 장을 얹은 후, 구운 타코 껍질을 얹고 그 위에 잘게 썬 구운 고기, 아보카도, 양파 다진 것, 향신료 등을 올려 놓고는 위쪽을 꽉 접듯이 쥐어 손님 각자 앞에 놓인 작은 접시에 한 개씩….

타코 하면 옥수수로 만든 딱딱한 껍질로 된 것이 보통인데 여기 것은 크기가 작고 껍질이 말랑말랑하고 따뜻해서 아주 맛이 좋았다.

그 위에 살사인지 타바스코 비슷한 매운 소스를 숟가락으로 조금 얹어서 먹었다. 작은 빨간 무, 구운 할라페뇨(멕시코의 매운 고추), 또 '미린다'라고 하는 환타 비

숫한 음료와 함께.

"행님, 먹어 보자, 가 보자 아닙니까? 옥수수로 만든 껍질로 만든 것도 잡숴보시고 치즈 들어간 타코도 잡숴보시고, 타코 껍질 대신 빵에 넣은 것도 맛보셔야죠!"라는 쟈니 킴의 너스레. 이것저것 다 맛본 행님인지, 햇님인지, 나는 자꾸 불룩 튀어나온 배만 보였다.

아침을 잘 먹은 우리는 이들이 항상 들른다는 예쁜 세뇨리타(아가씨)들이 기름을 넣어주는 주유소에 들렀다. 벌써 우리가 온다는 소식을 듣고 싱싱한 바닷가재 두 마리를 가지고 와서 팔려고 기다리는 사람이 있어서 10달러 주고 사 넣고 모두들 커피 한 잔씩.

타코 맛이 기막힌
음식점과 메뉴판

화장실로 간 쟈니 킴이 큰소리로 와이프를 부른다. '뭘 마셔야 잘 나간다'고 커피를 갖다 달라고 한다. 그녀는 투덜대면서도 웃으면서 코를 막고 남자 화장실로.

이제부터는 좁은 산길을 넘어가는데 JK가 왕년에 오토바이를 즐길 때 너무 빨리 달리니 경찰차가 쫓아오질 못해 헬리콥터가 떴다나? 그런 실력으로 트럭을 몰아 커브 길도 엄청나게 빠르게 달리니 뒤에 앉은 시누이와 나는 손잡이에 대롱대롱 매달리다시피 하며 이리 쏠리고 저리 쏠리고. 좋은 차라고 자랑하듯 엄청난 속력으로 많은 차들을 추월해 모두들 가슴이 아슴 아슴.

앞에 앉은 햇님은 졸다가 깜짝 놀라 이쪽으로, 저쪽으로.

이참에 내가 사오정 얘길 하나 했다. 사오정이 오토바이를 사서 여자친구를 뒤에 앉히고 폼 잡으려고 빨리 달리니 뒤에 매달린 여자친구가 '오빠! 무서워!' 하니까 잘못 알아들은 사오정, '그래 나도 너 사랑해!' 했다던가?

산 퀸틴 시 외곽으로 나가 포장된 길이 끝나자 이번엔 작은 돌이 잔뜩 깔린 길. 돌이 깔린 길은 눈길 운전과 비슷하다고 한다. 천천히 달리면 더욱 미끄럽다고 하면서 씽씽 달리니 황토색 먼지가 시야를 가려 뒤에 오는 차가 안 보일 정도다.

다음은 해변에 다가가서 진짜 모랫길, 4륜 구동으로 바꾸고 이번에는 왼쪽, 오른쪽+아래, 위로 쿵덕 쿵덕 머리가 차 천장에 찧을 지경.

'아구 팔이야, 어깨야, 엉덩이야' 소리 지르며 천천히 가라는 시누이 말에 쟈니 킴은 장난치는 애같이 더 신나서 빨리 달리니 더욱 출렁댄다. 드디어 우리의 목적지 안토니오 마을에 도착하니 12시경이다.

16일
바하 캘리포니아-안토니오 마을의 첫 날

"안토니오! 안토니오!" 하고 쟈니 킴이 큰소리로 부르니 60대의 건장한 푸른색 티셔츠의 멕시코 아저씨 안토니오가 나타났다.

"부에노스 디아스, 아미고!" 하면서 인사를 나누고 소개했다.

안토니오는 이곳 주인으로 우리가 설거지하고 샤워할 물을 2시간이나 걸리는 시내에 나가 실어다 큰 물통에 채워주고 잡은 생선을 손질하는 등 모든 필요한 것을 제공해 준다. 거의 자연 그대로인 이 너른 해변에는 우리밖에 없다(물론 안토니오

낚시 도사 Mr.현,
햇님, 안토니오,
쟈니 킴, Mr.리.
다섯 명의
낚시꾼들 모습

가족의 집이 있긴 하지만).

텐트 치고 남정네들은 낚시 준비를 시작했다. 낚시 초년병인 햇님은 열심히 낚시 도사님이라는 Mr. 현에게 강의를 듣는다.

첫째. 낚싯바늘에서 추까지의 길이만큼 낚싯줄을 낚싯대 끝에서부터 더 늘어뜨린다

둘째. 오른손 셋째와 넷째 손가락을 릴에 걸고 검지 끝 부분에 줄을 얹고

셋째. 릴이 하늘 쪽으로 향하도록 하면서 낚싯대를 어깨 위에 얹어 수평으로 유지

넷째. 낚싯줄이 낚싯대 끝에 엉켜있지 않은지 확인하고

다섯째. 몸과 팔을 약간 뒤로 젖혀 큰 원을 그리듯 크게 앞으로 던진다.

영화 「흐르는 강물처럼」에 나오는 '플라이(fly)' 낚시와 방법은 같은데 장화 달린 멜빵바지를 입고 바닷물에 들어가서 파도를 마주하고 고기 잡는 기분이 기가 막히다고 입이 마르게들 자랑.

심각하게 낚시
준비중(위)

고등학생 낚아
기분만땡인
햇님(아래)

오후 4시 30분 경 물때가 되었다고 우리 차에 4명, 암호명 '팔라'인 Mr. 현 차에 그 집 부부와 Mr. 리, 일곱명이 모두 '방구 포인트'로 갔다. 처음에는 '반구'인줄 알았다. 반구, 사구 등 언덕을 지칭하는…. 그런데 그게 아니고 하루는 같이 낚시 온 일행 중 한 명이 그곳에서 고기를 많이 잡았는데 하도 방귀를 많이 뀌어서 붙여진 이름이라고.

또 하나 '옥자 포인트'는 그곳에서 고기를 엄청 많이 잡으신 분의 부인이름이 옥자라서. '운동화 바위'는 운동화만한 조개가 잡힌 곳이라서. 그 외에 '짱구바위', '부엉이 포인트', '코틸' 등등 그곳의 낚시터를 개발하면서 이곳저곳에 재미있는 이름을 붙여 놓았다.

이곳은 주로 도미가 잡힌다는데, 6~7인치 정도 되는 작은 것은 '기저귀'라 부르

며 잡히면 놓아준다. 그 다음은 '초등학생', '중학생', '고등학생', 제일 큰 것은 '대학원생' 혹은 '교수'라 부르며 크기는 15인치 정도가 된다.

역시 안정된 폼으로 휙휙 낚싯대를 던지는 Mr. 현과 쟈니 킴, 그리고 Mr.리, 엎어질 듯 자빠질 듯 온몸을 써서 안간힘을 쓰는 햇님. 그래도 어찌어찌 하다 고등학생 한 마리를 잡았다.

고기가 잡힐 때마다 'hook up!' 또는 '잡았다' 하고 마구 소리 지르는 쟈니 킴은 30분 지나자 고개를 설레설레 흔들며 나온다.

"이건 외로운 밤거리예요(입질이 약하다는 뜻)"

"스쿨(school : 고기떼)이 몰려와야 하는데 아무래도 부엉이로 가야 할 것 같네…"

하며 벌써 모래밭으로 차를 내 몬다.

부엉이 포인트로 가면서 쟈니 킴이 햇님에게 "행님 고기 못 잡으시면 내일 회덮밥은 없습니다" 하면서 겁을 준다.

역시 부엉이 포인트에서는 조금 잡혔지만 시간이 늦어 물때가 지나가 버렸기 때문에 숙소로 돌아왔다. 그리고 나서 쟈니 킴의 익숙한 회 치는 솜씨에 감탄하고 캠프파이어로 구운 갈비를 곁들여 매운탕과 회와 포도주로 맛있는 저녁을 먹었다.

능숙하게 회를 치는 쟈니 킴 (침 꿀꺽)

꺼져 가는 장작불 주위에 모여 이런저런 얘길 하다 하늘을 보니 세상에…. 빈틈 없이 별이 가득하질 않은가? 하염없이 하늘을 바라보다가 모두들 오늘 새벽 2시에 일어났기에 돌아가며 하품을 하고 각자 텐트로 들어가 파도소리 자장가 삼아 꿀 같은 잠.

---

* 흐르는 강물처럼 (A River Runs Through It)

낚시를 통해 인생을 배워 가는 아버지와 두 아들의 이야기를 그린 영화. 1990년에 사망한 전설적인 장로교 목사 노먼 맥클린의 자전적 이야기를 영화화했는데, 그는 사냥과 낚시에도 깊은 조예를 가지고 있어 그가 출간한 사냥과 낚시의 텍스트는 고전으로까지 불린다.

17일

안토니오 마을 - 2일 째

새벽에 부스럭대며 남정네들은 낚시 나갈 준비를 한다. 자기들끼리 라면과 커피를 끓여 먹고 살그머니 나간다더니 너무 시끄러워 세 여자가 모두 깼다.

어촌의 아낙네들처럼 남편들은 바다로 내보내고 우리도 바로 라면과 커피를 끓여 먹었다. 이후 점심밥 준비하고 남자들 없을 때 하나밖에 없는 간이화장실에 교대로 다녀오고(사실 남정네들은 볼일 보는 그곳이 화장실이지만…) 하염없이 푸른 바다를 바라보며 이야기를 조금 하고 있으니 모두들 돌아온다.

햇님은 여섯 마리 잡았다고 자랑. 휴! 회덮밥은 먹을 수 있겠구나 하고 일단 안심! 물론 다른 분들은 더 많이 잡으셨지만….

와 대학생
힘 한번 세네

막내시누이가 준비한 야채도 푸짐하고, 도미 회 한번 '원 없이' 듬뿍 넣어 맛이 일품인 회덮밥을 한 그릇씩 모두들 뚝딱 했다. 그리곤 모두들 한숨 낮잠.

저녁 4시 다시 옥자 포인트를 거쳐 방구로 간다 하더니 한 시간여를 기다려도 소식이 없어 여자 셋이서 차를 몰고 가 보았다. 떨어지기 시작한 해를 마주하며 파도와 싸우면서 낚시를 던지는 4명의 남정네들, 그런데 이게 웬일!!

햇님도 마구 꽥꽥 소리 지르며 고기를 낚고 있는 게 아닌가?

이제는 '삼겹살(파도가 삼겹으로 몰려 들어올 때 낚시를 그 위로 던지면 백발백중이라나?)'까지 파악하여 척척 잡아낸다. 쟈니 킴이 "행님이 자기보다 더 많이 잡았다"고 흥분. 사부님이신 Mr. 현은 햇님을 '천재'라고 추켜올리고….

아무튼 그곳의 물때가 맞았는지 고기가 많이 잡히고 있었다. 혼자서 파도가 와서 척척 부딪치는 바위 위에서 영화의 한 장면처럼 잔뜩 휜 낚싯대를 당기는 낚시도사 Mr. 현은 잡은 고기를 허리에 찬 그물주머니에 넣을 시간도 없어 잡자마자 바위 위에 있는 물웅덩이에 던져 넣는다.

몰려오는 삼겹파도
(위)

10달러 주고 산
두 마리의 바닷가재
(아래)

쟈니 킴은 "대학생이다, hook up!" 소리를 지르더니 우리더러 빨리 와서 낚싯대를 감아보며 손맛을 느끼라고 한다.

와아! 물고기가 그렇게 힘이 센 줄은 정말 몰랐다. 오른손으로 낚싯대를 잡고 왼손으로 겨우겨우 감아 올리니 대학생이 줄 끝에 달려 올라온다.

다시 숙소로 돌아와 떠들면서 씻고 음식 준비하고 와글와글. 저녁 끝내고 장작을 불에다 더 넣으면서 '오늘이 마지막 밤입니다, 즐겨야죠….'

18일
아디오스 아미고!

다시 한번 새벽에 낚시 나갔던 이들이 11시쯤 돌아왔다. 그런데 이게 웬일, 햇님이 '스물 네 마리나 잡았다'며 입이 귀에 걸린다.

막내시누이 남편의 말처럼 이곳 멕시코로의 낚시여행이 5개월여에 걸친 아메리카 대륙여행의 '하이라이트'이자 '진짜뻬이(진짜배기)'가 될 것 같은 예감이 든다.

안토니오가 채워준 물통의 물로 샤워들을 하고 손질을 부탁해 놓은 고기가 올 때까지 시원한 바닷바람 부는 곳에 깔개를 깔고 이불을 덮고 (너무 시원해서 추울 지경이라서) 파도 소리, 물새 소리….

'이곳이 어디인가?' 'Am I in heaven?' 어쩌구저쩌구…. 생각하면서 가물가물….

안토니오 아저씨의 '미겔! 미겔!' 소리에 모두 깼다. 쟈니 킴의 스페인식 이름이

낮잠잤던 시원한
움막과 바다

'Miguel' 이라나? 손질을 부탁했던 생선이 다 되어 가져온 모양이다. 스페인어로 뭐라고뭐라고 하고는 안토니오에게 수고비 100달러를 쥐어주고 등을 툭툭 두들겨 준다. 안토니오 아저씨, '그라시아스 아미고'를 연발한다.

다음은 짐 싣기. 먹을 것이 줄었으니 짐이 약간 줄기는 했으나 아이스박스가 기저귀는 빼고 중·고등학생, 교수님으로 꽉 차 힘을 합쳐서 차로 올려야 했다. 짐 실은 후에는 또 짐이 날아갈까 봐서 '바느질'.

큰소리로 안토니오에게 작별인사를 하고 떠난다.

"행님, 잘 보아두세요, 언제 다시 이곳에 오실 기회가 있겠어요?" 하는 쟈니 킴의 말.

어찌된 일인지 돌아오는 길은 얌전하게 운전해 주어 갈 때보다 훨씬 수월했다. 수없이 앞질러 가는 차를 바라보며 "그래, 가거라, 가" 하면서….

멕시코 미국 국경은 하도 밀입국자가 많아서 그런지 검색이 까다로워서 시간이 많이 걸렸다. 우리는 독수리 두마리(미국 시민권자 여권)와 함께 한 덕에 비자 기한만 확인하고 무사통과.

미국 영토로 들어오니 그제서야 지난 2박 3일 동안 정말 아주 머나먼 곳으로 떠나가 있었다는 실감이 났다.

우리 외에는 아무도 없었던 넓디넓은 해변. 전기, 수도, 신문, TV, 전화 등 모든 문명의 이기를 깡그리 잊고도 별로 불편하지 않았던 2박3일. 정말 다시 그런 날이 또 올 수 있으려나?

'그라시아스 아미고' 하는 안토니오 아저씨(위)

바닷가 모래밭 이름 모를 꽃들(아래)

25일
레이건 도서관

산타모니카 해변에서 가까운 고교 친구의 집. 아침에 눈을 뜨고 침대 옆 벽장의 큰 거울을 보니 이상한 남자가 한 명 누워 있다. 누군가하고 눈을 비비고 약간 흥분된 기분에서 숨을 몰아쉬며 자세히 보니 다름 아닌 살이 너무 쪄서 나 자신도 몰라 볼 정도가 된 내가 아닌가.

이런 쇼킹한 일이 있을까?

그 사이 친구들이 매일 세 끼를 초호화판으로 먹여 주고, 재워 주고 한 데다가 운동할 기회가 거의 없이 하루에 몇 시간씩 운전하느라 앉아만 있어서 체중이 좀 늘겠구나 하긴 했었지만 내 모습을 보지 못하던 나에게 이건 완전 쇼크!

친구 부인이 정성 들여 차려 준 아침도 거의 먹는 둥 커피 한 잔만 마시고… (한 끼 굶는다고 금방 살이 빠지냐는 달님의 쫑코!)

LA에서 북서쪽으로 약 1시간 30분 정도의 거리에 있는 '로널드 레이건 도서관(Ronald Reagan Presidential Library and Museum)'로 갔다.

레이건 전 대통령의 장례식이 있은 지 며칠 안 되어서 그런지 많은 사람들이 몰려와 주차장이 넘쳐 올라가는 길 옆에 주차를 해 놓고 무료로 태워주는 셔틀버스를 타고 올라갔다. 입구에는 레이건이 대통령 시절 타던 리무진이 놓여 있고 큰 마당 가운데 시원스레 뿜어져 나오는 분수를 지나자 도서관 겸 박물관 입구가 나온다.

입구에는 레이건의 실물 크기의 동상이 세워져 있고 그 앞에는 시민들이 놓고 간 많은 꽃과 성조기, 촛불, 그리고 레이건을 추모하는 각가지 메시지들….

레이건의 시신이 안치된 곳은 도서관 뒤편. 저 멀리 태평양 쪽을 향하여 앞이 탁 트인 높은 곳에 대통령 묘답지 않게 자그맣고 검소하게 만들어져 있다. 주위에는 장미와 목련, 그리고 등나무들이 심어져 있었고 '휴대전화를 꺼주십시오', '금연' 등의 팻말이 붙여져 있다.

7달러씩 내고 도서관과 박물관에 들어가니 일주일 전의 장례 모습을 슬라이드로 설명 없이 잔잔한 음악만 넣어 약 10여 분을 보여 준다.

장례식 행렬이 지나가는 길목 곳곳에서 누가 시키지도 않았는데 거수경례를 하는 사람들, 성조기를 들고 있는 사람들, 말 탄 경찰들의 경례, 한 구석에서 눈물을 훔치는 사람들….

가난한 술주정뱅이의 아들로 태어나 평범한 대학을 졸업한 조연급 배우가 주지사를 거쳐 대통령에 당선되고 알츠하이머병에 걸려 고생하다가 죽을 때까지 그의 인생은 그야 말로 하나의 드라마였다.

시민들이 놓고 간 꽃과 성조기에 싸인 레이건 동상(위)

추모 행렬이 끊이지 않아 차로 가득한 주차장(아래)

전시실에는 그와 그의 부인 낸시 여사의 일생을 잘 볼 수 있도록 사진과 쓰던 물건들, 실물 크기로 재현시켜 놓은 레이건의 백악관 집무실(Oval Office), 그리고 그의 재임 시에 일어난 역사적인 사건들에 대한 비디오를 보여 주는 방 등으로 잘 배치해 놓았는데 관람객들이 많아 옆으로 움직이기도 쉽지 않았다.

특히 눈을 끈 것은 레이건이 저격당할 때의 비디오와 수술실에 들어가면서도 여유 있는 조크를 하던 레이건 대통령.

"여러분들은 공화당원인가…"하고 물으니

"대통령각하, 오늘은 우리 모두가 공화당원입니다…"라고 병원의 한 직원이 대답했다고 한다.

그 외에도 베를린 장벽을 무너트리기 위하여 고르바초프와 만나 결국 장벽을 허물어 내는데 성공했던 기록 영화. 이 도서관 건물 밖에는 이것을 기념하기 위하여 아름다운 그림이 그려져 있는 가로 약 1m, 세로 3m, 무게 약 270kg의 베를린 장벽 조각 한 개를 기증 받아 전시해 놓고 있다.

로널드 레이건은 프랭클린 루즈벨트에 이어 역사상 두 번째로 높은 지지도를 유지했었다고 한다. 이런 인기와 성공의 비결은 바로 그의 멋있는 미소와 따뜻한 인간미, 그리고 모든 것을 낙관적이고 긍정적으로 생각하는 성격이 그를 위대한 지도자로 만들었다고들 한다.

달님은 배가 고픈 모양이지만 너무 살찐 내 모습을 본 나는 아침에 커피 한 잔만 마셨는데도 별로 배고픈 느낌이 없다. 달님이 시킨 핫도그에서 한 입 베어먹고 오후 '할리우드 보울(Hollywood Bowl)' 개막식 연주를 보기 위해 떠났다.

로널드 레이건 대통령
1981~1989년 재임
(위)

소박하고 조용한
레이건대통령 묘소
(아래)

여행 에피소드

운전석 바로 옆 한자리뿐인 내 차에
나와 같이 여행을 하고 있는 사람들

나의 이번 여행은 일년이란 기간을 주로 운전을 하면서 다니기 때문에 혼자서는 어려운 일이 너무 많아 여러 사람의 도움을 받으며 함께 여행하고 있다. 여기 그분들을 소개해본다.

-첫 번째 분

운전하는 나에게 거리와 방향 등 일일이 알려주고 가리켜주는 '항법사'이다. 사실 빠른 속도로 이동하면서 지도를 본다는 것은 불가능하다. 설사 전날 지도를 보고 자세히 적어서 움직인다 해도 도로표시판 보랴, 적은 메모 보랴 이 또한 어렵다. 지도와 비교하여 동쪽, 서쪽으로 알려주는 사람이 절대 필요하다. 내 옆에는 항상 한 손에 지도, 또 한 손에는 확대경을 쥔 훌륭한 항법사가 자리 잡고 있다. 이 사람 없으면 나는 눈 뜬 장님이다.

-두 번째 분

장시간 운전하면 지치고 피로하다. 이런 지루함을 풀어주는 사람. 그때그때 맞춰 음악 틀어주고, 음악에 얽힌 이야기해 주고 어떤 때는 노래가사 받아 적어 알려주고, 설명해 주는 DJ. 그 덕에 5시간, 8시간 운전을 상쾌하게 할 수 있다. 어디 그뿐이랴. 운전도중 보이는 각종 간판, 지명 등은 물론 영화와 노래에 얽힌 문구들이 많이 나온다. 그때마다 저것은 어느 영화의 어느 대사 속에 나오는 유명한 말을 패러디 했다거나, 노래가사에 나오는 지명인데 여기가 바로 그 지역이라는 등 배우와, 감독, 영화 줄거리, 노래에 얽힌 이야기 등 지루할 틈이 없이 나오는 이야기 등. 이런 '엔터테이너'가 없으면 삭막한 고속도로 무슨 재미로 달리겠는가.

-세 번째 분

미국은 넓은 대륙이라 시간이 지역마다 다르다. 그래서 부득이 운전 중 시간차에 맞춰 전화를 해야 한다. 이때 전화 걸고 받아주는 '비서'가 절대 필요하다. 운전 중이라 이어폰을 내 귀에 꽂아주고 수첩을 찾아 전화번호를 확인하고 다이얼을 돌려주고 통화 중에 받아 적을 사항은 옆에서 받아 적고.

-네 번째 분

일년 동안 다니므로 '회계사'가 필요하다. 어디에 얼마를 썼고, 지금 얼마나 돈이 남았는지?

매일 일일이 기록하고 정리하는 일이 보통 일이 아니다. 주유소에서 기름 넣고 갈길 바쁘다고 그냥 떠나 한참 가다보면 벌써 얼마를 썼는지 잊어버리기 일쑤이다. 운전 중 옆에서 주유소 기름 값, 호텔 값, 음료수 값 등등을 그때그때 적어 놓는다. 지금 잔액은 얼마 남았고 앞으로 얼마 필요한지도 즉각즉각 계산하여 늘 돈이 부족하지 않도록 미리미리 챙겨준다.

-다섯 번째 분

피곤하고 지치고 배고픈 저녁시간. 식사를 준비해주는 '요리사'가 필요하다. 자칫 여행으로 잃어버릴지 모르는 입맛을 고려하여 틈틈이 한국음식 준비했다가 육개장, 된장찌개, 김치찌개, 미역국, 시래기국 등등 가지가지로 메뉴를 생각하고 재료 준비하고 요리하여 내놓는다. 늘 이 저녁식사 시간이 기다려지네….

-여섯 번째 분

사시사철 입을 옷을 서울에서 준비해와서 자동차 가득 싣고 다니지만 매일 몇 가지씩은 빨아 입고 또 며칠에 한번씩 세탁기에 빨아서 챙겨야지요. 단추 떨어진 것 바지 단 줄이기 등. '세탁 전문사'가 늘 같이 다닌다.

-일곱 번째 분

여기저기 다니면서 보고, 듣고 비디오, 프린트 물 받아보고 이것들을 받아 적고 정리해서 인터넷에 올리는 일은 그냥 구경만 하고 다녀서는 어려운 일이지요. 그때그때 질문도 하고 글 쓰다 잘 모르면 전화해서 다시 알아도 보고 이런 일들을 해 주고 있는 '작가'가 있어야 하지요. 홈페이지가 작가분 덕에 그나마 돌아가고 있다.

-여덟 번째 분

세상의 말을 다 알아들으면서 다닐 수는 없지만 전공과 관심이 있는 분야에 따라 언어 하나, 단어 하나 알아듣고 말하는 것이 다르다. 이번 여행에서는 '통역사'의 역할이 무지 크다.

캐나다에서는 불어를 사용해서 그들로부터 좋은 인상을 받고 음악, 미술, 영화, 스포츠 등 다방면에 관심이 많은 통역사는 그 분야 이야기가 나오면 어떤 경우에서도 잘 알아듣고 내게 통역을 잘 해 준다. 외국에 나오면 우선 말이 잘 통해야 수월하게 지낼 수 있다. 그렇지만 말이 안통하면 표정과 손짓 발짓 으로도 얼마든지 의사소통이 되지만 탁월한 통역사를 둔 나는 불편 없이 잘 지낸다.

-아홉 번째 분

같이 '놀 친구'가 필요하다. 같이 스트레칭도 하고, 국립공원 같은 델 가면 한 시간, 또는 30분 정도씩 하는 산책로가 여기저기 있어서 걸어서 둘러보곤 한다. 여자들은 차에 앉아있고 남편만 갔다 오는 경우도 흔히 보는데 이럴 때 혼자 가서 기막히게 좋은 경치를 본다한들 무슨 재미가 있을까. 같이 가서 같이 보고 같이 느껴야 좋은 경치가 더 멋있는 것 아닌가. 운동부족을 염려해서 가끔 기회 닿는 대로 골프를 치는데 같이 라운딩 할 사람, 같이 놀아줄 친구 절대 필요하다. 혼자서는 재미 없는 것 같다.

-열 번째 분

또한 장기간 여행 중 머리 깎기가 쉽지 않은데 틈틈이 머리를 깎아주는 것은 물론 여행 중이라서 복장은 편한 대로 마구 입고 다니지만 친구나, 친척이나, 은사님 등을 만나는 일이 가끔 있는데 아무리 여행 중이라고 핑계는 대지만 그래도 있는 옷 중에서 그 나름대로 골라 입혀준다. 옷차림, 머리손질에 대해 무신경인 나에게는 '코디'가 필요하다.

-열한 번째 분

여행은 늘 즐거움만 있는 것은 아니다. 어려운 경우도 생기고, 입장이 불편한 상황에도 처해진다. 좀 실수해도 감싸주고, 좀 잘못이 있어도 덮어주고. 옆에 서 '용기와 힘을 북돋아 주는 사람'이 필요하다.

-열두 번째 분

오랜 여행에서는 자칫 거칠어지기 쉬운 몸과 마음을 부드럽고 포근하게 사랑 으로 감싸 받고 또 사랑하고 싶은 마음이 생긴다. '사랑을 주고받을 사람'이 없는 세상은 무미건조 하달까.

아무튼 이번에 나를 도와주는 한 타스(12명)의 사람들을 태우고 여행을 다니 고 있다. 자리는 운전석 바로 옆 한자리뿐인 내 차에….

25일
할리우드 보울 음악회

오후 4시 50분. '할리우드 보울(Hollywood Bowl)'의 2004년 시즌 오프닝 공연을 보러 햇님 친구분 내외와 함께 출발했다. 바구니에 초밥과 포도주, 과일, 접시 등을 챙겨서 들고나서는 그들 내외는 이런 분위기에 아주 익숙한 것 같았다.

예전에 뉴저지에 살 때 '허드슨 강변 여름 음악축제'에 갔었던 우리는 잔디밭에 앉아서 혹은 누워서 포도주와 함께 차이코프스키를 즐기는 수많은 가족들 틈에서 그때는 어렸던 두 아이들에게 한참 동안 잊지 못할 좋은 추억거리를 만들어 주었다고 생각했었는데….

오늘은 새로 단장된 할리우드 보울의 여름시즌 개막공연을 보러 가는 것이다. 시내로 들어서면서 벌써 길이 막히기 시작하니 우리는 길 위에 오가는 모든 차들이 할리우드 보울 공연 보러 가는 거 아닐까? 하면서 궁시렁 궁시렁….

그래도 일찍 도착한 편이라 주차도 꽤 괜찮은 곳에 하고 바구니 등을 들고 두리번 대며 슬슬 걸어 올라가며 보니 길 양쪽에 돗자리 등을 깔고 소풍 나온 사람들처럼 가족끼리 열심히 먹고 있었다. '이 사람들 혹시 여기에 먹으러 온 거 아냐?' 하는 생각이 들 정도로.

자리를 찾아 앉으니 한참 아래로 내려다보이는 곳에 조개껍질 모양의 무대가 있고 무대에서 가까운 보통 극장의 오케스트라 석이 있는 곳에서는 아예 식당처럼 테이블이 있어 음식을 주문 받고 먹느라 바쁘고, 웃느라 바쁘다.

우리도 싸 가지고 온 도시락을 열심히 먹고는 막내시누이네서 빌려온 쌍안경으로 무대 위를 왔다갔다하며 준비하는 이들, 이곳저곳에 앉아 있는 사람들을 구경했다.

처음에 우리가 갔을 때는 채 반도 차 있지 않았던 좌석들이 해가 서쪽으로 기울어지면서 점점 차기 시작하더니 1만 8,000여 석이라는 자리가 8시 30분에 시작할 때는 꽉 찼다. 정말 굉장했다.

존 마우체리가 지휘하는 할리우드 보울 오케스트라의 미국 국가 연주와 바그너의 「리엔치 서곡 (Rienzi Overture)」으로 시작한 오늘 공연은 '명예의 전당'에 헌액되는 3명의 음악가들, 즉 바이올리니스트 '사라 장(장영주)'과 영화음악가 '헨리 맨시니' 그리고 팝 음악가 '브라이언 윌슨'의 소개와 공연이 위주였다. 제일먼저 소개된 장영주는 4살 때부터 연주를 시작하여 이제는 'Great Sarah Chang!'으로 소개되는 23살의 자랑스러운 세계적 바이올리니스트가 되어 있었다.

공연장으로
올라 가는 길
한판 벌린 가족들(위)

공연시작 전
텅빈 좌석과
타겟 로고 방석(아래)

정열적인 반짝이는 붉은 드레스에 걸맞게 「사라사테」 등의 기교를 한껏 보여 줄 수 있는 여러 곡을 이어서 연주했는데 하도 빠르고 기복이 많은 곡들이라 마치 '묘기 대행진'을 보는 것 같아 마음이 다 조마조

피날레와 함께한
불꽃놀이

마할 지경이었다. 너무 넓은 열린 공간인데다가 마이크를 통해 소리를 들어야 하는, 사실 클래식공연으로는 그렇게 좋다고 할 수 없는 여건이었지만 너무 멋지게 해내어 맘껏 박수를 쳐 주었다.

다음은 「아기코끼리의 걸음마」와 영화 「티파니에서의 아침을」의 주제가 「문 리버」 그리고 「핑크 팬더」로 유명한 헨리 맨시니. 그가 살아 있을 때 오랜 친구였던 앤디 윌리엄스(Andy Williams)가 나와서 「문 리버」를, 그의 딸 모니카 맨시니(Monica Mancini)가 「술과 장미의 나날」을 불렀다.

그리고 60년대 미국 팝 음악, 'Surfin Sound'를 창조해 낸 비치 보이스의 브라이언 윌슨(Brian Wilson)을 친구인 「해리가 샐리를 만났을 때」로 유명한 영화감독 로브 라이너(Rob Reiner)가 '천재중의 천재'라고 하며 소개를 했고 불편해 보이는 몸으로 나온 브라이언 윌슨은 예전의 히트곡 「Good Vibrations」와 최근에 새로 낸 곡을 연주했다.

드디어 피날레.

드보르작의 「카니발 서곡(Canival Overture)」을 오케스트라의 연주로 들으며 불꽃놀이가 시작.

둥그런 무대 뒤로 밤하늘에 가지가지 모양의 불꽃들이 맘껏 올라가서 멋지게 퍼진다. 햇님은 사진 찍느라 애썼지만 너무 어두워 별로 멋있게 나온 게 없어 섭섭한 표정….

타겟(Target)이라는 슈퍼 스토어에서 관객들이 가지고 갈 수 있도록 협찬한 (200만달러가 들었다고 함) 붉은 색 둥근 깔개들을 유럽 가서 써야 할지도? 하면서 두고 간 옆 사람 것까지 모두 네 개를 챙겼다.

상쾌한 밤.

운 좋게 주차장에서 빨리 빠져나갈 수 있어서 좋았고 산타모니카로 돌아와 유명하다는 카페 '브로드웨이 O'라는 곳에서 간단하게 출출한 배를 채웠다.

1일

아메리카를 떠나며–1막 3장 끝났습니다!

생각해 보면 꿈과 같다. 벌써 6개월간의 미국여행이 끝나다니…. 지난 1월 18일 인천공항을 떠나올 땐 많은 사람들이 '거 참 용기도 좋네요', '두 사람이 그렇게 붙어서 1년을 다닐 자신이 있으세요? 우리 같으면 한 달 아니 일주일이면 벌써 끝낼 텐데…' 하며 걱정해 주는 분이 많았다.

그런데 지난 6개월 동안 정말 '동가숙 서가식' 하면서 미국 대륙을 4만 8,000km(혼다 차로 4만km, 아주관광으로 3,000km, 페리 등으로 1,600km) 누비고 다녔으니 엄청나게 피곤했던 건 말 할 것도 없어 이거 진짜 몸이 얼마나 버티겠나 하고 생각했던 적도 있었다.

햇님 친구 집앞의
산타모니카 해변

여전히 복잡한
맨해튼 거리

한 번은 두 사람이 진짜로 크게 다투어서 영화 「바그다드 카페」의 독일인 부부처럼(사막 한가운데에서 차가 정지한다. 차 안에서 부부가 쿵탕쿵탕 싸운다. 뚱뚱한 독일 여자가 핸드백 하나 들고 내린다. 차는 횡 하니 떠났다가 다시 후진. 남편이 내려 뒷 트렁크에서 옷 가방을 하나 꺼내 탁 던져 놓고 다시 출발. 사막 한가운데 내버려진 독일 아줌마 머리 위로 흐르는 「I am calling you」 라는 노래…)

'확! 차에서 내려버려?
여권이랑 돈은 내가 다 가지고 있으니 한 번 나 없이 고생 찐하게 해 보라고 내버려둬 봐?
그래도 여권은 꺼내 줘야지?
돈도 반은 나눠줘야 하나?
아냐 크레딧 카드가 있으니 별 문제 없을 거야….
만일 이렇게 중간에 그냥 돌아가면 모두들 배반했다고 하겠지…'
별별 상상을 다 했던 적도 있다.

가끔 가끔 너무 마음 따뜻한 친지들과 지인들 덕에 마음 편히 푹 쉬어 다음 여행을 계속할 수 있는 용기와 에너지를 충전 할 수 있게 되어서 너무 너무 감사했었다.

또한 길에서 만난 사람들, 그들을 언제 어디서 무엇이 되어 또 만나랴하며 헤어졌고 사람뿐만이 아니라 천년만년을 그렇게 서 있는 자연들에게도 언제 또다시 와서 당신들을 볼 수 있게 되겠나 하며 떠나 왔다.

16만km에 7년이나 된 차로 만난 우리의 '혼다'는 노구를 이끌고도 4만 3,000km를 더 달리면서 한번도 말썽 부린 적 없어 너무 고마웠고(6,800달러에 사서 6개월 쓰고 4,000달러에 팔았음), 우리 두 노구들도 여행 시작할 때 한번 햇님이 감기 걸린 이래 한번도 고장 난적이 없어 이 모두 한국, 미국, 캐나다, 그리고 독일 등지에서 '으싸, 으싸' 해 주시는 분들 덕분이라고 생각하고 있다.
단지 기운 떨어질까 봐서 열심히 먹고 주로 차에 앉아서 지내다 보니 햇님이(달님인 나도)배가 나온 것이 큰 숙제!
그래도 유럽 가면 물가가 비싸고 물자가 미국처럼 풍부하지 않아 저절로 다이어트가 될 거라고 말해 주는 분들이 있어 큰 위로 내지는 기대가 됐다.

미 대륙을 한바퀴 돌아 다시 서부로 돌아온 후 LA에서 여러 날 햇님 친구분들과 만나 웃고 식사하고 미국나라 생일(7월 4일), 라 호야(La Jolla)에서의 불꽃놀이 구경을 끝으로 베이스 캠프였던 시누이 집을 떠나면서는 가슴이 울컥하며 서로를 껴

뉴욕 지하철
내부

차이나타운의
페킹 덕 하우스

공사 중인
죠지 워싱턴
브릿지

안았고 뉴욕에 도착해서는 친구의 배려로 맨해튼의 심장부 55가에 위치한 'Sutton Place'라는 곳의 외국인 아파트를 빌려 6일간 머물면서 엘튼 존과 팀 라이스의(뮤지컬 「Lion King」을 작곡, 작사한 콤비) 「아이다」 뮤지컬 관람, 골프 세 번, 센트럴 파크와 맨해튼 거리를 걸어서 왔다 갔다, 그 아파트를 내 집인 양 친구들을 초대해 와인들도 같이 마시고….

정말 꿈 같이 지나갔다.

처음엔 버벅대며 마지못해 쓰기 시작한 글을 가끔 용기 주시는 분들이 있어 글을 제대로 가다듬지도 못 한 채 인터넷에 올리기도 하는 뻔뻔함도 늘어갔다.

가끔은 '글 쓰는 일만 없으면 얼마나 여행하는 일이 편할까' 하는 게으른 생각도 했음을 고백한다.

햇님과 달님 주연, 2막 짜리 '겁없는 중년의 세계여행' 1막 3장이 끝나갑니다.

2막은 대륙을 옮겨 유럽이란 곳에서 시작하겠습니다.

모두들 앉아 계신 채로 같이 저희와 함께 가실 거죠?

여행 에피소드

닭살 대패질, 혹은 12불출

'운전석 옆자리의 열 두 사람…' 운운하는 햇님의 여행 에피소드가 홈페이지에 올라간 후 예상했던 바와 같이 엄청난 반향이 일었다. 부럽다, 어쩌면 그렇게 조목조목 분류해서 글을 잘 썼느냐, 혹은 이래도 되는 거냐, 닭살이다, 팔불출 등등….

그러지 않아도 그 글을 올리면 '알랑ㅇㅇ'가 너무 심해 친구들이 냄새 때문에 손을 휘휘 내젓는 모습이 눈에 선하더니…. 아니나 다를까 모두들 닭살을 대패질하는 상황이 벌어진 것이다. 그 글을 올리고 한참 지난 후 LA에 도착해서 나의 고교친구들 인터넷 소식마당에 들어 가보니 자기들끼리 난리가 났다.

한 친구가 "야! 샘난다… 우리 같은 따로국밥은…" 하니 다른 친구가 "얘, 따로국밥이 뭐니?" 하고…. 그런가 하면 친절히 설명을 달아주는 친구가 있질 않나.

하여튼 만나는 분마다 놀림 반, 부러움 반, 팔불출 중의 왕 팔불출 운운하며 야단들인데 처음에는 민망하다가 이제는 뻔뻔해져서 그 얘기가 나오면 햇님은 자기가 먼저 "네, 12불출이죠, 그렇지만 행복한 12불출입니다. 허허허…" 한다.

이런 햇님을 보면서 속으론 몇십 년이 지나도록 변치 않는 그 눈꺼풀의 콩깍지에 참으로 감사할 따름이다.

햇님, 고마워유!! (이러다가 진짜 팔불출 부부 되겠네….)